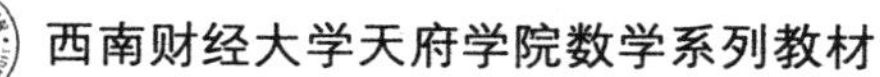
西南财经大学天府学院数学系列教材

# 微积分II

WEIJIFEN II

赵坤银 王国政 主编

Southwestern University of Finance & Economics Press
西南财经大学出版社

**图书在版编目(CIP)数据**

微积分.2/赵坤银,王国政主编.—成都:西南财经大学出版社,2015.2(2016.7重印)

ISBN 978-7-5504-1663-5

Ⅰ.①微… Ⅱ.①赵…②王… Ⅲ.①微积分—高等学校—教材
Ⅳ.①O172

中国版本图书馆CIP数据核字(2014)第263016号

**微积分·Ⅱ**

主编:赵坤银 王国政

责任编辑:邓克虎
封面设计:穆志坚
责任印制:封俊川

| | |
|---|---|
| 出版发行 | 西南财经大学出版社(四川省成都市光华村街55号) |
| 网　址 | http://www.bookcj.com |
| 电子邮件 | bookcj@foxmail.com |
| 邮政编码 | 610074 |
| 电　话 | 028-87353785　87352368 |
| 照　排 | 四川胜翔数码印务设计有限公司 |
| 印　刷 | 四川森林印务有限责任公司 |
| 成品尺寸 | 185mm×260mm |
| 印　张 | 15.5 |
| 字　数 | 315千字 |
| 版　次 | 2015年2月第1版 |
| 印　次 | 2016年7月第3次印刷 |
| 印　数 | 5501—9500册 |
| 书　号 | ISBN 978-7-5504-1663-5 |
| 定　价 | 30.00元 |

# 前　言

微积分是普通高等学校本科各专业开设的一门公共基础课程。它既是学习其他各门数学课程的基础，也是在自然科学和社会科学各领域中广泛应用的数学工具。本书在编写上力求内容适度、结构合理，适合普通高等院校经济与管理专业的学生使用，亦可供其他专业及有志学习本课程的读者选用。

本书具有如下特点：

(1) 注重概念的引入与讲解，尽可能通过较多的实际问题引入概念，力求阐述概念的实际背景，既增强学生学习的兴趣，也使学生能将抽象的概念同实际联系起来，更易于理解并掌握概念。同时，淡化理论推导过程，并将复杂的理论证明作为附录，仅供学生自学参考。

(2) 章节安排符合认知规律，注重内容的难易顺序，既便于教师讲授，也便于学生阅读、理解。

(3) 每一章都有丰富的例题与习题。本书引用了大量数学在经济等各个方面应用的例子，既能更好地培养学生解决实际问题的能力，又为经济与管理类专业学生的专业课学习奠定较好的基础，同时也兼顾了其他专业的需要。

(4) 引入数学实验内容，详细介绍了 Mathematica 软件在微积分中的应用，进一步满足了学习及应用中的计算需要。

本书由赵坤银编写初稿，王国政负责全书的审稿。两位编者现均为西南财经大学天府学院的专职教师，具有二十余年的教学实践经验，在编写过程中，经常就某一概念或结论反复讨论，对很多内容做了非常细致的处理与安排。

编写本书的目的，是试图为一般院校经济与管理类专业学生提供一本比较合适的教材。由于编者学识有限，书中疏漏与错误之处在所难免，恳请各位同行与读者不吝批评与指正。

**编者**

2014 年冬于西南财经大学天府学院

# 目 录


**第一章 多元函数微分学** …………………………………………………………… (1)
第一节 空间解析几何简介 ………………………………………………… (1)
第二节 多元函数的概念 …………………………………………………… (7)
第三节 偏导数 ……………………………………………………………… (16)
第四节 全微分 ……………………………………………………………… (24)
第五节 复合函数微分法与隐函数微分法 ………………………………… (29)
第六节 二元函数的极值与最值 …………………………………………… (38)
第七节 最小二乘法 ………………………………………………………… (47)
第八节 Mathematica 在多元函数微分学中的应用………………………… (52)
习题一 ……………………………………………………………………… (63)

**第二章 二重积分** …………………………………………………………………… (77)
第一节 二重积分的概念与性质 …………………………………………… (77)
第二节 在直角坐标系下二重积分的计算 ………………………………… (83)
第三节 在极坐标系下二重积分的计算 …………………………………… (96)
第四节 利用 Mathematica 求二重积分 ………………………………… (105)
习题二 ……………………………………………………………………… (109)

**第三章 无穷级数** ………………………………………………………………… (118)
第一节 常数项级数的概念与性质 ……………………………………… (118)
第二节 正项级数敛散性的判别法 ……………………………………… (126)
第三节 任意项级数敛散性的判别法 …………………………………… (133)
第四节 幂级数 …………………………………………………………… (138)
*第五节 函数展开成幂级数 ……………………………………………… (148)
第六节 Mathematica 在无穷级数中的应用 …………………………… (152)
习题三 ……………………………………………………………………… (156)

**第四章 常微分方程** ……………………………………………………………… (171)
第一节 微分方程的基本概念 …………………………………………… (171)
第二节 一阶微分方程 …………………………………………………… (173)
第三节 二阶微分方程 …………………………………………………… (194)

第四节 利用 Mathematica 求解微分方程 …………………… (204)
习题四 …………………… (208)

附录一 微积分基本公式 …………………… (216)

附录二 初等数学部分公式 …………………… (218)

附录三 习题参考答案 …………………… (220)

参考文献 …………………… (241)

# 第一章　多元函数微分学

在《微积分Ⅰ》中,我们讨论的函数都只有一个自变量,这种函数称为一元函数. 但在许多实际问题中,我们往往要考虑多个变量之间的关系,反映到数学上,就是要考虑一个变量(因变量)与另外多个变量(自变量)的相互依赖关系. 由此,我们引入了多元函数以及多元函数的微积分问题. 本章将在一元函数微分学的基础上,进一步讨论多元函数的微分学. 讨论中将以二元函数为主要对象,这不仅因为有关的概念和方法大都有比较直观的解释,便于理解,而且这些概念和方法都能自然推广到二元以上的多元函数.

## 第一节　空间解析几何简介

空间解析几何的产生是数学史上一个划时代的成就. 它通过点和坐标的对应,把数学研究的两个基本对象——"数"和"形"统一起来,使得人们既可以用代数方法研究解决几何问题(这是解析几何的基本内容),也可以用几何方法解决代数问题.

本节我们仅简单介绍空间解析几何的一些基本概念,它们包括空间直角坐标系、空间两点间的距离、空间曲面及其方程等概念. 这些内容对我们学习多元函数的微分学和积分学将起到重要的作用.

### 一、空间直角坐标系

我们知道,实数 $x$ 与数轴上的点 $x$ 是一一对应的. 二元数组 $(x,y)$ 与坐标平面上的点 $(x,y)$ 是一一对应的. 类似地,通过建立空间直角坐标系,可以建立起三元数组 $(x,y,z)$ 与空间点之间的一一对应关系.

在空间取定一点 $O$,过点 $O$ 作三条互相垂直的数轴 $ox$、$oy$、$oz$,各轴的正方向按右手规则确定,再规定一个长度单位. 如图 1-1 所示. 其中,点 $O$ 称为坐标原点;$ox$、$oy$、$oz$ 称为坐标轴. 每两个坐标轴确定一个平面,称为坐标平面,分别称为 $xy$ 平面、$yz$ 平面、$zx$ 平面;这三个平面将空间分为八个部分,称为八个卦限. 如图 1-2 所示.

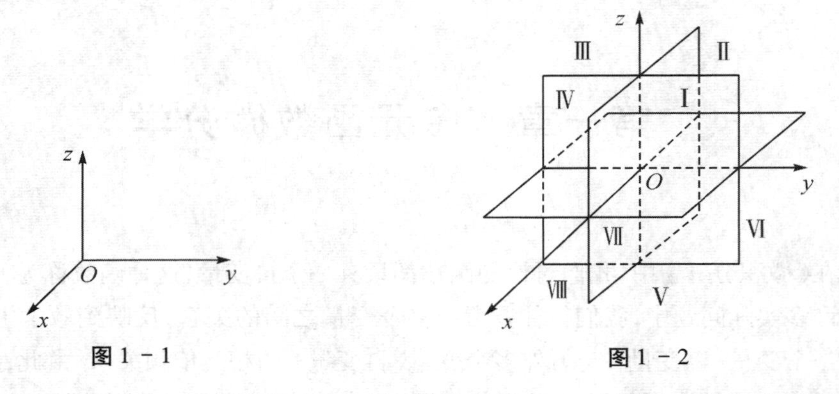


图 1－1　　　　图 1－2

设 $M$ 为空间的任意一点,过点 $M$ 分别作垂直于三坐标轴的平面,这三个平面与三个坐标轴的交点分别为 $P$、$Q$、$R$(如图 1－3 所示). 设点 $P$、$Q$、$R$ 在 $ox$、$oy$、$oz$ 轴上的坐标分别为 $x_0$、$y_0$、$z_0$,则称 $x_0$、$y_0$、$z_0$ 为点 $M$ 的坐标. 反之,任意给定三元数组 $(x_0,y_0,z_0)$,在空间中必唯一确定一点 $M$. 于是,任意三元数组 $(x,y,z)$ 与空间的点之间构成一一对应的关系.

不难看出,原点 $O$ 的坐标为 $(0,0,0)$;$ox$ 轴、$oy$ 轴和 $oz$ 轴上的点的坐标分别为 $(x,0,0)$、$(0,y,0)$ 和 $(0,0,z)$;$xy$ 平面、$yz$ 平面和 $zx$ 平面上的点的坐标分别为 $(x,y,0)$、$(0,y,z)$ 和 $(x,0,z)$.

对于空间中任意两点 $A(x_1,y_1,z_1)$ 和 $B(x_2,y_2,z_2)$(如图 1－4 所示),可以求得点 $A$ 与点 $B$ 之间的距离为

$$|AB| = \sqrt{(x_2 - x_1)^2 + (y_2 - y_1)^2 + (z_2 - z_1)^2} \qquad (1-1)$$

特别地,空间中任意一点 $M(x,y,z)$ 到坐标原点 $O$ 的距离为

$$|OM| = \sqrt{x^2 + y^2 + z^2} \qquad (1-2)$$

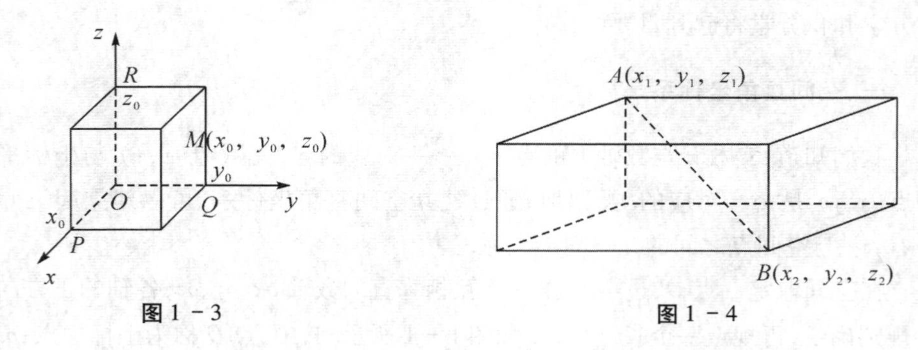


图 1－3　　　　图 1－4

尽管我们不能画出四维空间的图形,但仍可设想一个四元数组 $(x_1,x_2,x_3,x_4)$ 与"四维空间"中的一个点一一对应. 更一般地,对给定的正整数 $n(n \geqslant 2)$,规定 $n$ 元数组 $(x_1,x_2,\cdots,x_n)$ 与"$n$ 维空间"中的一个点一一对应. 引入四维和四维以上的一般 $n$ 维空间,对人们分析许多实际问题是非常有益的,特别对经济问题,其意义更为明显. 因为人们常常将经济系统分为多个部门或就多种商品来进行研究,引入多维

空间的概念后就会带来很大的方便.

## 二、空间曲面与方程

通过空间直角坐标系,还可以建立空间曲面与方程之间的对应关系. 对于含有三个变量$x$、$y$、$z$的三元方程

$$F(x,y,z)=0 \text{ 或 } z=f(x,y) \tag{1-3}$$

如果以满足方程(1-3)的一组数$x$、$y$、$z$为坐标,就可确定空间的一个点,一般地说,坐标满足方程(1-3)的一切点所成的集合,构成空间的一张曲面;反之,对于空间一给定的曲面,曲面上点的坐标之间必有一定的联系,一般地说,这种联系可以写成三元方程(1-3)的形式. 因此,空间曲面与三元方程之间的关系可作如下定义:

如果曲面$S$上任意一点$M$的坐标$(x,y,z)$都满足方程(1-3),而且坐标满足方程(1-3)的点都在曲面$S$上,则称方程(1-3)为曲面$S$的方程,而称曲面$S$为方程(1-3)的图形(见图1-5). 因此,通常将三元方程(1-3)理解为空间的一张曲面.

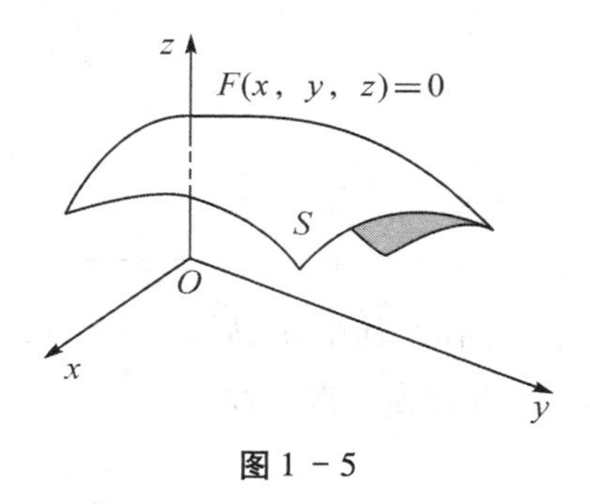


**图1-5**

应注意的是,对于一元方程或二元方程

$$F(x)=0 \text{ 或 } F(x,y)=0$$

需根据不同的坐标系来确定它们的几何意义.

例如,一元方程$x=0$,在数轴上表示原点,在平面直角坐标系中表示$y$轴,在空间直角坐标系中表示$yz$平面;又如方程$x+y=0$,在平面直角坐标系中表示过原点的一条直线,而在空间直角坐标系中表示过$oz$轴的一个平面.

常见的空间曲面有平面、柱面、旋转曲面和二次曲面等.

(1) 平面

空间平面方程的一般形式为

$$ax+by+cz+d=0 \tag{1-4}$$

其中$a$、$b$、$c$、$d$为常数,且$a$、$b$、$c$不全为零. 例如,$a=1$,$b=c=d=0$时,就得到平面方程$x=0$(即$yz$平面);$a\neq 0$,$b\neq 0$,$c=d=0$时,就得到平面方程$ax+by=0$.

(2) 柱面

平行于定直线并沿定曲线$C$移动的动直线$L$形成的轨迹叫做柱面;动直线$L$称为

柱面的母线,定曲线 $C$ 称为柱面的准线.

例如,不含 $z$ 的方程 $x^2+y^2=R^2$,在空间直角坐标系中,表示圆柱面.它的母线平行于 $oz$ 轴,$xy$ 平面上的圆 $x^2+y^2=R^2$ 是它的一条准线,如图1－6所示;又如,方程 $y^2=2x$ 表示母线平行于 $oz$ 轴的柱面,$xy$ 平面上的抛物线 $y^2=2x$ 是它的一条准线,该柱面称为抛物柱面,如图1－7所示.

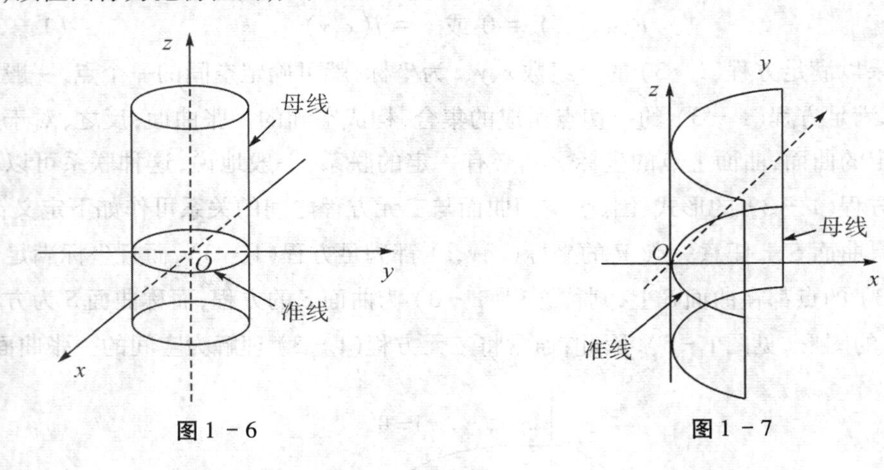


图1－6　　　　图1－7

(3) 二次曲面

三元二次方程 $a_1x^2+a_2y^2+a_3z^2+b_1xy+b_2xz+b_3yz+c_1x+c_2y+c_3z+d=0$ 所表示的空间曲面,称为二次曲面.其中 $a_i,b_i,c_i(i=1,2,3)$ 和 $d$ 均为常数.相应地,三元一次方程表示的平面,也称为一次曲面.

常见的二次曲面有:

球面　$(x-x_0)^2+(y-y_0)^2+(z-z_0)^2=R^2\quad(R>0)$

椭球面　$\frac{x^2}{a^2}+\frac{y^2}{b^2}+\frac{z^2}{c^2}=1\quad(a>0、b>0、c>0)$

单叶双曲面　$\frac{x^2}{a^2}+\frac{y^2}{b^2}-\frac{z^2}{c^2}=1\quad(a>0、b>0、c>0)$

双叶双曲面　$\frac{x^2}{a^2}+\frac{y^2}{b^2}-\frac{z^2}{c^2}=-1\quad(a>0、b>0、c>0)$

二次锥面　$\frac{x^2}{a^2}+\frac{y^2}{b^2}-\frac{z^2}{c^2}=0\quad(a>0、b>0、c>0)$

椭圆抛物面　$\frac{x^2}{p}+\frac{y^2}{q}=2z\quad(p>0、q>0)$

双曲抛物面(马鞍面)　$\frac{x^2}{p}-\frac{y^2}{q}=-2z\quad(p>0、q>0)$

三元方程 $F(x,y,z)=0$ 所表示的曲面的图形,可采用"截痕法"作图,即用坐标平面和平行于坐标平面的平面与曲面相截,考察相截后的交线(称为截痕)的形状,然后综合各种情形,描绘出曲面的大致形状.

**例1** 用截痕法作单叶双曲面

$$\frac{x^2}{a^2}+\frac{y^2}{b^2}-\frac{z^2}{c^2}=1 \quad (a>0、b>0、c>0)$$

的图形.

**解** 用 $xy$ 平面($z=0$)与该曲面相截,其交线为 $xy$ 平面上的椭圆:

$$\begin{cases}\dfrac{x^2}{a^2}+\dfrac{y^2}{b^2}=1\\ z=0\end{cases};$$

用平面 $z=d$ ($d\neq 0$)与该曲面相截,其交线为平面 $z=d$ 上的椭圆:

$$\begin{cases}\dfrac{x^2}{a^2}+\dfrac{y^2}{b^2}=1+\dfrac{d^2}{c^2}\\ z=d\end{cases};$$

用 $zx$ 平面($y=0$)与该曲面相截,其交线为 $zx$ 平面上的双曲线:

$$\begin{cases}\dfrac{x^2}{a^2}-\dfrac{z^2}{c^2}=1\\ y=0\end{cases};$$

类似地,用 $yz$ 平面($x=0$)与该曲面相截,其交线为 $yz$ 平面上的双曲线:

$$\begin{cases}\dfrac{y^2}{b^2}-\dfrac{z^2}{c^2}=1\\ x=0\end{cases}.$$

综上所述,可得单叶双曲面的图形如图1-8所示.

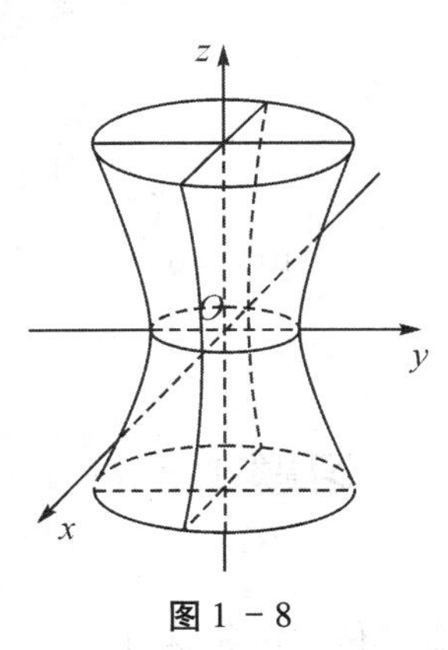


图1-8

**例2** 试分析双曲抛物面(马鞍面)$z=y^2-x^2$ 的图形.

**解** 用平面 $z=c$ 截该曲面,其截痕为:

$$\begin{cases}y^2-x^2=c\\ z=c\end{cases},$$

若 $c=0$,则截痕为过原点(0,0,0)的两条直线

$$\begin{cases} y - x = 0 \\ z = 0 \end{cases} \quad 和 \quad \begin{cases} y + x = 0 \\ z = 0 \end{cases};$$

若 $c \neq 0$,则截痕为平面 $z = c$ 上的双曲线.

用平面 $y = c$ 截该曲面,其截痕为抛物线:

$$\begin{cases} z = c^2 - x^2 \\ y = c \end{cases};$$

用平面 $x = c$ 截该曲面,其截痕为抛物线:

$$\begin{cases} z = y^2 - c^2 \\ x = c \end{cases};$$

综上所述,可画出 $z = y^2 - x^2$ 的图形,如图 1 - 9 所示(图中,$-3 \leqslant x \leqslant 3$,$-4 \leqslant y \leqslant 4$).

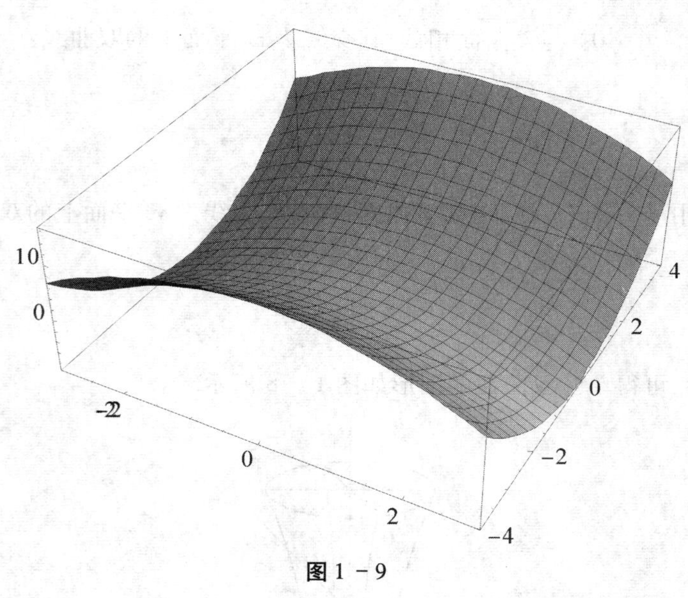


图 1 - 9

## 习题 1 - 1

1. 画出下列各平面,并观察其位置的特殊性.

(1)$2x - 3y + 4 = 0$　　(2)$2x - 3 = 0$

(3)$2y - 5z = 0$　　(4)$x + y + z = 0$

2. 求下列轨迹的方程:

(1) 与点 $(3,0,-2)$ 的距离为 4 个单位的点的轨迹;

(2) 与两定点 $P(c,0,0)$ 和 $Q(-c,0,0)$ 的距离之和等于 $2a(a > c > 0)$ 的点的轨迹;

(3) 与 $z$ 轴和点$(1,3,-1)$等距离的点的轨迹；

(4) 与 $yoz$ 平面的距离为4，且与点$(5,2,-1)$的距离为3的点的轨迹.

3. 求下列各曲面的方程：

(1) 中心在点$(-1,-3,2)$且通过点$(1,-1,1)$的球面方程；

(2) 过点$(2,1,-1)$且在 $x$ 轴和 $y$ 轴上的截距分别为2和1的平面方程；

(3) 平行于 $xoz$ 平面并过点$(2,-5,3)$的平面方程；

(4) 一动点与点$(1,0,0)$的距离是与平面 $x=4$ 的距离的一半，求该动点的方程.

4. 用截痕法作出下列方程的图形：

(1) $x-y+z-1=0$　　(2) $y-\sqrt{3}z=0$

(3) $x^2-y=0$　　(4) $y^2=1$

(5) $x^2+y^2+z^2=1$　　(6) $x^2-y^2=0$

(7) $\frac{x^2}{4}+\frac{y^2}{9}-3z=0$　　(8) $\frac{x^2}{4}+\frac{y^2}{9}=1$

## 第二节　多元函数的概念

### 一、平面区域的概念

讨论一元函数时，经常用到邻域和区间概念. 由于讨论二元函数的需要，我们首先把邻域和区间概念加以推广，同时还要涉及一些其他概念.

1. 邻域

设 $P_0(x_0,y_0)$ 是 $xy$ 平面上的一个点，$\delta$ 是某一正数，与点 $P_0(x_0,y_0)$ 距离小于 $\delta$ 的点 $P(x,y)$ 的全体，称为点 $P_0$ 的 $\delta$ 邻域，记为 $U(P_0,\delta)$，即

$$U(P_0,\delta)=\{P\,|\,|PP_0|<\delta\},$$

也就是

$$U(P_0,\delta)=\{(x,y)\,|\,\sqrt{(x-x_0)^2+(y-y_0)^2}<\delta\}.$$

$U(P_0,\delta)$ 如图 1－10 所示.

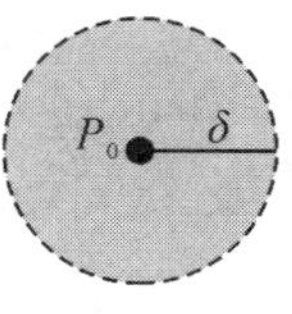


图 1－10

如果不需要强调邻域半径 $\delta$，则用 $U(P_0)$ 表示点 $P_0$ 的 $\delta$ 邻域. 点 $P_0$ 的去心邻域

记作$\overset{o}{U}(P_0)$.

2. 区域

设$E$是平面上的一个点集,$P$是平面上的一个点. 如果存在点$P$的某一邻域$U(P)$使$U(P)\subset E$,则称$P$为$E$的内点(如图1-11所示). 显然,$E$的内点属于$E$.

如果点集$E$的点都是内点,则称$E$为开集. 例如,点集$E_1=\{(x,y)\mid 1<x^2+y^2<4\}$中每个点都是$E_1$的内点,因此$E_1$为开集. 如图1-12所示.

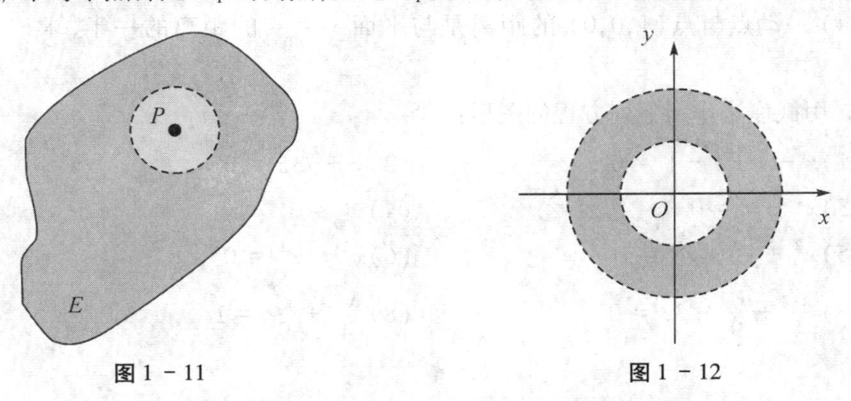


图1-11　　　　图1-12

如果点$P$的任一邻域内既有属于$E$的点,也有不属于$E$的点(点$P$本身可以属于$E$,也可以不属于$E$),则称$P$为$E$的边界点(如图1-13所示). $E$的边界点的全体称为$E$的边界. 例如上例中,$E_1$的边界是圆周$x^2+y^2=1$和$x^2+y^2=4$.

设$D$是开集. 如果对于$D$内任何两点,都可用折线连结起来,且该折线上的点都属于$D$,则称开集$D$是连通的. 如图1-14所示.

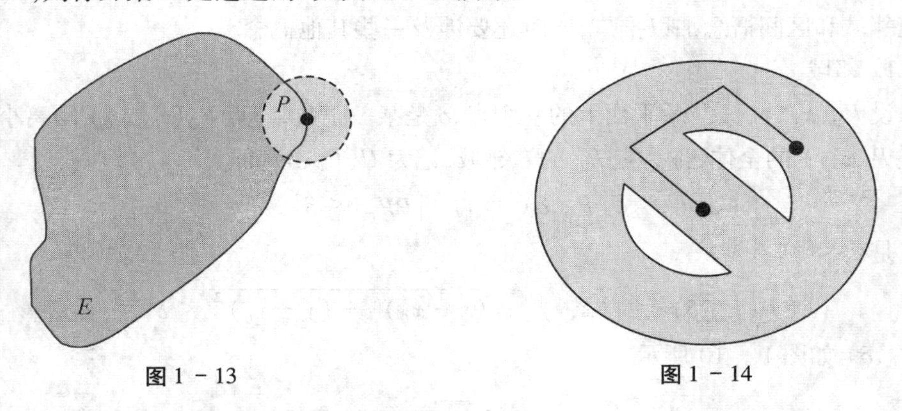


图1-13　　　　图1-14

连通的开集称为区域或开区域,例如,

$$\{(x,y)\mid x+y>0\}\text{ 及 }\{(x,y)\mid 1<x^2+y^2<4\}$$

都是区域.

开区域连同它的边界一起,称为闭区域,例如

$$\{(x,y)\mid x+y\geqslant 0\}\text{ 及 }\{(x,y)\mid 1\leqslant x^2+y^2\leqslant 4\}$$

都是闭区域.

对于点集 $E$,如果存在正数 $K$,使任意一点 $P \in E$ 与某一定点 $A$ 间的距离 $|AP|$ 不超过 $K$,即

$$|AP| \leqslant K$$

则称 $E$ 为有界点集,否则称为无界点集. 例如,$\{(x,y) \mid 1 \leqslant x^2 + y^2 \leqslant 4\}$ 是有界闭区域,$\{(x,y) \mid x + y > 0\}$ 是无界开区域.

*3. $n$ 维空间

我们知道,数轴上的点与实数有一一对应关系,从而实数的全体表示数轴上一切点的集合,即直线. 在平面上引入直角坐标系后,平面上的点与有序二元数组 $(x,y)$ 一一对应,从而有序二元数组 $(x,y)$ 的全体表示平面上一切点的集合,即平面. 在空间引入直角坐标系后,空间的点与有序三元数组 $(x,y,z)$ 一一对应,从而有序三元数组 $(x,y,z)$ 的全体表示空间一切点的集合,即空间. 一般地,设 $n$ 为取定的一个自然数,我们称有序 $n$ 元数组 $(x_1,x_2,\cdots,x_n)$ 的全体为 $n$ 维空间,而每个有序 $n$ 元数组 $(x_1,x_2,\cdots,x_n)$ 称为 $n$ 维空间中的一个点,数 $x_i$ 称为该点的第 $i$ 个坐标. $n$ 维空间记为 $R^n$.

$n$ 维空间中两点 $P(x_1,x_2,\cdots,x_n)$ 及 $Q(y_1,y_2,\cdots,y_n)$ 之间的距离定义为

$$|PQ| = \sqrt{(y_1 - x_1)^2 + (y_2 - x_2)^2 + \cdots + (y_n - x_n)^2}$$

容易验知,当 $n = 1,2,3$ 时,由上式便得解析几何中关于直线(数轴)、平面、空间内两点间的距离.

前面就平面点集陈述的一系列概念,可推广到 $n$ 维空间中去. 例如,设 $P_0 \in R^n$,$\delta$ 是某一正数,则 $n$ 维空间中的点集

$$U(P_0,\delta) = \{P \mid |PP_0| < \delta, P \in R^n\}$$

就称为点 $P_0$ 的 $\delta$ 邻域. 以邻域概念为基础,可定义点集的内点、边界点以及区域等一系列概念.

## 二、多元函数概念

一元函数研究一个自变量对因变量的影响. 但在很多实际问题中,特别是经济问题中,往往要研究多个自变量对因变量的影响,这时就要引入多元函数的概念.

例如,长、宽、高分别为 $x$、$y$、$z$ 的长方体的表面积为

$$S = 2(xy + yx + xz) \quad (x > 0, y > 0, z > 0),$$

显然,当 $x$、$y$、$z$ 变化时,$S$ 将随着变化. 因此,长方体的表面积是其长、宽、高三个变量的函数,称为三元函数.

又如,在生产中,产量 $Y$ 与投入的资金 $K$ 和劳动力 $L$ 之间有如下的关系:

$$Y = AK^{\alpha}L^{\beta},$$

其中,$A$、$\alpha$、$\beta$ 为正的常数. 在西方经济学中称此函数关系为 *Cobb - Douglas* 生产函数.

由此可见,所谓多元函数是指依赖于多个自变量的函数关系.下面给出二元函数的定义:

定义 1.1　设 $D$ 是 $xy$ 平面上的一个点集.如果对于每个点 $P(x,y)\in D$,按照某个确定的规则 $f$,变量 $z$ 总有确定的值与它对应,则称变量 $z$ 是变量 $x$、$y$ 的二元函数(或点 $P$ 的函数),记为

$$z=f(x,y)\ (\text{或 } z=f(P)).$$

其中 $x$、$y$ 称为自变量,$z$ 称为因变量,点集 $D$ 称为函数 $z=f(x,y)$ 的定义域.数集

$$\{z\mid z=f(x,y),(x,y)\in D\}$$

称为函数 $z=f(x,y)$ 的值域.

类似地,可以定义三元函数 $u=f(x,y,z)$ 以及三元以上的函数.一般地,把定义 1.1 中的平面点集 $D$ 换成 $n$ 维空间内的点集 $D$,则可类似地定义 $n$ 元函数 $u=f(x_1,x_2,\cdots,x_n)$. $n$ 元函数也可简记为 $u=f(P)$,这里点 $P(x_1,x_2,\cdots,x_n)\in D$.当 $n=1$ 时,$n$ 元函数就是一元函数.当 $n\geqslant 2$ 时,$n$ 元函数统称为多元函数.

关于多元函数的定义域,与一元函数类似,我们作如下约定:在一般地讨论用算式表达的多元函数 $u=f(P)$ 时,就以使这个算式有确定值 $u$ 的自变量所确定的点集为这个函数的定义域.

**例 1**　求二元函数 $f(x,y)=\dfrac{\arcsin(3-x^2-y^2)}{\sqrt{x-y^2}}$ 的定义域,并画出定义域的示意图.

**解**　由 $\begin{cases}|3-x^2-y^2|\leqslant 1\\ x-y^2>0\end{cases}$ 解得 $\begin{cases}2\leqslant x^2+y^2\leqslant 4\\ x>y^2\end{cases}$,所以函数的定义域

$$D=\{(x,y)\mid 2\leqslant x^2+y^2\leqslant 4,x>y^2\}.$$

如图 1 - 15 所示.

**例 2**　求二元函数 $f(x,y)=\dfrac{\sqrt{4x-y^2}}{\ln(1-x^2-y^2)}$ 的定义域,并画出定义域的示意图.

**解**　由 $\begin{cases}4x-y^2\geqslant 0\\ 1-x^2-y^2>0\\ 1-x^2-y^2\neq 1\end{cases}$,解得 $\begin{cases}y^2\leqslant 4x\\ 0<x^2+y^2<1\end{cases}$,所以函数的定义域

$$D=\{(x,y)\mid y^2\leqslant 4x,0<x^2+y^2<1\}.$$

如图 1 - 16 所示.

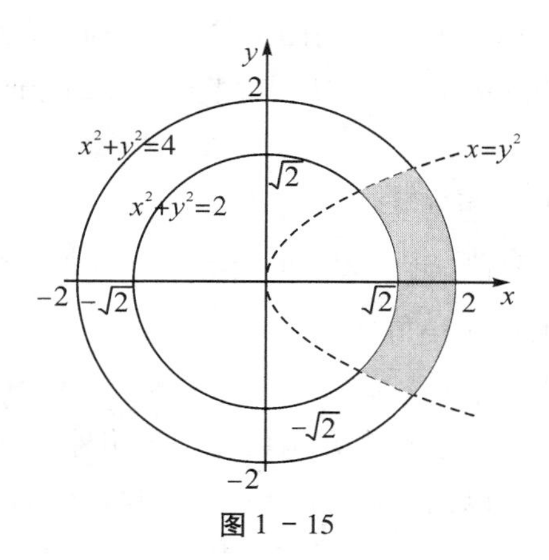


图1 - 15

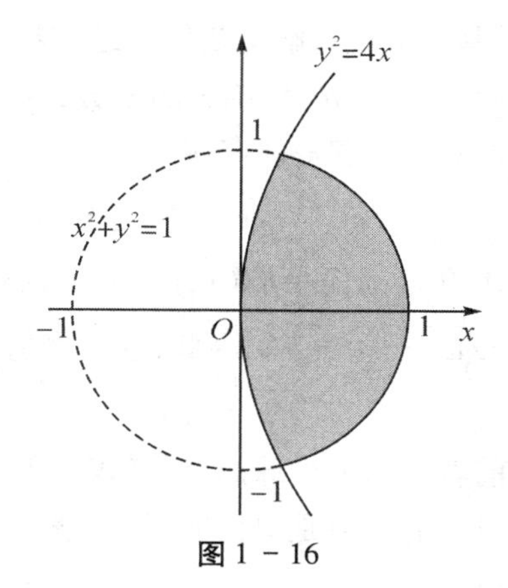


图1 - 16

**例3** 已知函数$f(x+y,x-y)=\dfrac{x^2-y^2}{x^2+y^2}$,求$f(x,y)$.

**解** 设$u=x+y,v=x-y$,则$x=\dfrac{u+v}{2},y=\dfrac{u-v}{2}$,

故得
$$f(u,v)=\frac{\left(\frac{u+v}{2}\right)^2-\left(\frac{u-v}{2}\right)^2}{\left(\frac{u+v}{2}\right)^2+\left(\frac{u-v}{2}\right)^2}=\frac{2uv}{u^2+v^2},$$

即有$f(x,y)=\dfrac{2xy}{x^2+y^2}$.

设函数$z=f(x,y)$的定义域为$D$.对于任意取定的点$P(x,y)\in D$,对应的函数值为$z=f(x,y)$.这样,以$x$为横坐标、$y$为纵坐标、$z$为竖坐标在空间就确定一点$M(x,y,z)$.当$(x,y)$遍取$D$上的一切点时,得到一个空间点集

$$\{(x,y,z)\mid z=f(x,y),(x,y)\in D\}$$

这个点集称为二元函数$z=f(x,y)$的图形(如图1 - 17所示).通常我们也说二元函数的图形是一个曲面.

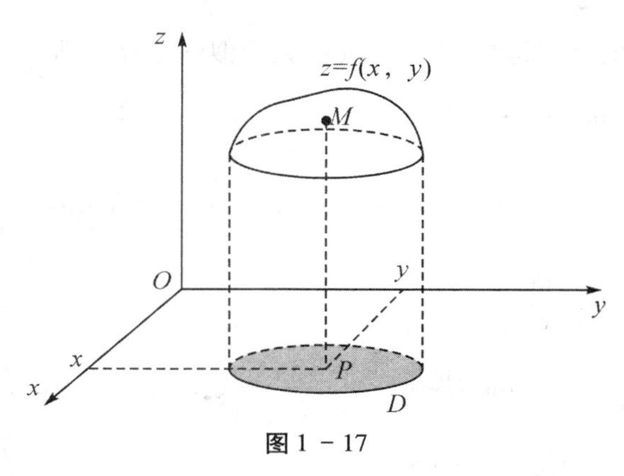


图1 - 17

例如,由空间解析几何知道,线性函数 $z = ax + by + c$ 的图形是一个平面;方程 $x^2 + y^2 + z^2 = a^2$ 所确定的函数 $z = f(x,y)$ 的图形是球心在原点、半径为 $a$ 的球面,它的定义域是圆形闭区域

$$D = \{(x,y) \mid x^2 + y^2 \leqslant a^2\}$$

在 $D$ 内部任一点 $(x,y)$ 处,函数有两个对应值,一个为 $\sqrt{a^2 - x^2 - y^2}$,另一个为 $-\sqrt{a^2 - x^2 - y^2}$. 因此,这是多值函数,它有两个单值分支:

$$z = \sqrt{a^2 - x^2 - y^2} \text{ 及 } z = -\sqrt{a^2 - x^2 - y^2}$$

前者表示上半球面,后者表示下半球面. 以后除了对多元函数另做声明外,总假定所讨论的函数是单值的;如果遇到多值函数,可以找出它的(全部)单值分支,然后加以讨论.

### 三、二元函数的极限

与一元函数的极限概念类似,如果在 $P(x,y) \to P_0(x_0,y_0)$ 的过程中,对应的函数值 $f(x,y)$ 无限接近一个常数 $A$,则称 $A$ 为函数 $z = f(x,y)$ 当 $x \to x_0, y \to y_0$ 时的极限. 严格的数学定义如下:

**定义 1.2**　设函数 $f(x,y)$ 在开区域(或闭区域) $D$ 内有定义, $P_0(x_0,y_0)$ 是 $D$ 的内点或边界点. 如果对于任意给定的正数 $\varepsilon$,总存在正数 $\delta$,使得对于满足不等式

$$0 < |PP_0| = \sqrt{(x - x_0)^2 + (y - y_0)^2} < \delta$$

的一切点 $P(x,y) \in D$,都有

$$|f(x,y) - A| < \varepsilon$$

成立,则称常数 $A$ 为函数 $z = f(x,y)$ 当 $x \to x_0, y \to y_0$ 时的极限,记作

$$\lim_{\substack{x \to x_0 \\ y \to y_0}} f(x,y) = A$$

或

$$f(x,y) \to A \quad (\rho \to 0)$$

这里 $\rho = |PP_0|$.

关于多元函数的极限运算,有与一元函数类似的运算法则.

**例 4**　求极限 $\lim\limits_{\substack{x \to 0 \\ y \to 0}} (x^2 + y^2)\sin \dfrac{1}{x^2 + y^2}$.

**解**　令 $u = x^2 + y^2$,则 $\lim\limits_{\substack{x \to 0 \\ y \to 0}} (x^2 + y^2)\sin \dfrac{1}{x^2 + y^2} = \lim\limits_{u \to 0} u\sin \dfrac{1}{u} = 0$.

**例 5**　求极限 $\lim\limits_{\substack{x \to 0 \\ y \to 0}} \dfrac{\sin(x^2 y)}{x^2 + y^2}$.

**解**　$\lim\limits_{\substack{x \to 0 \\ y \to 0}} \dfrac{\sin(x^2 y)}{x^2 + y^2} = \lim\limits_{\substack{x \to 0 \\ y \to 0}} \dfrac{\sin(x^2 y)}{x^2 y} \cdot \dfrac{x^2 y}{x^2 + y^2}$,其中

$$\lim_{\substack{x \to 0 \\ y \to 0}} \frac{\sin(x^2 y)}{x^2 y} \xlongequal{u = x^2 y} \lim_{u \to 0} \frac{\sin u}{u} = 1,$$

$$\left|\frac{x^2y}{x^2+y^2}\right| = \left|\frac{x^2}{x^2+y^2}\right| \cdot |x| \leqslant |x| \xrightarrow{x\to 0} 0,$$

所以 $\lim\limits_{\substack{x\to 0\\y\to 0}} \dfrac{\sin(x^2y)}{x^2+y^2} = 0.$

**例 6** 求极限 $\lim\limits_{\substack{x\to\infty\\y\to\infty}} \dfrac{x+y}{x^2+y^2}$.

**解** 当 $xy \neq 0$ 时,

$$0 \leqslant \left|\frac{x+y}{x^2+y^2}\right| \leqslant \frac{|x|+|y|}{x^2+y^2} \leqslant \frac{|x|+|y|}{2|xy|} = \frac{1}{2|y|} + \frac{1}{2|x|} \to 0(x\to\infty, y\to\infty),$$

所以 $\lim\limits_{\substack{x\to\infty\\y\to\infty}} \dfrac{x+y}{x^2+y^2} = 0.$

注意:极限定义中,若函数的极限存在且为 $A$,则要求 $P(x,y)$ 以任何方式趋于 $P_0(x_0,y_0)$ 时,函数都无限趋近于 $A$;如果 $P(x,y)$ 以某一特殊方式,例如沿着一条定直线或定曲线趋于 $P_0(x_0,y_0)$ 时,即使函数无限趋近于某一确定值,也不能由此断定函数的极限存在. 但是反过来,如果当 $P(x,y)$ 以不同方式趋于 $P_0(x_0,y_0)$ 时,函数趋于不同的值,那么就可以断定函数的极限不存在. 下面用例子来说明这种情形.

考察函数

$$f(x,y) = \begin{cases} \dfrac{xy}{x^2+y^2}, & x^2+y^2 \neq 0 \\ 0, & x^2+y^2 = 0 \end{cases},$$

显然,当点 $P(x,y)$ 沿 $x$ 轴趋于点(0,0) 时,

$$\lim_{x\to 0} f(x,0) = \lim_{x\to 0} 0 = 0;$$

又当点 $P(x,y)$ 沿 $y$ 轴趋于点(0,0)) 时,

$$\lim_{y\to 0} f(0,y) = \lim_{y\to 0} 0 = 0.$$

虽然点 $P(x,y)$ 以上述两种特殊方式(沿 $x$ 轴或沿 $y$ 轴) 趋于原点时函数的极限存在并且相等,但是 $\lim\limits_{\substack{x\to 0\\y\to 0}} f(x,y)$ 并不存在. 这是因为当点 $P(x,y)$ 沿着直线 $y=kx$ 趋于点(0,0) 时,有

$$\lim_{\substack{x\to 0\\y=kx\to 0}} \frac{xy}{x^2+y^2} = \lim_{x\to 0} \frac{kx^2}{x^2+k^2x^2} = \frac{k}{1+k^2},$$

显然极限值是随着 $k$ 值的不同而改变的,故 $\lim\limits_{\substack{x\to 0\\y\to 0}} f(x,y)$ 不存在.

**例 7** 证明 $\lim\limits_{\substack{x\to 0\\y\to 0}} \dfrac{x^3y}{x^6+y^2}$ 不存在.

**证明** 取 $y=kx^3$, $\lim\limits_{\substack{x\to 0\\y\to 0}} \dfrac{x^3y}{x^6+y^2} = \lim\limits_{\substack{x\to 0\\y=kx^3\to 0}} \dfrac{x^3\cdot kx^3}{x^6+k^2x^6} = \dfrac{k}{1+k^2}$,其值随 $k$ 的不同而变化,故极限不存在.

以上关于二元函数的极限概念,可相应地推广到 $n$ 元函数 $u=f(x_1,x_2,\cdots,x_n)$

上去.

## 四、二元函数的连续性

明白了函数极限的概念,就不难说明多元函数的连续性.

**定义 1.3**　如果函数 $f(x,y)$ 满足:

(1) $f(x,y)$ 在 $P_0(x_0,y_0)$ 点有定义;

(2) $\lim\limits_{\substack{x\to x_0\\y\to y_0}}f(x,y)$ 存在;

(3) $\lim\limits_{\substack{x\to x_0\\y\to y_0}}f(x,y)=f(x_0,y_0)$.

则称函数 $f(x,y)$ 在点 $P_0(x_0,y_0)$ 连续.

如果函数 $f(x,y)$ 在开区域(或闭区域)$D$ 内的每一点连续,那么就称函数 $f(x,y)$ 在 $D$ 内连续,或者称 $f(x,y)$ 是 $D$ 内的连续函数.

**例 8**　讨论二元函数 $f(x,y)=\begin{cases}\dfrac{x^3+y^3}{x^2+y^2}, & (x,y)\neq(0,0)\\ 0, & (x,y)=(0,0)\end{cases}$ 在 $(0,0)$ 处的连续性.

**解**　由 $f(x,y)$ 表达式的特征,设 $x=\rho\cos\theta, y=\rho\sin\theta$,则

$$\lim_{(x,y)\to(0,0)}f(x,y)=\lim_{\rho\to0}\rho(\sin^3\theta+\cos^3\theta)=0=f(0,0)$$

所以函数在 $(0,0)$ 点处连续.

以上关于二元函数的连续性概念,可相应地推广到 $n$ 元函数上去.

若函数 $f(x,y)$ 在点 $P_0(x_0,y_0)$ 上不连续,则 $P_0(x_0,y_0)$ 称为函数 $f(x,y)$ 的间断点. 这里顺便指出:如果在开区域(或闭区域)$D$ 内存在某些孤立点(注:若点 $P$ 为 $D$ 的孤立点,则 $P\in D$,且至少能找到 $P$ 的一个去心邻域,使得 $\mathring{U}(P)\cap D=\varnothing$),或者沿 $D$ 内某些曲线,函数 $f(x,y)$ 没有定义,但在 $D$ 内其余部分,$f(x,y)$ 都有定义,那么这些孤立点或这些曲线上的点,都是函数 $f(x,y)$ 的不连续点,即间断点.

前面已经讨论过的函数

$$f(x,y)=\begin{cases}\dfrac{xy}{x^2+y^2}, & x^2+y^2\neq0\\ 0, & x^2+y^2=0\end{cases}$$

当 $x\to0, y\to0$ 时的极限不存在,所以点 $(0,0)$ 是该函数的一个间断点. 二元函数的间断点可以形成一条曲线,例如函数

$$z=\sin\frac{1}{x^2+y^2-1}$$

在圆周 $x^2+y^2=1$ 上没有定义,所以该圆周上各点都是间断点.

与闭区间上一元连续函数的性质相类似,在有界闭区域上多元连续函数也有如下性质.

**性质1(最大值和最小值定理)　在有界闭区域 $D$ 上的多元连续函数,在 $D$ 上一定有最大值和最小值.**

这就是说,在 $D$ 上至少有一点 $P_1$ 及一点 $P_2$,使得 $f(P_1)$ 为最大值而 $f(P_2)$ 为最小值,即对于一切点 $P \in D$,有

$$f(P_2) \leqslant f(P) \leqslant f(P_1).$$

**性质2(介值定理)　在有界闭区域 $D$ 上的多元连续函数,如果在 $D$ 上取得两个不同的函数值,则它在 $D$ 上能够取得介于这两个值之间的任何值.**

**推论　如果 $C$ 是函数在 $D$ 上的最小值 $m$ 和最大值 $M$ 之间的一个数,则在 $D$ 上至少有一点 $Q$,使得 $f(Q) = C$.**

前面我们已经指出:一元函数中关于极限的运算法则,对于多元函数仍然适用;根据极限运算法则,可以证明多元连续函数的和、差、积均为连续函数;在分母不为零处,连续函数的商是连续函数;多元连续函数的复合函数也是连续函数.

与一元初等函数相类似,多元初等函数是基本初等函数经过有限次的四则运算和复合步骤所构成的(基本初等函数是一元函数,在构成多元初等函数时,它必须与多元函数复合)可用一个式子所表示的多元函数.

**一切多元初等函数在其定义区域内是连续的.**

所谓定义区域,是指包含在定义域内的区域或闭区域.

由多元初等函数的连续性,如果要求它在点 $P_0$ 处的极限,而该点又在此函数的定义区域内,则极限值就是函数在该点的函数值,即 $\lim\limits_{P \to P_0} f(P) = f(P_0)$.

**例9**　求 $\lim\limits_{\substack{x \to 0 \\ y \to 1}} \left[ \ln(y - x) + \dfrac{y}{\sqrt{1 - x^2}} \right]$.

**解**　$\lim\limits_{\substack{x \to 0 \\ y \to 1}} \left[ \ln(y - x) + \dfrac{y}{\sqrt{1 - x}} \right] = \ln(1 - 0) + \dfrac{1}{\sqrt{1 - 0^2}} = 1.$

**例10**　求 $\lim\limits_{\substack{x \to 0 \\ y \to 1}} \dfrac{e^x + y}{x + y}$.

**解**　因初等函数 $f(x,y) = \dfrac{e^x + y}{x + y}$ 在 $(0,1)$ 处连续,故

$$\lim_{\substack{x \to 0 \\ y \to 1}} \frac{e^x + y}{x + y} = \frac{e^0 + 1}{0 + 1} = 2.$$

## 习题 1 - 2

1. 已知 $f(x,y) = x^2 + y^2 - xy\tan\dfrac{x}{y}$,求 $f(tx,ty)$.

2. 已知 $f(u,v,w) = u^w + w^{u+v}$,求 $f(x + y, x - y, xy)$.

3. 已知$f(x,y)=x^3-2xy+3y^2$,求$f(\frac{x}{y},\sqrt{xy})$.

4. 求下列函数的定义域并画出定义域的示意图:

(1)$z=\ln(y^2-2x+1)$　　(2)$z=\frac{1}{\sqrt{x+y}}+\frac{1}{\sqrt{x-y}}$

(3)$z=\sqrt{x-\sqrt{y}}$

(4)$z=\ln[(16-x^2-y^2)(x^2+y^2-4)]$

(5)$z=\ln(4-x^2-y^2)+\sqrt{x^2-1}$

(6)$z=\frac{\arcsin(3-x^2-y^2)}{\sqrt{x-y^2}}$

(7)$z=\arcsin(x-y^2)+\ln\ln(10-x^2-y^2)$

5. 求下列各极限:

(1) $\lim\limits_{\substack{x\to 0\\y\to 1}}\frac{1-xy}{x^2+y^2}$　　(2) $\lim\limits_{\substack{x\to 1\\y\to 0}}\frac{\ln(x+e^y)}{x^2+y^2}$

(3) $\lim\limits_{(x,y)\to(0,0)}\frac{xy}{\sqrt{xy+1}-1}$　　(4) $\lim\limits_{(x,y)\to(2,0)}\frac{\sin xy}{y}$

6. 证明极限不存在:

(1) $\lim\limits_{\substack{x\to 0\\y\to 0}}\frac{x+y}{x-y}$　　(2) $\lim\limits_{\substack{x\to 0\\y\to 0}}\frac{x^2y^2)}{(x-y)^2}$

7. 求下列函数的间断点:

(1)$z=\frac{1}{\sqrt{x^2+y^2}}$　　(2)$z=\frac{xy}{x+y}$

(3)$z=\sin\frac{1}{xy}$　　(4)$z=\frac{y^2+2x}{y^2-2x}$

## 第三节　偏导数

多元函数微分学是以一元函数的微分学为基础的. 多元函数对某一个自变量求导,求导过程中保持其他自变量不变,即看作常数一样,这样求得的导数称为偏导数. 本节我们以二元函数为例,介绍如何定义二元函数偏导数、偏导数的几何意义与经济意义,其方法和结论同样适用于三元函数及三元函数以上的函数情形.

### 一、偏导数的定义

**定义 1.4**　设函数$z=f(x,y)$在点$(x_0,y_0)$的某一邻域内有定义,如果固定$y=y_0$后,一元函数$z=f(x,y_0)$在$x=x_0$可导,即极限

$$\lim_{\Delta x \to 0} \frac{f(x_0 + \Delta x, y_0) - f(x_0, y_0)}{\Delta x}$$

存在,则称此极限值为函数 $z = f(x,y)$ 在点 $(x_0, y_0)$ 处关于自变量 $x$ 的偏导数,记作

$$\left.\frac{\partial z}{\partial x}\right|_{\substack{x=x_0\\y=y_0}}, \left.\frac{\partial f}{\partial x}\right|_{\substack{x=x_0\\y=y_0}}, \left.z_x\right|_{\substack{x=x_0\\y=y_0}}, f_x(x_0,y_0) \text{ 或 } \left.f_1'\right|_{\substack{x=x_0\\y=y_0}}.$$

即 $\left.\frac{\partial z}{\partial x}\right|_{\substack{x=x_0\\y=y_0}} = \left.\frac{\partial f}{\partial x}\right|_{\substack{x=x_0\\y=y_0}} = \left.z_x\right|_{\substack{x=x_0\\y=y_0}} = f_x(x_0,y_0) = \lim\limits_{\Delta x \to 0} \frac{f(x_0 + \Delta x, y_0) - f(x_0, y_0)}{\Delta x}$.

类似地,可定义函数 $z = f(x,y)$ 在点 $(x_0, y_0)$ 处关于自变量 $y$ 的偏导数,记作

$$\left.\frac{\partial z}{\partial y}\right|_{\substack{x=x_0\\y=y_0}}, \left.\frac{\partial f}{\partial y}\right|_{\substack{x=x_0\\y=y_0}}, \left.z_y\right|_{\substack{x=x_0\\y=y_0}}, f_y(x_0,y_0) \text{ 或 } \left.f_2'\right|_{\substack{x=x_0\\y=y_0}}.$$

如果函数 $z = f(x,y)$ 在区域 $D$ 内每一点 $(x,y)$ 处对 $x$ 的偏导数都存在,那么这个偏导数就是 $x$、$y$ 的函数,它就称为函数 $z = f(x,y)$ 对自变量 $x$ 的偏导函数,记作

$$\frac{\partial z}{\partial x}, \frac{\partial f}{\partial x}, z_x, f_x(x,y) \text{ 或 } f_1'.$$

类似地,可以定义函数 $z = f(x,y)$ 对自变量 $y$ 的偏导函数,记作

$$\frac{\partial z}{\partial y}, \frac{\partial f}{\partial y}, z_y, f_y(x,y) \text{ 或 } f_2'.$$

由偏导函数的概念可知, $f(x,y)$ 在点 $(x_0,y_0)$ 处对 $x$ 的偏导数 $f_x(x_0,y_0)$ 显然就是偏导函数 $f_x(x,y)$ 在点 $(x_0,y_0)$ 处的函数值; $f_y(x_0,y_0)$ 就是偏导函数 $f_y(x,y)$ 在点 $(x_0,y_0)$ 处的函数值. 就像一元函数的导函数一样,以后在不至于混淆的地方也把偏导函数简称为偏导数.

求 $z = f(x,y)$ 的偏导数,并不需要用新的方法,因为这里只有一个自变量在变动,另一个自变量是看作固定的,所以仍是一元函数的求导问题. 求 $\frac{\partial f}{\partial x}$ 时,只要把 $y$ 暂时看作常量而对 $x$ 求导数;求 $\frac{\partial f}{\partial y}$ 时,则只要把 $x$ 暂时看作常量而对 $y$ 求导数.

偏导数的概念还可以推广到二元函数以上的函数. 例如三元函数 $u = f(x,y,z)$ 在点 $(x,y,z)$ 处对 $x$ 的偏导数定义为

$$f_x(x,y,z) = \lim_{\Delta x \to 0} \frac{f(x + \Delta x, y, z) - f(x,y,z)}{\Delta x}$$

其中, $(x,y,z)$ 是函数 $u = f(x,y,z)$ 的定义域内的点. 同样地,对 $x$ 求偏导时,我们把变量 $y$,$z$ 看作是常数,按一元函数的求导方法处理.

**例 1** 求 $z = f(x,y) = x^2 + 3xy + y^2$ 在点 $(1,2)$ 处的偏导数.

**解法一** 当 $y = 2$ 时, $f(x,2) = x^2 + 6x + 9$, $f_x(x,2) = \frac{\mathrm{d}f(x,2)}{\mathrm{d}x} = 2x + 6$

当 $x = 1$ 时, $f(1,y) = 1 + 3y + y^2$, $f_y(1,y) = \frac{\mathrm{d}f(1,y)}{\mathrm{d}y} = 3 + 2y$

故所求偏导数

$$f_x(1,2) = 2 \times 1 + 6 = 8,$$
$$f_y(1,2) = 3 + 2 \times 2 = 7.$$

**解法二**　把 $y$ 看作常数,对 $x$ 求导得到 $f_x(x,y) = 2x + 3y$,

把 $x$ 看作常数,对 $y$ 求导得到 $f_y(x,y) = 3x + 2y$,

故所求偏导数

$$f_x(1,2) = 2 \times 1 + 3 \times 2 = 8,$$
$$f_y(1,2) = 3 \times 1 + 2 \times 2 = 7.$$

**例 2**　求 $z = x^y$ 的偏导数.

**解**　$\frac{\partial z}{\partial x} = yx^{y-1}$, $\frac{\partial z}{\partial y} = x^y \ln x$.

**例 3**　求三元函数 $u = \sin(x + y^2 - e^z)$ 的偏导数.

**解**　把 $y$ 和 $z$ 看作常数,对 $x$ 求导得 $\frac{\partial u}{\partial x} = \cos(x + y^2 - e^z)$;

把 $x$ 和 $z$ 看作常数,对 $y$ 求导得 $\frac{\partial u}{\partial y} = 2y\cos(x + y^2 - e^z)$;

把 $x$ 和 $y$ 看作常数,对 $z$ 求导得 $\frac{\partial u}{\partial z} = -e^z\cos(x + y^2 - e^z)$.

**例 4**　求 $r = \sqrt{x^2 + y^2 + z^2}$ 的偏导数.

**解**　把 $y$ 和 $z$ 看作常数. 对 $x$ 求导得 $\frac{\partial r}{\partial x} = \frac{x}{\sqrt{x^2 + y^2 + z^2}} = \frac{x}{r}$,

利用函数关于自变量的对称性,可得 $\frac{\partial r}{\partial y} = \frac{y}{r}$, $\frac{\partial r}{\partial z} = \frac{z}{r}$.

**例 5**　已知理想气体的状态方程为 $pV = RT$($R$ 为常数),求证:

$$\frac{\partial p}{\partial V} \cdot \frac{\partial V}{\partial T} \cdot \frac{\partial T}{\partial p} = -1.$$

**证明**　因为 $p = \frac{RT}{V}$, $\frac{\partial p}{\partial V} = -\frac{RT}{V^2}$;

$$V = \frac{RT}{p}, \frac{\partial V}{\partial T} = \frac{R}{p};$$

$$T = \frac{pV}{R}, \frac{\partial T}{\partial p} = \frac{V}{R};$$

所以,$\frac{\partial p}{\partial V} \cdot \frac{\partial V}{\partial T} \cdot \frac{\partial T}{\partial p} = -\frac{RT}{V^2} \cdot \frac{R}{p} \cdot \frac{V}{R} = -\frac{RT}{pV} = -1$.

例 5 说明:偏导数的记号是一个整体记号,不能看作分子分母之商,这一点与一元函数的导数记号不一样.

我们已经知道,如果一元函数在某点具有导数,则它在该点必连续. 但对于多元函数来说,即使各偏导数在某点都存在,也不能保证函数在该点连续. 这是因为各偏导数存在只能保证点 $P$ 沿着平行于坐标轴的方向趋于 $P_0$ 时,函数值 $f(P)$ 趋于

$f(P_0)$，但不能保证点 $P$ 按任意方式趋于 $P_0$ 时，函数值 $f(P)$ 都趋于 $f(P_0)$. 例如，函数

$$z = f(x,y) = \begin{cases} \dfrac{xy}{x^2+y^2}, & x^2+y^2 \neq 0 \\ 0, & x^2+y^2 = 0 \end{cases}$$

在点(0,0) 对 $x$ 的偏导数为

$$f_x(0,0) = \lim_{\Delta x \to 0} \frac{f(0+\Delta x,0) - f(0,0)}{\Delta x} = \lim_{\Delta x \to 0} 0 = 0;$$

同样有

$$f_y(0,0) = \lim_{\Delta y \to 0} \frac{f(0+\Delta y,0) - f(0,0)}{\Delta y} = \lim_{\Delta y \to 0} 0 = 0.$$

但是我们在上一节中已经知道该函数在点(0,0) 不连续.

## 二、偏导数的几何意义

设 $M_0(x_0,y_0,f(x_0,y_0))$ 为曲面 $z=f(x,y)$ 上的一点，过 $M_0$ 作平面 $y=y_0$，截得曲面上一条曲线，此曲线在平面 $y=y_0$ 上，方程为 $\begin{cases} z=f(x,y) \\ y=y_0 \end{cases}$，则导数 $\dfrac{\mathrm{d}}{\mathrm{d}x}f(x,y_0)\Big|_{x=x_0}$ 即偏导数 $f_x(x_0,y_0)$，就是该曲线在点 $M_0$ 处的切线 $M_0T_x$ 对 $x$ 轴的斜率（如图 1－18 所示）. 同样，偏导数 $f_y(x_0,y_0)$ 的几何意义是曲面被平面 $x=x_0$ 所截得的曲线在点 $M_0$ 处的切线 $M_0T_y$ 对 $y$ 轴的斜率.

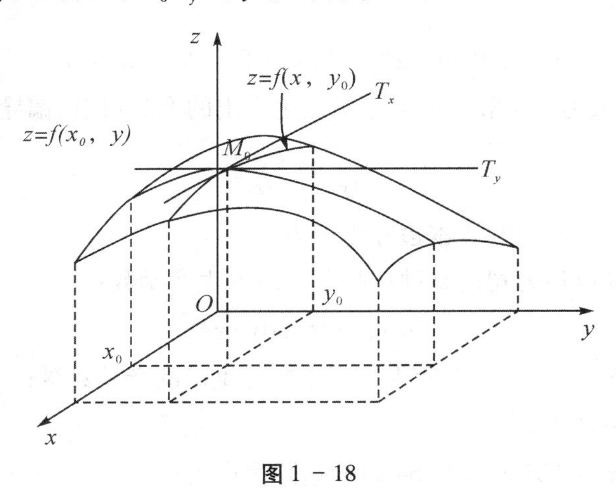


图 1 － 18

## 三、偏导数的经济意义

如果 $z=f(x,y)$ 是一个经济函数，那么 $z=f(x,y)$ 对自变量的偏导数表示因变量关于自变量的边际. $\dfrac{\partial z}{\partial x}\Big|_{\substack{x=x_0 \\ y=y_0}}$ 在经济学中解释为：固定 $y=y_0$，当自变量 $x$ 在 $x_0$ 的基

础上再增加一个单位量时，因变量 $z$ 将近似增加 $\left.\frac{\partial z}{\partial x}\right|_{\substack{x=x_0\\y=y_0}}$. 同理，$\left.\frac{\partial z}{\partial y}\right|_{\substack{x=x_0\\y=y_0}}$ 在经济学中解释为：固定 $x=x_0$，当自变量 $y$ 在 $y_0$ 的基础上再增加一个单位量时，因变量 $z$ 将近似增加 $\left.\frac{\partial z}{\partial y}\right|_{\substack{x=x_0\\y=y_0}}$.

与一元函数类似，也可以定义多元函数的弹性概念，称为偏弹性. 对于函数 $z=f(x,y)$，称

$$E_x=\lim_{\Delta x\to 0}\frac{\frac{\Delta z}{z}}{\frac{\Delta x}{x}}=\frac{x}{z}\cdot\frac{\partial z}{\partial x}=\frac{x}{f(x,y)}\cdot f_x(x,y)$$

为函数 $z=f(x,y)$ 对自变量 $x$ 的偏弹性，其意义为：保持自变量 $y$ 不变，当自变量 $x$ 有 1% 的改变时，函数 $z=f(x,y)$ 将改变 $E_x\%$；同样称

$$E_y=\lim_{\Delta y\to 0}\frac{\frac{\Delta z}{z}}{\frac{\Delta y}{y}}=\frac{y}{z}\cdot\frac{\partial z}{\partial y}=\frac{y}{f(x,y)}\cdot f_y(x,y)$$

为函数 $z=f(x,y)$ 对自变量 $y$ 的偏弹性，其意义为：保持自变量 $x$ 不变，当自变量 $y$ 有 1% 的改变时，函数 $z=f(x,y)$ 将改变 $E_y\%$.

在商业和经济中经常要考虑的一个生产模型是科布 — 道格拉斯（Cobb - Douglas）生产函数：

$$Q(x,y)=Ax^{\alpha}y^{1-\alpha}, A>0 \text{ 且 } 0<\alpha<1$$

其中，$Q$ 是由 $x$ 个人力单位和 $y$ 个资本单位生产出的产品数量. 偏导数

$$\frac{\partial Q}{\partial x} \text{ 和 } \frac{\partial Q}{\partial y}$$

分别称为人力边际生产力和资本边际生产力.

**例 6**　某移动电话公司的某种产品有下面的生产函数：

$$Q(x,y)=50x^{\frac{2}{3}}y^{\frac{1}{3}}$$

（1）求由 125 个人力单位和 64 个资本单位生产的产品数量；

（2）求边际生产力；

（3）计算在 $x=125$ 和 $y=64$ 时的边际生产力；

（4）求产量对人力的弹性以及产量对资本的弹性.

**解**　（1）$Q(125,64)=50\times125^{\frac{2}{3}}\times64^{\frac{1}{3}}=5000$；

（2）$\frac{\partial Q}{\partial x}=50\times\frac{2}{3}x^{-\frac{1}{3}}y^{\frac{1}{3}}=\frac{100}{3}x^{-\frac{1}{3}}y^{\frac{1}{3}}$，$\frac{\partial Q}{\partial y}=50\times\frac{1}{3}x^{\frac{2}{3}}y^{-\frac{2}{3}}=\frac{50}{3}x^{\frac{2}{3}}y^{-\frac{2}{3}}$；

（3）$\left.\frac{\partial Q}{\partial x}\right|_{\substack{x=125\\y=64}}=\left.\left(50\times\frac{2}{3}x^{-\frac{1}{3}}y^{\frac{1}{3}}\right)\right|_{\substack{x=125\\y=64}}=50\times\frac{2}{3}\times125^{-\frac{1}{3}}\times64^{\frac{1}{3}}=\frac{80}{3}\approx26.67$，

$$\left.\frac{\partial Q}{\partial y}\right|_{\substack{x=125\\y=64}}=\left.\left(50\times\frac{1}{3}x^{\frac{2}{3}}y^{-\frac{2}{3}}\right)\right|_{\substack{x=125\\y=64}}=50\times\frac{1}{3}\times125^{\frac{2}{3}}\times64^{-\frac{2}{3}}=\frac{625}{24}\approx26.04;$$

(4) $E_x=\frac{x}{Q(x,y)}\cdot\frac{\partial Q}{\partial x}=\frac{x}{50x^{\frac{2}{3}}y^{\frac{1}{3}}}\cdot\frac{100}{3}x^{-\frac{1}{3}}y^{\frac{1}{3}}=\frac{2}{3}$,

$E_y=\frac{y}{Q(x,y)}\cdot\frac{\partial Q}{\partial y}=\frac{y}{50x^{\frac{2}{3}}y^{\frac{1}{3}}}\cdot\frac{50}{3}x^{\frac{2}{3}}y^{-\frac{2}{3}}=\frac{1}{3}$.

## 四、高阶偏导数

设函数 $z=f(x,y)$ 在区域 $D$ 内具有偏导数

$$\frac{\partial z}{\partial x}=f_x(x,y),\ \frac{\partial z}{\partial y}=f_y(x,y),$$

那么在 $D$ 内 $f_x(x,y)$、$f_y(x,y)$ 都是 $x,y$ 的函数. 如果这两个函数的偏导数也存在,则称它们是函数 $z=f(x,y)$ 的二阶偏导数. 按照对变量求导次序的不同有下列四个二阶偏导数:

$$\frac{\partial}{\partial x}\left(\frac{\partial z}{\partial x}\right)=\frac{\partial^2 z}{\partial x^2}=f_{xx}(x,y),\ \frac{\partial}{\partial y}\left(\frac{\partial z}{\partial x}\right)=\frac{\partial^2 z}{\partial x\partial y}=f_{xy}(x,y),$$

$$\frac{\partial}{\partial x}\left(\frac{\partial z}{\partial y}\right)=\frac{\partial^2 z}{\partial y\partial x}=f_{yx}(x,y),\ \frac{\partial}{\partial y}\left(\frac{\partial z}{\partial y}\right)=\frac{\partial^2 z}{\partial y^2}=f_{yy}(x,y).$$

其中,$\frac{\partial^2 z}{\partial x\partial y}$、$\frac{\partial^2 z}{\partial y\partial x}$ 称为二阶混合偏导数,$\frac{\partial^2 z}{\partial x^2}$、$\frac{\partial^2 z}{\partial y^2}$ 称为二阶纯偏导数. 同样可以定义三阶偏导数、四阶偏导数以及 $n$ 阶偏导数:

$$\frac{\partial}{\partial x}\left(\frac{\partial^{n-1}z}{\partial x^{n-1}}\right)=\frac{\partial^n z}{\partial x^n},\ \frac{\partial}{\partial y}\left(\frac{\partial^{n-1}z}{\partial x^{n-1}}\right)=\frac{\partial^n z}{\partial x^{n-1}\partial y},\frac{\partial}{\partial y}\left(\frac{\partial^{n-1}z}{\partial y^{n-1}}\right)=\frac{\partial^n z}{\partial y^n},\cdots\cdots$$

二阶偏导数及二阶偏导数以上的偏导数统称为高阶偏导数.

**例 7** 设 $z=4x^3+3x^2y-3xy^2-x+y$,求$\frac{\partial^2 z}{\partial x^2},\frac{\partial^2 z}{\partial y\partial x},\frac{\partial^2 z}{\partial x\partial y},\frac{\partial^2 z}{\partial y^2}$.

**解** $\frac{\partial z}{\partial x}=12x^2+6xy-3y^2-1,\qquad \frac{\partial z}{\partial y}=3x^2-6xy+1,$

$\frac{\partial^2 z}{\partial x^2}=24x+6y,\qquad \frac{\partial^2 z}{\partial y^2}=-6x,$

$\frac{\partial^2 z}{\partial x\partial y}=6x-6y,\qquad \frac{\partial^2 z}{\partial y\partial x}=6x-6y.$

**例 8** 设 $u=e^{ax}\cos by$,求二阶偏导数.

**解** $\frac{\partial u}{\partial x}=ae^{ax}\cos by,\qquad \frac{\partial u}{\partial y}=-be^{ax}\sin by,$

$\frac{\partial^2 u}{\partial x^2}=a^2e^{ax}\cos by,\qquad \frac{\partial^2 u}{\partial y^2}=-b^2e^{ax}\cos by,$

$\frac{\partial^2 u}{\partial x\partial y}=-abe^{ax}\sin by,\qquad \frac{\partial^2 u}{\partial y\partial x}=-abe^{ax}\sin by.$

**例 9**　求 $z = x\ln(x+y)$ 的二阶偏导数.

**解**　$\dfrac{\partial z}{\partial x} = \ln(x+y) + \dfrac{x}{x+y}, \dfrac{\partial z}{\partial y} = \dfrac{x}{x+y},$

$$\frac{\partial^2 z}{\partial x^2} = \frac{1}{x+y} + \frac{x+y-x}{(x+y)^2} = \frac{x+2y}{(x+y)^2},$$

$$\frac{\partial^2 z}{\partial x \partial y} = \frac{1}{x+y} + \frac{-x}{(x+y)^2} = \frac{y}{(x+y)^2},$$

$$\frac{\partial^2 z}{\partial y^2} = \frac{-x}{(x+y)^2}, \frac{\partial^2 z}{\partial y \partial x} = \frac{(x+y)-x}{(x+y)^2} = \frac{y}{(x+y)^2}.$$

**定理**　**如果函数** $z = f(x,y)$ **的两个二阶混合导数** $\dfrac{\partial^2 z}{\partial x \partial y}$ **和** $\dfrac{\partial^2 z}{\partial y \partial x}$ **在区域** $D$ **内连续，那么在该区域内这两个二阶混合偏导数必相等.**

这就是说,二阶混合偏导数在连续的条件下与求导次序无关.

对于二元以上的函数,我们也可以类似地定义高阶偏导数. 而且高阶混合偏导数在其连续的条件下也与求导次序无关.

**例 10**　设 $f(x,y) = \begin{cases} xy\dfrac{x^2 - y^2}{x^2 + y^2}, & (x,y) \neq (0,0) \\ 0, & (x,y) = (0,0) \end{cases}$,试求 $f_{xy}(0,0)$ 及 $f_{xy}(0,0)$.

**解**　因 $f_x(0,0) = \lim\limits_{x \to 0} \dfrac{f(x,0) - f(0,0)}{x} = \lim\limits_{x \to 0} \dfrac{0-0}{x} = 0.$

当 $y \neq 0$ 时, $f_x(0,y) = \lim\limits_{x \to 0} \dfrac{f(x,y) - f(0,y)}{x} = \lim\limits_{x \to 0} \dfrac{y(x^2 - y^2)}{x^2 + y^2} = -y,$

所以　$f_{xy}(0,0) = \lim\limits_{y \to 0} \dfrac{f_x(0,y) - f_x(0,0)}{y} = \lim\limits_{y \to 0} \dfrac{-y-0}{y} = -1,$

同理有 $f_y(0,0) = \lim\limits_{y \to 0} \dfrac{f(0,y) - f(0,0)}{y} = 0,$

当 $x \neq 0$ 时, $f_y(x,0) = \lim\limits_{y \to 0} \dfrac{f(x,y) - f(x,0)}{y} = \lim\limits_{y \to 0} \dfrac{x(x^2 - y^2)}{x^2 + y^2} = x,$

所以　$f_{yx}(0,0) = \lim\limits_{x \to 0} \dfrac{f_y(x,0) - f_y(0,0)}{x} = \lim\limits_{x \to 0} \dfrac{x-0}{x} = 1.$

**例 11**　验证函数 $u(x,y) = \ln\sqrt{x^2 + y^2}$ 满足方程 $\dfrac{\partial^2 u}{\partial x^2} + \dfrac{\partial^2 u}{\partial y^2} = 0.$

**证明**　因为 $\ln\sqrt{x^2 + y^2} = \dfrac{1}{2}\ln(x^2 + y^2)$,所以,

$$\frac{\partial u}{\partial x} = \frac{x}{x^2 + y^2}, \frac{\partial u}{\partial y} = \frac{y}{x^2 + y^2},$$

$$\frac{\partial^2 u}{\partial x^2} = \frac{(x^2 + y^2) - x \cdot 2x}{(x^2 + y^2)^2} = \frac{y^2 - x^2}{(x^2 + y^2)^2},$$

$$\frac{\partial^2 u}{\partial y^2}=\frac{(x^2+y^2)-y\cdot 2y}{(x^2+y^2)^2}=\frac{x^2-y^2}{(x^2+y^2)^2},$$

$$\frac{\partial^2 u}{\partial x^2}+\frac{\partial^2 u}{\partial y^2}=\frac{y^2-x^2}{(x^2+y^2)^2}+\frac{x^2-y^2}{(x^2+y^2)^2}=0.$$

**例 12** 证明函数 $u=\frac{1}{r}$ 满足拉普拉斯方程

$$\frac{\partial^2 u}{\partial x^2}+\frac{\partial^2 u}{\partial y^2}+\frac{\partial^2 u}{\partial z^2}=0,$$

其中 $r=\sqrt{x^2+y^2+z^2}$.

**证明** $\frac{\partial u}{\partial x}=-\frac{1}{r^2}\frac{\partial r}{\partial x}=-\frac{1}{r^2}\cdot\frac{x}{r}=-\frac{x}{r^3}$,

$$\frac{\partial^2 u}{\partial x^2}=-\frac{1}{r^3}+\frac{3x}{r^4}\cdot\frac{\partial r}{\partial x}=-\frac{1}{r^3}+\frac{3x^2}{r^5}.$$

由函数关于自变量的对称性,得

$$\frac{\partial^2 u}{\partial y^2}=-\frac{1}{r^3}+\frac{3y^2}{r^5},\frac{\partial^2 u}{\partial z^2}=-\frac{1}{r^3}+\frac{3z^2}{r^5}.$$

$$\frac{\partial^2 u}{\partial x^2}+\frac{\partial^2 u}{\partial y^2}+\frac{\partial^2 u}{\partial z^2}=-\frac{3}{r^3}+\frac{3(x^2+y^2+z^2)}{r^5}=-\frac{3}{r^3}+\frac{3r^2}{r^5}=0.$$

## 习题 1 - 3

1. 求下列函数的一阶偏导数:

(1) $z=x^3y-xy^3$

(2) $z=\sqrt{\ln(xy)}$

(3) $z=\arcsin(xy)+\cos^2(xy)$

(4) $z=(1+xy)^y$

(5) $z=\ln\frac{y}{x}$

(6) $z=e^{xy}+yx^2$

(7) $z=xy\sqrt{R^2-x^2-y^2}$

(8) $z=\frac{x}{\sqrt{x^2+y^2}}$

(9) $z=e^{\sin x}\cdot\cos y$

(10) $u=\sqrt{x^2+y^2+z^2}$

(11) $u=e^{x^2y^3z^5}$

2. 设 $z=\frac{x-y}{x+y}\ln\frac{y}{x}$,验证 $x\frac{\partial z}{\partial x}+y\frac{\partial z}{\partial y}=0$.

3. 设 $z=e^{-\left(\frac{1}{x}+\frac{1}{y}\right)}$,验证 $x^2\frac{\partial z}{\partial x}+y^2\frac{\partial z}{\partial y}=2z$.

4. 设 $f(x,y)=x+(y-1)\arcsin\sqrt{\frac{x}{y}}$,求 $f_x(x,1)$.

5. 设 $f(x,y)=x+y-\sqrt{x^2+y^2}$,求 $f_x(3,4)$.

6. 求下列函数的二阶导数：

(1) $z = \arctan \dfrac{y}{x}$　　(2) $z = y^x$

(3) $z = x^4 + y^4 - 4x^2y^2$　　(4) $z = x\ln(x + y)$

7. 设 $f(x,y,z) = xy^2 + yz^2 + x^2z$，求 $f_x(0,0,1)$，$f_y(0,1,0)$，$f_{xx}(0,1,0)$，$f_{xz}(1,0,2)$，$f_{yz}(0,-1,0)$ 和 $f_{zzx}(2,0,1)$.

8. 设 $z = x\ln(xy)$，求 $\dfrac{\partial^3 z}{\partial x^2 \partial y}$ 与 $\dfrac{\partial^3 z}{\partial x \partial y^2}$.

9. 验证：$y = e^{-kn^2t}\sin nx$ 满足 $\dfrac{\partial y}{\partial t} = k\dfrac{\partial^2 y}{\partial x^2}$.

10. 设 $u(x,y)$ 有一阶连续偏导数，且 $\dfrac{\partial u}{\partial x} = x$、$u(x,y)\big|_{(x,x^2)} = 1$，求 $\dfrac{\partial u}{\partial y}$.

11. 设 $f(x,y) = \begin{cases} \dfrac{x^3 - y^3}{x^2 + y^2}, & x^2 + y^2 \neq 0 \\ 0, & x^2 + y^2 = 0 \end{cases}$，求 $f_x(0,0)$，$f_y(0,0)$.

12. 设 $z = \dfrac{1}{y}f(xy) + xf(\dfrac{y}{x})$，$f$ 具有连续的二阶导数，求 $z_{xy}$.

13. 某体育用品公司的某种产品有生产函数 $p(x,y) = 2400x^{0.4}y^{0.6}$，其中 $p$ 是由 $x$ 个人力单位和 $y$ 个资本单位所生产的产品的数量.

(1) 求由 32 个人力单位和 1024 个资本单位生产的产品数量；

(2) 求边际生产力；

(3) 说明在(2) 中求出的边际生产力的意义；

(4) 计算在 $x = 32$ 和 $y = 1024$ 时的边际生产力.

14. 已知某商品的需求量 $Q$ 是该商品的价格 $p_1$、另一相关商品价格 $p_2$ 及消费者收入 $y$ 的函数，且 $Q = \dfrac{1}{200}p_1^{-\frac{3}{8}}p_2^{-\frac{2}{5}}y^{\frac{5}{2}}$. 试求需求量 $Q$ 分别关于自身价格 $p_1$、相关价格 $p_2$ 及消费者收入 $y$ 的弹性，并阐述它们的经济意义.

## 第四节　全微分

多元函数的偏导数只描述了某个自变量变化而其他自变量保持不变时函数的变化特征. 为了研究所有自变量同时发生变化时，多元函数的变化特征，需引入全微分的概念.

### 一、全微分的定义

我们先考虑矩形面积随边长变化而变化的情况. 设矩形的边长为 $x$ 和 $y$，则其面

积 $S$ 为 $x$、$y$ 的二元函数

$$S = xy$$

对应于边长的改变量 $\Delta x$、$\Delta y$，面积的改变量为

$$\Delta S = (x + \Delta x)(y + \Delta y) - xy = y\Delta x + x\Delta y + \Delta x\Delta y$$

其中，$y\Delta x + x\Delta y$ 是自变量的改变量 $\Delta x$、$\Delta y$ 的线性表达式，称为 $\Delta S$ 的线性主部；余下部分 $\Delta x\Delta y$ 是 $\rho = \sqrt{(\Delta x)^2 + (\Delta y)^2}$ 高阶的无穷小量. 如图 1 - 19 所示.

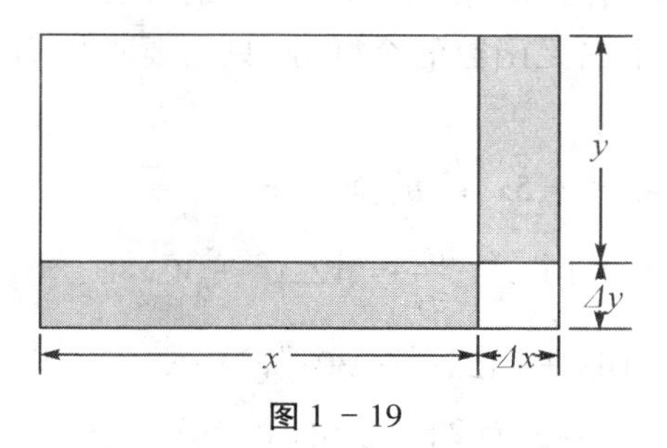


图 1 - 19

显然，当 $\Delta x$、$\Delta y$ 很小时，面积改变量 $\Delta S$ 可用其线性主部近似地表示，即有

$$\Delta S \approx y\Delta x + x\Delta y$$

这个例子启发我们，对一般的多元函数，当自变量发生变化时，可否用自变量的改变量的线性主部近似表示函数的相应改变量呢?这就是全微分的思想.

**定义 1.5** 如果函数 $z = f(x,y)$ 在点 $(x_0,y_0)$ 处的改变量 $\Delta z$ 可表示为

$$\Delta z = f(x_0 + \Delta x, y_0 + \Delta y) - f(x_0,y_0) = A\Delta x + B\Delta y + o(\rho) \quad (1-5)$$

其中，$A$、$B$ 与 $\Delta x$、$\Delta y$ 无关，$\rho = \sqrt{(\Delta x)^2 + (\Delta y)^2}$. 则称表达式(1 - 5) 中的线性主部 $A\Delta x + B\Delta y$ 为函数 $z = f(x,y)$ 在点 $(x_0,y_0)$ 处的全微分，记为 $\mathrm{d}z$，即

$$\mathrm{d}z = A\Delta x + B\Delta y \quad (1-6)$$

并称函数 $z = f(x,y)$ 在点 $(x_0,y_0)$ 处可微分或可微.

关于多元函数的全微分、偏导数和连续性之间的关系，有以下三个基本定理.

**定理 1(可微分的必要条件) 若函数 $z = f(x,y)$ 在点 $(x_0,y_0)$ 处可微，则该函数在点 $(x_0,y_0)$ 处的偏导数存在，且有**

$$A = \left.\frac{\partial z}{\partial x}\right|_{\substack{x=x_0\\y=y_0}},\quad B = \left.\frac{\partial z}{\partial y}\right|_{\substack{x=x_0\\y=y_0}},$$

**于是，由(1 - 6) 式有**

$$\mathrm{d}z = \frac{\partial z}{\partial x}\Delta x + \frac{\partial z}{\partial y}\Delta y. \quad (1-7)$$

**证明** 由定义有 $\Delta z = A\Delta x + B\Delta y + o(\rho)$，于是，令 $\Delta y = 0$ 时，有 $\frac{\Delta z}{\Delta x} = A + \frac{o(|\Delta x|)}{\Delta x}$，令 $\Delta x \to 0$，由上式即得 $\left.\frac{\partial z}{\partial x}\right|_{\substack{x=x_0\\y=y_0}} = A$.

同理可证　$\left.\frac{\partial z}{\partial y}\right|_{\substack{x=x_0\\y=y_0}} = B.$

定理得证.

若令 $z = f(x,y) = x$,则 $\mathrm{d}z = \mathrm{d}x = \Delta x$,同理有 $\mathrm{d}y = \Delta y$,于是(1 - 7) 式可记为

$$\mathrm{d}z = \frac{\partial z}{\partial x}\mathrm{d}x + \frac{\partial z}{\partial y}\mathrm{d}y \tag{1-8}$$

函数可微的必要条件给了我们一种求全微分的方法,公式(1 - 8) 就是全微分公式,根据这个公式,求一个二元函数的全微分,只需要求出两个偏导数,再代入公式(1 - 8) 即可.

**例 1**　求函数 $z = 4xy^3 + 5x^2y^6$ 的全微分.

**解**　因为 $\frac{\partial z}{\partial x} = 4y^3 + 10xy^6$, $\frac{\partial z}{\partial y} = 12xy^2 + 30x^2y^5$,

所以,$\mathrm{d}z = (4y^3 + 10xy^6)\mathrm{d}x + (12xy^2 + 30x^2y^5)\mathrm{d}y$.

**例 2**　计算函数 $z = x^y$ 在点(2,1) 处的全微分.

**解**　因为 $f_x(x,y) = yx^{y-1}$, $f_y(x,y) = x^y\ln x$,所以

$f_x(2,1) = 1$, $f_y(2,1) = 2\ln 2$,

从而所求全微分　$\mathrm{d}z = \mathrm{d}x + 2\ln 2\mathrm{d}y$.

**定理 2　若函数 $z = f(x,y)$ 在点$(x_0,y_0)$ 处可微分,则该函数在点$(x_0,y_0)$ 处连续.**

**证明**　因函数 $z = f(x,y)$ 在点$(x_0,y_0)$ 处可微分,故由定义可知

$$\lim_{\substack{\Delta x\to 0\\ \Delta y\to 0}}\Delta z = \lim_{\substack{\Delta x\to 0\\ \Delta y\to 0}}[A\Delta x + B\Delta y + o(\rho)] = 0,$$

即有

$$\lim_{\substack{\Delta x\to 0\\ \Delta y\to 0}} f(x_0 + \Delta x, y_0 + \Delta y) = f(x_0,y_0).$$

故 $z = f(x,y)$ 在点$(x_0,y_0)$ 处连续.

**定理 3　若函数 $z = f(x,y)$ 在点$(x_0,y_0)$ 有某邻域内偏导数存在且连续,则该函数在点$(x_0,y_0)$ 处可微分.(证明略)**

由定理 1、定理 2、定理 3 可知,多元函数连续、偏导数存在与可微分之间有如下关系(见图 1 - 20):

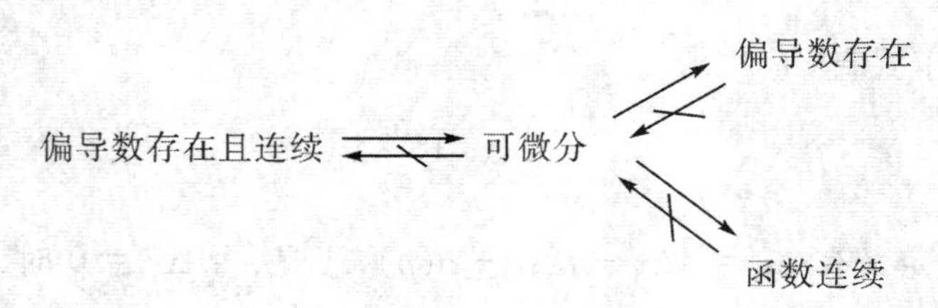


**图 1 - 20**

这是多元函数区别于一元函数最明显的地方。

对于一般的 $n$ 元函数 $y=f(x_1,x_2,\cdots,x_n)$，可与二元函数类似地定义全微分，并有类似的计算公式：

$$\mathrm{d}y=\frac{\partial f}{\partial x_1}\mathrm{d}x_1+\frac{\partial f}{\partial x_2}\mathrm{d}x_2+\cdots+\frac{\partial f}{\partial x_n}\mathrm{d}x_n.$$

**例 3** 求函数 $u=x+\sin\frac{y}{2}+e^{yz}$ 的全微分.

**解** 由 $\frac{\partial u}{\partial x}=1,\frac{\partial u}{\partial y}=\frac{1}{2}\cos\frac{y}{2}+ze^{yz},\frac{\partial u}{\partial z}=ye^{yz}$,

故所求全微分

$$\mathrm{d}u=\mathrm{d}x+\left(\frac{1}{2}\cos\frac{y}{2}+ze^{yz}\right)\mathrm{d}y+ye^{yz}\mathrm{d}z.$$

**例 4** 求函数 $u=x^{y^z}$ 的偏导数和全微分.

**解** $\frac{\partial u}{\partial x}=y^z\cdot x^{y^z-1}=\frac{y^z}{x}\cdot x^{y^z}$,

$$\frac{\partial u}{\partial y}=x^{y^z}\cdot z\cdot y^{z-1}\cdot\ln x=\frac{z\cdot y^z\ln x}{y}\cdot x^{y^z},$$

$$\frac{\partial u}{\partial z}=x^{y^z}\cdot\ln x\cdot y^z\ln y=x^{y^z}\cdot y^z\cdot\ln x\cdot\ln y,$$

$$\mathrm{d}u=\frac{\partial u}{\partial x}\mathrm{d}x+\frac{\partial u}{\partial y}\mathrm{d}y+\frac{\partial u}{\partial z}\mathrm{d}z=x^{y^z}\left(\frac{y^z}{x}\mathrm{d}x+z\cdot\frac{y^z\ln x}{y}\mathrm{d}y+y^z\cdot\ln x\ln y\mathrm{d}z\right).$$

## 二、全微分的应用

(1) 近似计算

如果函数 $z=f(x,y)$ 在点 $(x_0,y_0)$ 处可微分，则有

$$\Delta z=f(x_0+\Delta x,y_0+\Delta y)-f(x_0,y_0)=f_x(x_0,y_0)\Delta x+f_y(x_0,y_0)\Delta y+o(\rho).$$

所以，当自变量改变量的绝对值 $|\Delta x|$ 和 $|\Delta y|$ 充分小时，有

$$f(x_0+\Delta x,y_0+\Delta y)-f(x_0,y_0)\approx f_x(x_0,y_0)\Delta x+f_y(x_0,y_0)\Delta y,\tag{1-9}$$

$$f(x_0+\Delta x,y_0+\Delta y)\approx f(x_0,y_0)+f_x(x_0,y_0)\Delta x+f_y(x_0,y_0)\Delta y.\tag{1-10}$$

**例 5** 计算 $(1.04)^{2.02}$ 的近似值.

**解** 设函数 $f(x,y)=x^y,x=1,y=2,\Delta x=0.04,\Delta y=0.02$.

因为 $f(1,2)=1,f_x(x,y)=yx^{y-1},f_y(x,y)=x^y\ln x,f_x(1,2)=2,f_y(1,2)=0$

由二元函数全微分近似计算公式得

$$(1.04)^{2.02}\approx1+2\times0.04+0\times0.02=1.08.$$

*(2) 二元函数的线性化

二元函数可能是很复杂的，有时我们需要用较为简单的函数代替它们，使其在特定的应用问题中给出所需的精度而在处理上不至于出现很大的困难. 从几何上看，就是在局部范围内用一小块平面代替曲面.

如果函数 $z = f(x,y)$ 在点$(x_0,y_0)$ 处可微分，记 $\Delta x = x - x_0$，$\Delta y = y - y_0$，则当自变量改变量的绝对值 $|\Delta x|$ 和 $|\Delta y|$ 充分小时，公式(1 - 10) 可以表示为

$$f(x,y) \approx f(x_0,y_0) + f_x(x_0,y_0)(x - x_0) + f_y(x_0,y_0)(y - y_0)$$

记 $L(x,y) = f(x_0,y_0) + f_x(x_0,y_0)(x - x_0) + f_y(x_0,y_0)(y - y_0)$，称 $L(x,y)$ 是函数 $z = f(x,y)$ 在点$(x_0,y_0)$ 线性化.

**例 6**　求函数 $f(x,y) = x^2 - xy + \frac{1}{2}y^2 + 6$ 在点(3,2) 处的线性化.

**解**　首先求 $f$, $f_x$ 和 $f_y$ 在点(3,2) 处的值：

$$f(3,2) = 3^2 - 3 \cdot 2 + \frac{1}{2} \cdot 2^2 + 6 = 11,$$

$$f_x(3,2) = \frac{\partial}{\partial x}(x^2 - xy + \frac{1}{2}y^2 + 6)\Big|_{(3,2)} = (2x - y)\Big|_{(3,2)} = 4,$$

$$f_y(3,2) = \frac{\partial}{\partial y}(x^2 - xy + \frac{1}{2}y^2 + 6)\Big|_{(3,2)} = (-x + y)\Big|_{(3,2)} = -1,$$

于是，$f(x,y)$ 在点(3,2) 处的线性化为

$$\begin{aligned} L(x,y) &= f(x_0,y_0) + f_x(x_0,y_0)(x - x_0) + f_y(x_0,y_0)(y - y_0) \\ &= 11 + 4(x - 3) - (y - 2) = 4x - y + 1. \end{aligned}$$

## 习题 1 - 4

1. 求下列函数的全微分：

(1) $z = xy + \frac{x}{y}$　　(2) $z = e^{x-2y}$

(3) $z = \frac{y}{\sqrt{x^2 + y^2}}$　　(4) $u = x^{yz}$

(5) $z = x^2\ln(xy)$　　(6) $z = \frac{1}{x^2 - y^2}$

(7) $z = \sqrt{\frac{x}{y}}$　　(8) $z = \sqrt{\frac{ax + by}{ax - by}}$

(9) $z = e^{x^2+y^2}$　　(10) $z = \arctan(xy)$

2. 求下列函数在已给条件下全微分的值：

(1) 函数 $z = x^2y^3$，当 $x = 2, y = -1, \Delta x = 0.02, \Delta y = -0.01$；

(2) 函数 $z = e^{xy}$，当 $x = 1, y = 1, \Delta x = 0.15, \Delta y = 0.1$.

3. 计算 $\sqrt{(1.02)^3 + (1.97)^3}$ 的近似值.

4. 计算 $(1.97)^{1.05}$ 的近似值. ($\ln 2 \approx 0.693$)

5. 已知边长为 $x = 6m, y = 8m$ 的矩形，如果 $x$ 边增加 $5cm$ 而 $y$ 边减少 $10cm$，问

这个矩形的对角线大约改变了多少?

6. 求下列函数在给定点的线性化 $L(x,y)$:

(1) $f(x,y)=x^2+y^2+1$,在 $A(0,0)$,$B(1,1)$;

(2) $f(x,y)=(x+y+2)^2$,在 $A(0,0)$,$B(1,2)$;

(3) $f(x,y)=x^3y^4$,在 $A(0,0)$,$B(1,1)$.

## 第五节　复合函数微分法与隐函数微分法

在科学研究和生产实践中,人们经常要用到多元复合函数的求导法则. 现在要将一元函数微分学中复合函数的求导法则推广到多元复合函数的情形. 多元复合函数的求导法则在多元函数微分学中也起着重要作用.

### 一、复合函数的求导法则

**引例**　假设某公司生产两种产品 $A$ 和 $B$,在不考虑其他因素的情况下,公司的成本 $z$ 是产品 $A$ 的成本 $u$ 和产品 $B$ 的成本 $v$ 的函数;这两种产品都使用原材料Ⅰ(其价格用 $x$ 表示)和原材料Ⅱ(其价格用 $y$ 表示). 即 $z=f(u,v)$,$u=u(x,y)$,$v=v(x,y)$;记 $u_0=u(x_0,y_0)$,$v_0=v(x_0,y_0)$. 并且,变量间的相互影响如表 1-1 和表 1-2 所示。

**表** 1-1

| | 将引起产品 $A$ 的成本 $u$ 变化 | 将引起产品 $B$ 的成本 $v$ 变化 |
|---|---|---|
| 原材料 Ⅰ 的价格 $x$ 在 $x_0$ 的基础上有一个计价单位的变化($y=y_0$) | $a_1$ | $a_2$ |
| 原材料 Ⅱ 的价格 $y$ 在 $y_0$ 的基础上有一个计价单位的变化($x=x_0$) | $b_1$ | $b_2$ |

**表** 1-2

| | 将引起公司成本 $z$ 变化 |
|---|---|
| 产品 $A$ 的成本 $u$ 在 $u_0$ 的基础上有一个计价单位的变化($v=v_0$) | $c$ |
| 产品 $B$ 的成本 $v$ 在 $v_0$ 的基础上有一个计价单位的变化($u=u_0$) | $d$ |

问:当原材料 Ⅰ 的价格 $x$ 在 $x_0$ 的基础上有一个计价单位的变化而原材料 Ⅱ 的价格 $y=y_0$ 不变的情况下,将引起公司成本 $z$ 变化多少?

很显然,上述问题的答案是 $a_1c+a_2d$.

根据偏导数的经济意义,上述问题可以描述为:已知 $z = f(u,v)$, $u = u(x,y)$, $v = v(x,y)$, $u_0 = u(x_0,y_0)$, $v_0 = v(x_0,y_0)$, 并且 $\left.\frac{\partial u}{\partial x}\right|_{\substack{x=x_0\\y=y_0}} = a_1$, $\left.\frac{\partial v}{\partial x}\right|_{\substack{x=x_0\\y=y_0}} = a_2$, $\left.\frac{\partial u}{\partial y}\right|_{\substack{x=x_0\\y=y_0}} = b_1$, $\left.\frac{\partial v}{\partial y}\right|_{\substack{x=x_0\\y=y_0}} = b_2$, $\left.\frac{\partial z}{\partial u}\right|_{\substack{u=u_0\\v=v_0}} = c$, $\left.\frac{\partial z}{\partial v}\right|_{\substack{u=u_0\\v=v_0}} = d$. 求 $\left.\frac{\partial z}{\partial x}\right|_{\substack{x=x_0\\y=y_0}}$.

于是有 $\left.\frac{\partial z}{\partial x}\right|_{\substack{x=x_0\\y=y_0}} = a_1c + a_2d = \left.\frac{\partial u}{\partial x}\right|_{\substack{x=x_0\\y=y_0}} \cdot \left.\frac{\partial z}{\partial u}\right|_{\substack{u=u_0\\v=v_0}} + \left.\frac{\partial v}{\partial x}\right|_{\substack{x=x_0\\y=y_0}} \cdot \left.\frac{\partial z}{\partial v}\right|_{\substack{u=u_0\\v=v_0}}$.

一般地,我们有

**定理 1　如果函数 $u = u(x,y)$ 及 $v = v(x,y)$ 都在点 $(x,y)$ 具有对 $x$ 及对 $y$ 的偏导数,函数 $z = f(u,v)$ 在对应点 $(u,v)$ 具有连续偏导数,则复合函数 $z = f[u(x,y), v(x,y)]$ 在点 $(x,y)$ 的两个偏导数存在,且可用下列公式计算:**

$$\frac{\partial z}{\partial x} = \frac{\partial z}{\partial u}\frac{\partial u}{\partial x} + \frac{\partial z}{\partial v}\frac{\partial v}{\partial x} \tag{1-11}$$

$$\frac{\partial z}{\partial y} = \frac{\partial z}{\partial u}\frac{\partial u}{\partial y} + \frac{\partial z}{\partial v}\frac{\partial v}{\partial y} \tag{1-12}$$

定理 1 的证明略.

可以这样理解该定理:$\frac{\partial z}{\partial x}$ 反映的是自变量 $x$ 有一个单位的变化时引起因变量 $z$ 的变化情况,根据定理中描述的变量与变量之间的关系,$x$ 通过两个渠道对 $z$ 产生影响,总的影响应该是两个渠道影响的叠加. 而每一个渠道都是通过中间变量间接地对 $z$ 产生影响,因此,每个渠道产生的影响应该是两部分的乘积.

$\frac{\partial z}{\partial y}$ 的情况与 $\frac{\partial z}{\partial x}$ 类似.

定理 1 的理解与使用也可以参考图 1 - 21 并使用乘法原理与加法原理的思想.

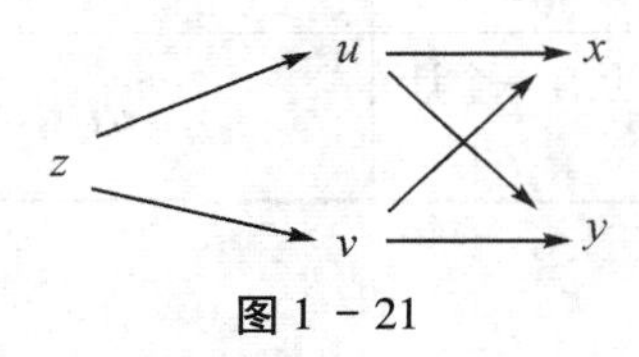


**图 1 - 21**

我们称描述复合函数中各变量之间关系的图形(见图 1 - 21)为链式图,复合函数的求导法则也叫链式法则.

**例 1**　设 $z = e^u\sin v$,而 $u = xy$, $v = x + y$,求 $\frac{\partial z}{\partial x}$ 和 $\frac{\partial z}{\partial y}$.

**解**　$\frac{\partial z}{\partial x} = \frac{\partial z}{\partial u} \cdot \frac{\partial u}{\partial x} + \frac{\partial z}{\partial v} \cdot \frac{\partial v}{\partial x} = e^u\sin v \cdot y + e^u\cos v \cdot 1$

$= e^u(y\sin v + \cos v) = e^{xy}[y\sin(x + y) + \cos(x + y)]$,

$\frac{\partial z}{\partial y} = \frac{\partial z}{\partial u} \cdot \frac{\partial u}{\partial y} + \frac{\partial z}{\partial v} \cdot \frac{\partial v}{\partial y} = e^u\sin v \cdot x + e^u\cos v \cdot 1$

$= e^{u}(x\sin v + \cos v) = e^{xy}[x\sin(x+y) + \cos(x+y)].$

**例 2** 求 $z = (3x^2 + y^2)^{4x+2y}$ 的偏导数.

**解** 设 $u = 3x^2 + y^2, v = 4x + 2y$,则 $z = u^v$.

可得 $\frac{\partial z}{\partial u} = v \cdot u^{v-1}, \frac{\partial z}{\partial v} = u^v \cdot \ln u, \frac{\partial u}{\partial x} = 6x, \frac{\partial u}{\partial y} = 2y, \frac{\partial v}{\partial x} = 4, \frac{\partial v}{\partial y} = 2,$

则

$$\frac{\partial z}{\partial x} = \frac{\partial z}{\partial u}\frac{\partial u}{\partial x} + \frac{\partial z}{\partial v}\frac{\partial v}{\partial x} = v \cdot u^{v-1} \cdot 6x + u^v \cdot \ln u \cdot 4$$

$$= 6x(4x+2y)(3x^2+y^2)^{4x+2y-1} + 4(3x^2+y^2)^{4x+2y}\ln(3x^2+y^2),$$

$$\frac{\partial z}{\partial y} = \frac{\partial z}{\partial u}\frac{\partial u}{\partial y} + \frac{\partial z}{\partial v}\frac{\partial v}{\partial y} = v \cdot u^{v-1} \cdot 2y + u^v \cdot \ln u \cdot 2$$

$$= 2y(4x+2y)(3x^2+y^2)^{4x+2y-1} + 2(3x^2+y^2)^{4x+2y}\ln(3x^2+y^2).$$

**例 3** 设 $z = f(e^{xy}, x^2 - y^2)$,其中 $f(\xi,\eta)$ 有连续的二阶偏导数,求 $\frac{\partial z}{\partial x}, \frac{\partial z}{\partial y}, \frac{\partial^2 z}{\partial x\partial y}, \frac{\partial^2 z}{\partial y^2}$.

**解** 设 $\xi = e^{xy}, \eta = x^2 - y^2$,则变量之间的关系如图 1-22 所示:

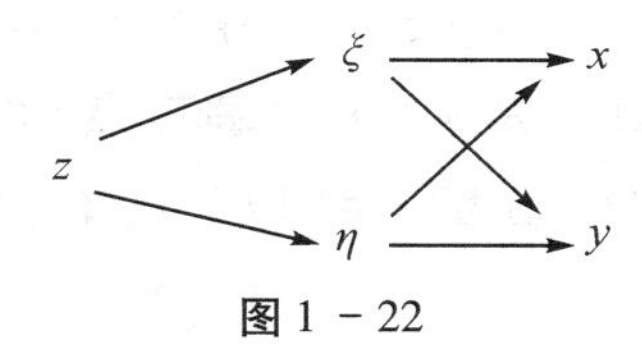


图 1-22

为了方便起见,引入以下记号:

$$f_1' = \frac{\partial f}{\partial \xi}, f_{11}'' = \frac{\partial^2 f}{\partial \xi^2}, f_{12}'' = \frac{\partial^2 f}{\partial \xi \partial \eta}, f_2' = \frac{\partial f}{\partial \eta}, f_{21}'' = \frac{\partial^2 f}{\partial \eta \partial \xi}, f_{22}'' = \frac{\partial^2 f}{\partial \eta^2}$$

这里下标 1 表示对第一个变量 $\xi$ 求偏导数,下标 2 表示对第二个变量 $\eta$ 求偏导数. 于是

$$\frac{\partial z}{\partial x} = \frac{\partial f}{\partial \xi} \cdot \frac{\partial \xi}{\partial x} + \frac{\partial f}{\partial \eta} \cdot \frac{\partial \eta}{\partial x} = ye^{xy}f_1' + 2xf_2'$$

$$\frac{\partial z}{\partial y} = \frac{\partial f}{\partial \xi} \cdot \frac{\partial \xi}{\partial y} + \frac{\partial f}{\partial \eta} \cdot \frac{\partial \eta}{\partial y} = xe^{xy}f_1' - 2yf_2'$$

$$\frac{\partial^2 z}{\partial x \partial y} = \frac{\partial}{\partial y}(ye^{xy}f_1' + 2xf_2')$$

$$= \frac{\partial}{\partial y}(ye^{xy}f_1') + \frac{\partial}{\partial y}(2xf_2')$$

$$= e^{xy}f_1' + xye^{xy}f_1' + ye^{xy}\frac{\partial f_1'}{\partial y} + 2x\frac{\partial f_2'}{\partial y}$$

$$= e^{xy}f_1' + xye^{xy}f_1' + ye^{xy}\left(\frac{\partial f_1'}{\partial \xi} \cdot \frac{\partial \xi}{\partial y} + \frac{\partial f_1'}{\partial \eta} \cdot \frac{\partial \eta}{\partial y}\right) + 2x\left(\frac{\partial f_2'}{\partial \xi} \cdot \frac{\partial \xi}{\partial y} + \frac{\partial f_2'}{\partial \eta} \cdot \frac{\partial \eta}{\partial y}\right)$$

$$= e^{xy}f_1' + xye^{xy}f_1' + ye^{xy}(xe^{xy}f_{11}'' - 2yf_{12}'') + 2x(xe^{xy}f_{21}'' - 2yf_{22}'')$$

$$= (1+xy)e^{xy}f_1' + xye^{2xy}f_{11}'' + 2(x^2 - y^2)e^{xy}f_{12}'' - 4xyf_{22}''$$

$$\frac{\partial^2 z}{\partial y^2} = \frac{\partial}{\partial y}(xe^{xy}f_1' - 2yf_2')$$

$$= x^2e^{xy}f_1' + xe^{xy}\frac{\partial f_1'}{\partial y} - 2f_2' - 2y\frac{\partial f_2'}{\partial y}$$

$$= x^2e^{xy}f_1' + xe^{xy}(\frac{\partial f_1'}{\partial \xi}\cdot\frac{\partial \xi}{\partial y} + \frac{\partial f_1'}{\partial \eta}\cdot\frac{\partial \eta}{\partial y}) - 2f_2' - 2y(\frac{\partial f_2'}{\partial \xi}\cdot\frac{\partial \xi}{\partial y} + \frac{\partial f_2'}{\partial \eta}\cdot\frac{\partial \eta}{\partial y})$$

$$= x^2e^{xy}f_1' + xe^{xy}(xe^{xy}f_{11}'' - 2yf_{12}'') - 2f_2' - 2y(xe^{xy}f_{21}'' - 2yf_{22}'')$$

$$= x^2e^{xy}f_1' + x^2e^{2xy}f_{11}'' - 4xye^{xy}f_{12}'' - 2f_2' + 4y^2f_{22}''.$$

当中间变量多于两个的时候，我们有与定理 1 类似的结论. 如果函数 $u = u(x,y)$，$v = v(x,y)$ 及 $w = w(x,y)$ 都在点$(x,y)$ 具有对 $x$ 及对 $y$ 的偏导数，函数 $z = f(u,v,w)$ 在对应点$(u,v,w)$ 具有连续偏导数，则复合函数 $z = f[u(x,y),v(x,y),w(x,y)]$ 在点$(x,y)$ 的两个偏导数存在，且可用下列公式计算：

$$\frac{\partial z}{\partial x} = \frac{\partial z}{\partial u}\frac{\partial u}{\partial x} + \frac{\partial z}{\partial v}\frac{\partial v}{\partial x} + \frac{\partial z}{\partial w}\frac{\partial w}{\partial x} \qquad (1-13)$$

$$\frac{\partial z}{\partial y} = \frac{\partial z}{\partial u}\frac{\partial u}{\partial y} + \frac{\partial z}{\partial v}\frac{\partial v}{\partial y} + \frac{\partial z}{\partial w}\frac{\partial w}{\partial y} \qquad (1-14)$$

**定理 2　如果函数 $u = u(t)$ 及 $v = v(t)$ 都在点 $t$ 可导，函数 $z = f(u,v)$ 在对应点$(u,v)$ 具有连续偏导数，则复合函数 $z = f[u(t),v(t)]$ 在点 $t$ 可导，且其导数可用下列公式计算：**

$$\frac{\mathrm{d}z}{\mathrm{d}t} = \frac{\partial z}{\partial u}\frac{\mathrm{d}u}{\mathrm{d}t} + \frac{\partial z}{\partial v}\frac{\mathrm{d}v}{\mathrm{d}t} \qquad (1-15)$$

我们可以这样来理解定理2 及其用法：$t$ 通过两个渠道对 $z$ 产生影响，总的影响应该是两个渠道影响的叠加. 而每一个渠道都是通过中间变量间接地对 $z$ 产生影响，因此，每个渠道产生的影响应该是两部分的乘积.

变量之间的联系可以用图 1 - 23 表示.

我们把图 1 - 23 中两个变量之间的箭头理解为箭尾所指的变量对箭头所指的变量的导数或偏导数，如图 1 - 24 所示. 可得公式(1 - 15).

图 1 - 23　　　　图 1 - 24

我们称公式(1 - 15) 中的导数$\frac{\mathrm{d}z}{\mathrm{d}t}$ 为全导数.

**例 4**　设 $z = uv$，而 $u = \sqrt{1 + e^t}$，$v = \cos t$，求全导数$\frac{\mathrm{d}z}{\mathrm{d}t}$.

**解** $\frac{dz}{dt}=\frac{\partial z}{\partial u}\cdot\frac{du}{dt}+\frac{\partial z}{\partial v}\cdot\frac{dv}{dt}=v\cdot\frac{e^t}{2\sqrt{1+e^t}}-u\sin t=\frac{e^t\cos t}{2\sqrt{1+e^t}}-\sqrt{1+e^t}\sin t.$

定理2推广到复合函数的中间变量多于两个的情形. 例如,设 $z=f(u,v,w)$, $u=\varphi(t)$, $v=\psi(t)$, $w=\omega(t)$ 复合而得复合函数 $z=f[\varphi(t),\psi(x),\omega(t)]$,则在与定理1类似的条件下,复合函数2在点 $t$ 可导,且其导数可用下列公式计算:

$$\frac{dz}{dt}=\frac{\partial z}{\partial u}\cdot\frac{du}{dt}+\frac{\partial z}{\partial v}\cdot\frac{dv}{dt}+\frac{\partial z}{\partial w}\cdot\frac{dw}{dt} \tag{1-16}$$

**定理3　如果 $z=f(u,v,x,y)$ 具有连续偏导数, $u=u(x,y)$ 及 $v=v(x,y)$ 具有偏导数,则复合函数 $z=f[u(x,y),v(x,y),x,y]$ 的偏导数存在,且**

$$\frac{\partial z}{\partial x}=\frac{\partial f}{\partial u}\cdot\frac{\partial u}{\partial x}+\frac{\partial f}{\partial v}\cdot\frac{\partial v}{\partial x}+\frac{\partial f}{\partial x} \tag{1-17}$$

$$\frac{\partial z}{\partial y}=\frac{\partial f}{\partial u}\cdot\frac{\partial u}{\partial y}+\frac{\partial f}{\partial v}\cdot\frac{\partial v}{\partial y}+\frac{\partial f}{\partial y} \tag{1-18}$$

注意:这里$\frac{\partial z}{\partial x}$与$\frac{\partial f}{\partial x}$是不同的,$\frac{\partial z}{\partial x}$是把复合函数 $z=f[u(x,y),v(x,y),x,y]$ 中的 $y$ 看作不变而对 $x$ 的偏导数,$\frac{\partial f}{\partial x}$是把$f(u,v,x,y)$ 中的 $u,v$ 及 $y$ 看作不变而对 $x$ 的偏导数. $\frac{\partial z}{\partial y}$ 与$\frac{\partial f}{\partial y}$ 也有类似的区别.

**例5**　设 $u=f(x,y,z)=e^{x^2+y^2+z^2}$, $z=x^2\sin y$,求$\frac{\partial u}{\partial x}$和$\frac{\partial u}{\partial y}$.

**解** $\frac{\partial u}{\partial x}=\frac{\partial f}{\partial x}+\frac{\partial f}{\partial z}\cdot\frac{\partial z}{\partial x}=2xe^{x^2+y^2+z^2}+2ze^{x^2+y^2+z^2}\cdot 2x\sin y$

$=2x(1+2x^2\sin^2y)e^{x^2+y^2+x^4\sin^2y}$,

$\frac{\partial u}{\partial y}=\frac{\partial f}{\partial y}+\frac{\partial f}{\partial z}\cdot\frac{\partial z}{\partial y}=2ye^{x^2+y^2+z^2}+2ze^{x^2+y^2+z^2}\cdot x^2\cos y$

$=2(y+x^4\sin y\cos y)e^{x^2+y^2+x^4\sin^2y}$.

**例6**　设 $z=xy+u$, $u=\varphi(x,y)$,求$\frac{\partial z}{\partial x},\frac{\partial^2 z}{\partial x^2},\frac{\partial^2 z}{\partial x\partial y}$.

**解** $\frac{\partial z}{\partial x}=y+\frac{\partial u}{\partial x}=y+\varphi_x(x,y)$,

$\frac{\partial^2 z}{\partial x^2}=\frac{\partial}{\partial x}\left(\frac{\partial z}{\partial x}\right)=\frac{\partial}{\partial x}\left(y+\frac{\partial u}{\partial x}\right)=\frac{\partial^2 u}{\partial x^2}=\varphi_{xx}(x,y)$,

$\frac{\partial^2 z}{\partial x\partial y}=\frac{\partial}{\partial y}\left(\frac{\partial z}{\partial x}\right)=\frac{\partial}{\partial y}\left(y+\frac{\partial u}{\partial x}\right)=1+\frac{\partial^2 u}{\partial x\partial y}=1+\varphi_{xy}(x,y)$.

多元函数的复合关系是多种多样的,通过前面的讨论和例题,我们可归结出如下几点原则:① 首先应分清自变量与中间变量,以及它们之间的关系,最好画出表达变量之间关系的链式图. ② 求多元函数对某个自变量的偏导数时,应经过一切有关的中间变量,最后归结到自变量. ③ 一般地说,有几个中间变量,求导公式右端就应含有几项;有几次复合,每一项就有几个因子相乘. 总之,多元复合函数的求导是灵活多样的,不应死套公式.

## 二、全微分的形式不变性

设函数 $z=f(u,v)$ 具有连续偏导数,则有全微分

$$dz=\frac{\partial z}{\partial u}du+\frac{\partial z}{\partial v}dv.$$

如果 $u=u(x,y)$, $v=v(x,y)$,且这两个函数也具有连续偏导数,则复合函数 $z=f[u(x,y),v(x,y)]$ 的全微分为

$$dz=\frac{\partial z}{\partial x}dx+\frac{\partial z}{\partial y}dy.$$

其中,$\frac{\partial z}{\partial x}$ 及 $\frac{\partial z}{\partial y}$ 分别由公式(1-11)及(1-12)给出. 把公式(1-11)及公式(1-12)中的 $\frac{\partial z}{\partial x}$ 及 $\frac{\partial z}{\partial y}$ 代入上式,得

$$\begin{aligned}dz&=\frac{\partial z}{\partial x}dx+\frac{\partial z}{\partial y}dy=\left(\frac{\partial z}{\partial u}\cdot\frac{\partial u}{\partial x}+\frac{\partial z}{\partial v}\cdot\frac{\partial v}{\partial x}\right)dx+\left(\frac{\partial z}{\partial u}\cdot\frac{\partial u}{\partial y}+\frac{\partial z}{\partial v}\cdot\frac{\partial v}{\partial y}\right)dy\\&=\frac{\partial z}{\partial u}\left(\frac{\partial u}{\partial x}dx+\frac{\partial u}{\partial y}dy\right)+\frac{\partial z}{\partial v}\left(\frac{\partial v}{\partial x}dx+\frac{\partial v}{\partial y}dy\right)\\&=\frac{\partial z}{\partial u}du+\frac{\partial z}{\partial v}dv.\end{aligned}$$

由此可见,无论 $u$、$v$ 是函数 $z=f(u,v)$ 的中间变量还是自变量,函数 $z=f(u,v)$ 的全微分 $dz$ 的形式是一样的. 这个性质称为全微分形式不变性.

利用全微分的形式不变性,结合全微分的计算公式,可以很方便的求复合函数的偏导数.

**例 7** 设 $u=f(x,y,z)=e^{x^2+y^2+z^2}$, $z=x^2\sin y$,利用全微分的形式不变性求 $\frac{\partial u}{\partial x}$ 和 $\frac{\partial u}{\partial y}$.

**解**

$$\begin{aligned}du&=e^{x^2+y^2+z^2}d(x^2+y^2+z^2)\\&=e^{x^2+y^2+z^2}(2xdx+2ydy+2zdz)\\&=e^{x^2+y^2+z^2}[2xdx+2ydy+2zd(x^2\sin y)]\\&=e^{x^2+y^2+z^2}[2xdx+2ydy+2z(2x\sin ydx+x^2\cos ydy)]\\&=e^{x^2+y^2+z^2}[2x(1+2z\sin y)dx+2(y+x^2z\cos y)dy],\end{aligned}$$

所以

$$\frac{\partial u}{\partial x}=2xe^{x^2+y^2+z^2}(1+2z\sin y),\frac{\partial u}{\partial y}=2(y+x^2z\cos y)e^{x^2+y^2+x^4\sin^2 y}.$$

**例 8** 利用全微分形式的不变性求函数 $u=\frac{x}{x^2+y^2+z^2}$ 的偏导数.

**解** $$du=\frac{(x^2+y^2+z^2)dx-xd(x^2+y^2+z^2)}{(x^2+y^2+z^2)^2}$$

$$=\frac{(x^2+y^2+z^2)dx-x(2xdx+2ydy+2zdz)}{(x^2+y^2+z^2)^2}$$

$$=\frac{(y^2+z^2-x^2)dx-2xydy-2xzdz}{(x^2+y^2+z^2)^2},$$

所以

$$\frac{\partial u}{\partial x}=\frac{y^2+z^2-x^2}{(x^2+y^2+z^2)^2},\frac{\partial u}{\partial y}=\frac{-2xy}{(x^2+y^2+z^2)^2},\frac{\partial u}{\partial z}=\frac{-2xz}{(x^2+y^2+z^2)^2}.$$

**例 9** 求函数 $z=\arctan\frac{x+y}{1-xy}$ 的全微分.

**解** 设 $u=x+y,v=1-xy$,则 $z=\arctan\frac{u}{v}$,于是

$$dz=\frac{\partial z}{\partial u}du+\frac{\partial z}{\partial v}dv=\frac{1}{1+(\frac{u}{v})^2}\cdot\frac{1}{v}du+\frac{1}{1+(\frac{u}{v})^2}\left(-\frac{u}{v^2}\right)dv$$

$$=\frac{1}{u^2+v^2}\cdot(vdu-udv).$$

由 $u=x+y,v=1-xy,du=dx+dy,dv=-(ydx+xdy)$ 代入上式,得

$$dz=\frac{1}{(x+y)^2+(1-xy)^2}[(1-xy)(dx+dy)+(x+y)(ydx+xdy)]$$

$$=\frac{dx}{1+x^2}+\frac{dy}{1+y^2}.$$

## 三、隐函数的微分法

设方程 $F(x,y,z)=0$ 确定函数 $z=f(x,y)$,且函数 $F(x,y,z)$ 存在连续偏导数,则利用全微分的形式不变性,在方程 $F(x,y,z)=0$ 两边求微分,把 $x$、$y$、$z$ 看作是相互独立的变量,得到一个关于 $dx$、$dy$、$dz$ 的方程,形如:

$$Adx+Bdy+Cdz=0$$

从这个方程中把 $dz$ 用 $dx$ 和 $dy$ 表示出来(或者说解出 $dz$),根据全微分的计算公式知道,$dx$ 前面的乘积因子就是函数 $z=f(x,y)$ 对 $x$ 的偏导数$\frac{\partial z}{\partial x}$,$dy$ 前面的乘积因子就是函数 $z=f(x,y)$ 对 $y$ 的偏导数$\frac{\partial z}{\partial y}$.

**例 10** 求由方程$\frac{x}{z}=\ln\frac{z}{y}$ 所确定的隐函数 $z=f(x,y)$ 的偏导数$\frac{\partial z}{\partial x},\frac{\partial z}{\partial y}$.

**解** 由 $d(\frac{x}{z})=d(\ln\frac{z}{y})=d(\ln z-\ln y)$ 得

$$\frac{z\mathrm{d}x - x\mathrm{d}z}{z^2} = \frac{1}{z}\mathrm{d}z - \frac{1}{y}\mathrm{d}y,$$

$$\frac{z + x}{z^2}\mathrm{d}z = \frac{1}{z}\mathrm{d}x + \frac{1}{y}\mathrm{d}y,$$

$$\mathrm{d}z = \frac{z}{z + x}\mathrm{d}x + \frac{z^2}{y(z + x)}\mathrm{d}y,$$

所以,$\frac{\partial z}{\partial x} = \frac{z}{x + z}, \frac{\partial z}{\partial y} = \frac{z^2}{y(x + z)}$.

**例 11**　求由方程 $z^3 - 3xyz = a^3$($a$ 是常数) 所确定的隐函数 $z = f(x,y)$ 的偏导数$\frac{\partial z}{\partial x}$和$\frac{\partial z}{\partial y}$.

**解**　由 $\mathrm{d}(z^3 - 3xyz) = \mathrm{d}(a^3)$ 得

$$3z^2\mathrm{d}z - 3(yz\mathrm{d}x + xz\mathrm{d}y + xy\mathrm{d}z) = 0,$$

$$(z^2 - xy)\mathrm{d}z = yz\mathrm{d}x + xz\mathrm{d}y,$$

$$\mathrm{d}z = \frac{yz}{z^2 - xy}\mathrm{d}x + \frac{xz}{z^2 - xy}\mathrm{d}y,$$

所以,$\frac{\partial z}{\partial x} = \frac{yz}{z^2 - xy}, \frac{\partial z}{\partial y} = \frac{xz}{z^2 - xy}$.

**例 12**　设 $x^2 + y^2 + z^2 - 4z = 0$,求$\frac{\partial^2 z}{\partial x^2}$.

**解**　由 $\mathrm{d}(x^2 + y^2 + z^2 - 4z) = 0$ 得

$$2x\mathrm{d}x + 2y\mathrm{d}y + 2z\mathrm{d}z - 4\mathrm{d}z = 0,$$

$$\mathrm{d}z = \frac{x}{2 - z}\mathrm{d}x + \frac{y}{2 - z}\mathrm{d}y,$$

所以,$\frac{\partial z}{\partial x} = \frac{x}{2 - z}$,

$$\frac{\partial^2 z}{\partial x^2} = \frac{(2 - z) + x\frac{\partial z}{\partial x}}{(2 - z)^2} = \frac{(2 - z) + x \cdot \frac{x}{2 - z}}{(2 - z)^2} = \frac{(2 - z)^2 + x^2}{(2 - z)^3}.$$

**例 13**　设 $z = f(x + y + z, xyz)$,求$\frac{\partial z}{\partial x}, \frac{\partial z}{\partial y}$.

**解**　令 $u = x + y + z, u = xyz$,则由 $\mathrm{d}z = \mathrm{d}[f(x + y + z, xyz)] = \mathrm{d}[f(u,v)]$ 得

$$\mathrm{d}z = f_u(u,v)\mathrm{d}u + f_v(u,v)\mathrm{d}v,$$

$$\mathrm{d}z = f_u(u,v) \cdot (\mathrm{d}x + \mathrm{d}y + \mathrm{d}z) + f_v(u,v) \cdot (yz\mathrm{d}x + xz\mathrm{d}y + xy\mathrm{d}z),$$

$$(1 - f_u - xyf_v)\mathrm{d}z = (f_u + yzf_v)\mathrm{d}x + (f_u + xzf_v)\mathrm{d}y, \tag{1-9}$$

由上式可解得

$$\mathrm{d}z = \frac{f_u + yzf_v}{1 - f_u - xyf_v}\mathrm{d}x + \frac{f_u + xzf_v}{1 - f_u - xyf_v}\mathrm{d}y,$$

所以，$\frac{\partial z}{\partial x}=\frac{f_u+yzf_v}{1-f_u-xyf_v}$，$\frac{\partial z}{\partial y}=\frac{f_u+xzf_v}{1-f_u-xyf_v}$.

**例 14** 设方程 $x+y+z=e^z$ 确定了隐函数 $z=z(x,y)$，求$\frac{\partial^2 z}{\partial x^2}$.

**解** 由 $\mathrm{d}(x+y+z)=\mathrm{d}(e^z)$ 得

$$\mathrm{d}x+\mathrm{d}y+\mathrm{d}z=e^z\mathrm{d}z,$$

$$\mathrm{d}z=\frac{1}{e^z-1}\mathrm{d}x+\frac{1}{e^z-1}\mathrm{d}y,$$

所以，$\frac{\partial z}{\partial x}=\frac{1}{e^z-1}$，$\frac{\partial z}{\partial y}=\frac{1}{e^z-1}$，

$$\frac{\partial^2 z}{\partial x^2}=\frac{\partial}{\partial x}\left(\frac{\partial z}{\partial x}\right)=-\frac{1}{(e^z-1)^2}\cdot e^z\frac{\partial z}{\partial x}=-\frac{e^z}{(e^z-1)^2}\cdot\frac{1}{e^z-1}=-\frac{e^z}{(e^z-1)^3}.$$

对隐函数的求导数或偏导数，也可以利用复合函数的求导法则，在方程两边对指定的变量求导，求导过程中遇到因变量，就使用复合函数的求导法则处理. 此处不再叙述，请读者自己练习.

## 习题 1 - 5

1. 设 $z=u^2\ln v$，而 $u=\frac{x}{y}$，$v=3x-2y$，求$\frac{\partial z}{\partial x}$，$\frac{\partial z}{\partial y}$.

2. 设 $z=e^{x-2y}$，而 $x=\sin t$，$y=t^3$，求 $\mathrm{d}z$.

3. 设 $z=\arctan(xy)$，而 $y=e^x$，求$\frac{\mathrm{d}z}{\mathrm{d}x}$.

4. 设 $u=\frac{e^{ax}(y-z)}{a^2+1}$，而 $y=a\sin x$，$z=\cos x$，求$\frac{\mathrm{d}u}{\mathrm{d}x}$.

5. 设 $z=\arctan\frac{x}{y}$，而 $x=u+v$，$y=u-v$，求证$\frac{\partial z}{\partial u}+\frac{\partial z}{\partial v}=\frac{u-v}{u^2+v^2}$.

6. 设 $f$ 具有一阶连续偏导数，求下列函数的一阶偏导数：

(1) $u=f(x^2+y^2+z^2)$　　(2) $u=f(x^2-y^2,e^{xy})$

(3) $u=f(\frac{x}{y},\frac{y}{z})$　　(4) $u=f(x,xy,xyz)$

7. 设 $f$ 具有二阶连续偏导数，求下列函数的二阶偏导数：

(1) $z=f(xy,y)$　　(2) $z=f(x,\frac{x}{y})$

(3) $z=f(xy^2,x^2y)$　　(4) $z=f(\sin x,\cos y,e^{x+y})$

8. 设 $z=xy+xF(u)$，而 $F(u)$ 为可导函数且 $u=\frac{y}{x}$，求证：

$$x\frac{\partial z}{\partial x}+y\frac{\partial z}{\partial y}=z+xy.$$

9. 设 $z=\frac{y^2}{3x}+\varphi(xy)$,验证:$x^2\frac{\partial z}{\partial x}-xy\frac{\partial z}{\partial y}+y^2=0$.

10. 设 $z=\sin(xy)+\varphi(x,\frac{x}{y})$,$\varphi(u,v)$ 有二阶偏导数,求 $z_{xy}$.

11. $z=f(xy,\frac{x}{y})+\varphi(\frac{y}{x})$,且 $f$ 与 $\varphi$ 具有二阶偏导数,求 $z_{xy}$.

12. 设下列方程所确定的函数为 $y=f(x)$,求 $\frac{\mathrm{d}y}{\mathrm{d}x}$:

(1) $xy-\ln y=0$　　(2) $\sin y+e^x-xy^2=0$

(3) $xy+\ln x+\ln y=0$　　(4) $\ln\sqrt{x^2+y^2}=\arctan\frac{y}{x}$

13. 设 $x+2y+z-2\sqrt{xyz}=0$,求 $\frac{\partial z}{\partial x},\frac{\partial z}{\partial y},\frac{\partial x}{\partial y},\mathrm{d}z$.

14. 设 $e^z-xyz=0$,求 $\frac{\partial z}{\partial x},\frac{\partial z}{\partial y},\frac{\partial x}{\partial y},\mathrm{d}z$.

15. 设下列方程所确定的函数为 $z=f(x,y)$,求 $\frac{\partial^2 z}{\partial x^2},\frac{\partial^2 z}{\partial x\partial y},\frac{\partial^2 z}{\partial y^2}$.

(1) $\frac{z}{x}=\ln\frac{y}{z}$　　(2) $e^z-xyz=0$

(3) $z^3-3xyz=a^3$

16. 设 $2\sin(x+2y-3z)=x+2y-3z$,证明 $\frac{\partial z}{\partial x}+\frac{\partial z}{\partial y}=1$.

17. 设 $x=x(y,z)$,$y=y(x,z)$,$z=z(x,y)$ 都是由方程 $F(x,y,z)=0$ 确定的具有连续偏导数的函数. 证明:$\frac{\partial x}{\partial y}\cdot\frac{\partial y}{\partial z}\cdot\frac{\partial z}{\partial x}=-1$.

18. 设 $\Phi(u,v)$ 具有连续偏导数,证明由方程 $\Phi(cx-az,cy-bz)=0$ 所确定的函数 $z=f(x,y)$ 满足 $a\frac{\partial z}{\partial x}+b\frac{\partial z}{\partial y}=c$.

## 第六节　二元函数的极值与最值

### 一、二元函数的极值与最值

在实际问题中,往往会遇到多元函数的最大值、最小值问题. 与一元函数相类似,多元函数的最大值、最小值与极大值、极小值有密切联系,因此我们以二元函数为例,先来讨论多元函数的极值问题.

**定义 1.6**　设函数 $z=f(x,y)$ 在点 $(x_0,y_0)$ 的某个邻域内有定义,对于该邻域内异于$(x_0,y_0)$的点$(x,y)$，如果都满足不等式$f(x,y) < f(x_0,y_0)$，则称函数在点$(x_0,y_0)$有极大值$f(x_0,y_0)$；如果都满足不等式$f(x,y) > f(x_0,y_0)$，则称函数在点$(x_0,y_0)$有极小值$f(x_0,y_0)$. 极大值、极小值统称为极值. 使函数取得极值的点称为极值点.

**例 1** 函数$z = 3x^2 + 4y^2$在点$(0,0)$处有极小值. 因为对于点$(0,0)$的任一邻域内异于$(0,0)$的点，函数值都为正，而在点$(0,0)$处的函数值为零. 从图形（如图 1 − 25 所示）上看这是显然的，因为点$(0,0,0)$是开口朝上的椭圆抛物面$z = 3x^2 + 4y^2$的顶点.

**例 2** 函数$z = -\sqrt{x^2 + y^2}$在点$(0,0)$处有极大值. 因为在点$(0,0)$处函数值为零，而对于点$(0,0)$的任一邻域内异于$(0,0)$的点，函数值都为负. 点$(0,0,0)$是位于$xy$平面下方的锥面$z = -\sqrt{x^2 + y^2}$的顶点（如图 1 − 26 所示）.

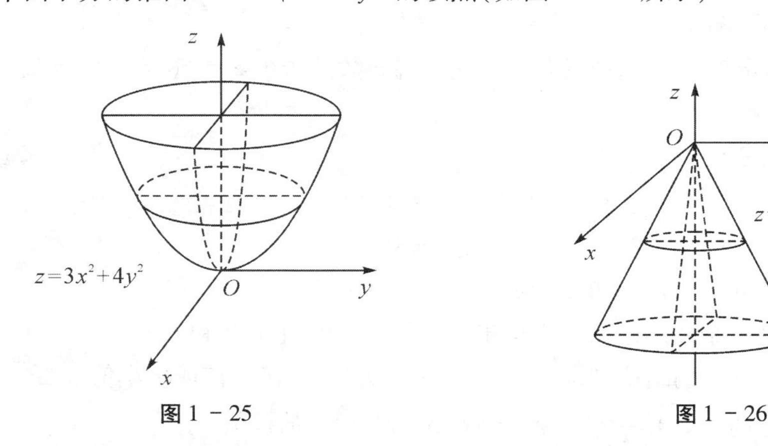


图 1 − 25　　图 1 − 26

**例 3** 函数$z = xy$在点$(0,0)$处既不取得极大值也不取得极小值. 因为在点$(0,0)$处的函数值为零，而在点$(0,0)$的任一邻域内，总有使函数值为正的点，也有使函数值为负的点.

以上关于二元函数的极值概念，可推广到$n$元函数. 设$n$元函数$u = f(P)$在点$P_0$的某一邻域内有定义，如果对于该邻域内异于$P_0$的任何点$P$都满足不等式$f(P) < f(P_0)$（或$f(P) > f(P_0)$），则称函数$f(P)$在点$P_0$有极大值（或极小值）$f(P_0)$.

对于二元函数的极值问题，有下面两个结论.

**定理 1（必要条件）　设函数$z = f(x,y)$在点$(x_0,y_0)$具有偏导数，且在点$(x_0,y_0)$处有极值，则它在该点的偏导数必然为零：**

$$f_x(x_0,y_0) = 0,\ f_y(x_0,y_0) = 0.$$

**证明** 设$\varphi(x) = f(x,y_0)$，则由$f(x,y)$在点$(x_0,y_0)$处有极值可知，$\varphi(x)$在$x_0$处有极值. 利用一元函数的结果，就有$\varphi'(x_0) = 0$，即$f_x(x_0,y_0) = 0$.

同理可证，$f_y(x_0,y_0) = 0$.

在二元函数中，我们也把使函数$z = f(x,y)$的两个偏导数为零的点，称为这个函数的驻点.

由定理 1 可知,具有偏导数的函数的极值点必定是驻点,但函数的驻点不一定是极值点. 例如,点(0,0) 是函数 $z = xy$ 的驻点,但函数在该点并无极值.

怎样判定一个驻点是否为极值点呢?下面的定理回答了这个问题.

**定理 2(充分条件)　设函数 $z = f(x,y)$ 在点 $(x_0,y_0)$ 的某邻域内连续且有一阶连续偏导数及二阶连续偏导数,又 $f_x(x_0,y_0) = 0, f_y(x_0,y_0) = 0$,令**

$$f_{xx}(x_0,y_0) = A, f_{xy}(x_0,y_0) = B, f_{yy}(x_0,y_0) = C,$$

**则 $f(x,y)$ 在点 $(x_0,y_0)$ 处是否取得极值的条件如下:**

**(1) $AC - B^2 > 0$ 时具有极值,且当 $A < 0$ 时有极大值,当 $A > 0$ 时有极小值;**

**(2) $AC - B^2 < 0$ 时没有极值;**

**(3) $AC - B^2 = 0$ 时可能有极值,也可能没有极值,还需进一步讨论.**

定理 2 的证明从略.

利用定理 1、定理 2,我们把具有二阶连续偏导数的函数 $z = f(x,y)$ 的极值的求法归纳如下:

第一步,解方程组

$$\begin{cases} f_x(x,y) = 0 \\ f_y(x,y) = 0 \end{cases},$$

求得一切实数解,即可求得一切驻点.

第二步,对每一个驻点 $(x_0,y_0)$,求出二阶偏导数的值 $A$、$B$ 和 $C$.

第三步,按定理 2 的结论判定 $f(x_0,y_0)$ 是否为极值、极大值或极小值.

**例 4**　求函数 $f(x,y) = x^3 - y^3 + 3x^2 + 3y^2 - 9x$ 的极值.

**解**　先解方程组

$$\begin{cases} f_x(x,y) = 3x^2 + 6x - 9 = 0 \\ f_y(x,y) = -3y^2 + 6y = 0 \end{cases},$$

求得驻点为(1,0),(1,2),(−3,0),(−3,2).

再求出二阶偏导数 $f_{xx}(x,y) = 6x + 6, f_{xy}(x,y) = 0, f_{yy}(x,y) = -6y + 6$.

在点(1,0) 处,$AC - B^2 = 12 \times 6 = 72 > 0$,又 $A = 6 > 0$,故函数在该点处有极小值 $f(1,0) = -5$;

在点(1,2) 处,$AC - B^2 = 12 \times (-6) = -72 < 0$,故函数在该点处没有极值;

在点(−3,0) 处,$AC - B^2 = (-12) \times 6 = -72 < 0$,故函数在该点处没有极值;

在点(−3,2) 处,$AC - B^2 = -12 \times (-6) = 72 > 0$,又 $A < 0$,故函数在该点处有极大值 $f(-3,2) = 31$.

讨论函数的极值问题时,如果函数在所讨论的区域内具有偏导数,则由定理 1 可知,极值只可能在驻点处取得. 然而,如果函数在个别点处的偏导数不存在,这些点当然不是驻点,但也可能是极值点. 例如在例 2 中,函数 $z = -\sqrt{x^2 + y^2}$ 在点(0,0) 处的偏导数不存在,但该函数在点(0,0)处却具有极大值. 因此,在考虑函数的极值问题时,除了考虑函数的驻点外,如果有偏导数不存在的点,那么对这些点也应当考虑.

**例5** 判断 $z = 1 - \sqrt{x^2 + y^2}$ 的极值.

**解** 因为 $z_x = -\dfrac{x}{\sqrt{x^2 + y^2}}$, $z_y = -\dfrac{y}{\sqrt{x^2 + y^2}}$, 所以, 在(0,0)处, $z_x$ 与 $z_y$ 都不存在.

而当 $(x,y) = (0,0)$ 时, $z(0,0) = 1$, 当 $(x,y) \neq (0,0)$ 时, $z(x,y) = 1 - \sqrt{x^2 + y^2} < 1$, 所以, $z(0,0) = 1$ 为极大值.

与一元函数相类似,我们可以利用函数的极值来求函数的最大值和最小值. 在本章第二节中已经指出,如果 $f(x,y)$ 在有界闭区域 $D$ 上连续,则 $f(x,y)$ 在 $D$ 上必定能取得最大值和最小值. 这种使函数取得最大值或最小值的点既可能在 $D$ 的内部,也可能在 $D$ 的边界上. 我们假定,函数在 $D$ 上连续、在 $D$ 内可微分且只有有限个驻点,这时如果函数在 $D$ 的内部取得最大值(最小值),那么这个最大值(最小值)也是函数的极大值(极小值). 因此,在上述假定下,求函数的最大值和最小值的一般方法是:将函数 $f(x,y)$ 在 $D$ 内的所有驻点处的函数值及在 $D$ 的边界上的最大值和最小值相互比较,其中最大的就是最大值,最小的就是最小值. 但这种做法,由于要求出 $f(x,y)$ 在 $D$ 的边界上的最大值和最小值,所以往往相当复杂. 在通常遇到的实际问题中,如果根据问题的性质,知道函数 $f(x,y)$ 的最大值(最小值)一定在 $D$ 的内部取得,而函数在 $D$ 内只有一个驻点,那么可以肯定该驻点处的函数值就是函数 $f(x,y)$ 在 $D$ 上的最大值(最小值).

例6 求函数 $f(x,y) = x^2 - 2xy + 2y$ 在矩形区域

$$D = \{(x,y) \mid 0 \leqslant x \leqslant 3, 0 \leqslant y \leqslant 2\}$$

上的最大值和最小值.

**解** 先求函数 $f(x,y)$ 在 $D$ 内驻点. 由 $\begin{cases} f_x = 2x - 2y = 0 \\ f_y = -2x + 2 = 0 \end{cases}$ 求得 $f$ 在 $D$ 内的唯一驻点(1,1),且 $f(1,1) = 1$.

其次求函数 $f(x,y)$ 在 $D$ 的边界上的最大值和最小值.

如图1-27所示. 区域 $D$ 的边界包含四条直线段 $L_1$、$L_2$、$L_3$、$L_4$.

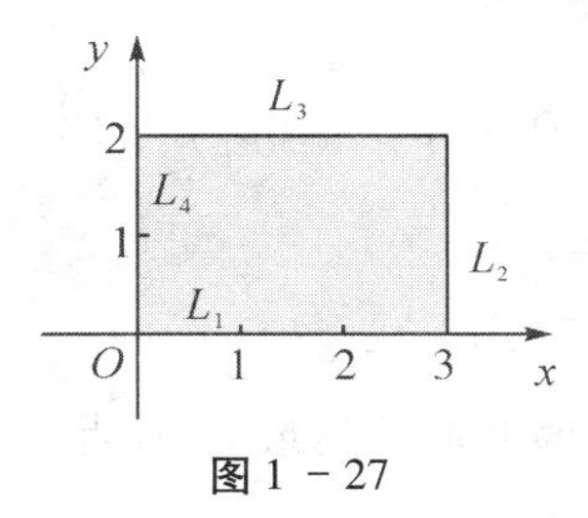


图1-27

在 $L_1$ 上 $y = 0$, $f(x,0) = x^2, 0 \leqslant x \leqslant 3$. 这是 $x$ 的单调增加函数,故在 $L_1$ 上 $f$ 的最大值为 $f(3,0) = 9$,最小值为 $f(0,0) = 0$.

同样在 $L_2$ 和 $L_4$ 上 $f$ 也是单调的一元函数,易得最大值、最小值分别为

$$f(3,0)=9,\ f(3,2)=1(\text{在 } L_2 \text{ 上}),$$
$$f(0,2)=4,\ f(0,0)=0(\text{在 } L_4 \text{ 上}),$$

而在 $L_3$ 上 $y=2$, $f(x,2)=x^2-4x+4, 0\leqslant x\leqslant 3$,易求出 $f$ 在 $L_3$ 上的最大值 $f(0,2)=4$,最小值 $f(2,2)=0$.

将 $f$ 在驻点上的值 $f(1,1)$ 与 $L_1$、$L_2$、$L_3$、$L_4$ 上的最大值和最小值比较,最后得到 $f$ 在 $D$ 上的最大值 $f(3,0)=9$,最小值 $f(0,0)=f(2,2)=0$.

**例 7**　某厂要用铁板做成一个体积为 $2m^3$ 的有盖长方体水箱. 问当长、宽、高各取怎样的尺寸时,才能使用料最省?

**解**　设水箱的长为 $xm$,宽为 $ym$,则其高应为 $\frac{2}{xy}m$. 此水箱所用材料的面积

$$A=2\left(xy+y\cdot\frac{2}{xy}+x\cdot\frac{2}{xy}\right)=2\left(xy+\frac{2}{x}+\frac{2}{y}\right)\ (x>0,y>0).$$

此为目标函数. 下面求使函数取得最小值的点 $(x,y)$.

令 $\begin{cases}A_x=2\left(y-\dfrac{2}{x^2}\right)=0\\ A_y=2\left(x-\dfrac{2}{y^2}\right)=0\end{cases}$,解方程组得唯一的驻点 $x=\sqrt[3]{2}\approx 1.26$, $y=\sqrt[3]{2}\approx 1.26$.

根据题意可断定,该驻点即为所求最小值点.

因此,当水箱的长为 $1.26m$、宽为 $1.26m$、高为 $1.26m$ 时,水箱所用的材料最省.

**例 8**　设 $q_1$ 为商品 $A$ 的需求量, $q_2$ 为商品 $B$ 的需求量,其需求函数分别为 $q_1=16-2p_1+4p_2$, $q_2=20+4p_1-10p_2$,总成本函数为 $C=3q_1+2q_2$,其中 $p_1$, $p_2$ 为商品 $A$ 和 $B$ 的价格,试问价格 $p_1$, $p_2$ 取何值时可使利润最大?

**解**　按题意,总收益函数为

$$R=p_1q_1+p_2q_2=p_1(16-2p_1+4p_2)+p_2(20+4p_1-10p_2),$$

于是总利润函数为

$$\begin{aligned}L=R-C&=q_1(p_1-3)+q_2(p_2-2)\\&=(p_1-3)(16-2p_1+4p_2)+(p_2-2)(20+4p_1-10p_2)\end{aligned}$$

令 $\begin{cases}\dfrac{\partial L}{\partial p_1}=14-4p_1+8p_2=0\\ \dfrac{\partial L}{\partial p_2}=4(p_1-3)+(20+4p_1-10p_2)-10(p_2-2)=0\end{cases}$

解得 $p_1=31.5$, $p_2=14$,又因

$$(L''_{xy})^2-L''_{xx}\cdot L''_{yy}=8^2-(-4)(-20)<0.$$

故取价格 $p_1=31.5$, $p_2=14$ 时利润可达最大,而此时产量为 $q_1=9$, $q_2=6$.

## 二、条件极值(拉格朗日乘数法)

上面所讨论的极值问题,对于函数的自变量,除了限制在函数的定义域内以外,并

无其他条件,所以有时候称为无条件极值.但在实际问题中,有时会遇到对函数的自变量还有附加条件的极值问题.例如,求表面积为 $a^2$ 而体积为最大的长方体的体积问题.设长方体的三棱的长为 $x,y,z$,则体积 $V = xyz$. 又因假定表面积为 $a^2$,所以自变量 $x,y,z$ 还必须满足附加条件 $2(xy+yz+xz)=a^2$. 像这种对自变量有附加条件的极值称为条件极值.对于有些实际问题,可以把条件极值化为无条件极值,然后利用前面介绍的方法加以解决.例如上述问题,可由条件 $2(xy+yz+xz)=a^2$,将 $z$ 表示为 $x,y$ 的函数

$$z=\frac{a^2-2xy}{2(x+y)}.$$

再把它代入 $V=xyz$ 中,于是问题就化为求

$$V=\frac{xy}{2}\cdot\frac{a^2-2xy}{x+y}.$$

的无条件极值.例7也是属于把条件极值化为无条件极值的例子.

但在很多情形下,将条件极值化为无条件极值并不这样简单.我们另有一种直接寻求条件极值的方法,即将条件极值问题化到无条件极值问题的更一般的方法,这就是下面要介绍的拉格朗日乘数法.

**拉格朗日乘数法**　要找函数 $z=f(x,y)$ 在附加条件 $\varphi(x,y)=0$ 下的可能极值点,可以先构造辅助函数

$$F(x,y,\lambda)=f(x,y)+\lambda\varphi(x,y),$$

求其对 $x,y$ 及入的一阶偏导数,并使之为零,得:

$$\begin{cases}F_x(x,y,\lambda)=f_x(x,y)+\lambda\varphi_x(x,y)=0\\F_y(x,y,\lambda)=f_y(x,y)+\lambda\varphi_y(x,y)=0\\F_\lambda(x,y,\lambda)=0\end{cases}\qquad(1-19)$$

由方程组解出 $x,y$ 及 $\lambda$,则其中 $x,y$ 就是函数 $f(x,y)$ 在附加条件 $\varphi(x,y)=0$ 下的可能的极值点的坐标.

这个方法还可以推广到自变量多于两个而条件多于一个的情形.例如,要求函数

$$u=f(x,y,z,t)$$

在附加条件

$$\varphi_1(x,y,z,t)=0,\varphi_2(x,y,z,t)=0$$

下的极值,可以先构造辅助函数

$$F(x,y,z,t,\lambda_1,\lambda_2)=f(x,y,z,t)+\lambda_1\varphi_1(x,y,z,t)+\lambda_2\varphi_2(x,y,z,t)$$

求其对 $x,y,z,t$ 及 $\lambda_1,\lambda_2$ 一阶偏导数,并使之为零,然后求解这个方程组,这样得出的 $x$、$y$、$z$、$t$ 就是函数 $f(x,y,z,t)$ 在附加条件下的可能的极值点的坐标.

至于如何确定所求得的点是否为极值点,在实际问题中往往可根据问题本身的性质来判定,所以拉格朗日乘数法适用于求解具有实际背景的应用问题.

**例9**　求表面积为 $a^2$ 而体积为最大的长方体的体积.

**解**　设长方体的三棱长为 $x,y,z$,则问题就是在条件

$$\varphi(x,y,z) = 2xy + 2yz + 2xz - a^2 = 0$$

下,求函数 $V = xyz(x > 0, y > 0, z > 0)$ 的最大值.

作拉格朗日函数

$$F(x,y,z,\lambda) = xyz + \lambda(2xy + 2yz + 2xz - a^2)$$

由 $\begin{cases} F_x = yz + 2\lambda(y+z) = 0 \\ F_y = xz + 2\lambda(x+z) = 0 \\ F_z = xy + 2\lambda(y+x) = 0 \\ F_\lambda = 2xy + 2yz + 2xz - a^2 = 0 \end{cases}$,解得 $x = y = z = \dfrac{\sqrt{6}a}{6}$,由问题本身意义知,此点就是所求最大值点. 即表面积为 $a^2$ 的长方体中,以棱长为 $\dfrac{\sqrt{6}a}{6}$ 的正方体的体积为最大,最大体积 $V = \dfrac{\sqrt{6}}{36}a^3$.

**例 10**　已知某制造商的 *Cobb - Douglas* 生产函数是 $f(x,y) = 100x^{\frac{3}{4}}y^{\frac{1}{4}}$,每个劳动力与每单位资本的成本分别是 150 元及 250 元. 该制造商的总预算是 50000 元. 问该如何分配这笔钱用于雇用劳动力与资本,以使生产量最高.

**解**　这是个条件极值问题,求函数 $f(x,y) = 100x^{\frac{3}{4}}y^{\frac{1}{4}}$ 在条件 $150x + 250y = 50000$ 下的最大值. 令

$$F(x,y,\lambda) = 100x^{\frac{3}{4}}y^{\frac{1}{4}} + \lambda(50000 - 150x - 250y),$$

由方程组 $\begin{cases} F_x = 75x^{-\frac{1}{4}}y^{\frac{1}{4}} - 150\lambda = 0 \\ F_y = 25x^{\frac{3}{4}}y^{-\frac{3}{4}} - 250\lambda = 0 \\ F_\lambda = 50000 - 150x - 250y = 0 \end{cases}$,解得唯一可能的极值点(250,50),

该问题本身有最大值,所以,该制造商应该雇用 250 个劳动力而把剩余的资金作为资本投入,这时可获得最大产量 $f(250,50) = 16719$.

## 习题 1 - 6

1. 求下列函数的极值:

(1) $f(x,y) = 4(x-y) - x^2 - y^2$　　(2) $f(x,y) = x^2 + (y-1)^2$

(3) $f(x,y) = x^2 - (y-1)^2$　　(4) $f(x,y) = (x-y+1)^2$

(5) $f(x,y) = x^3 + y^3 - 3xy$　　(6) $f(x,y) = e^{2x}(x + y^2 + 2y)$

2. 求由方程 $x^2 + y^2 + z^2 - 2x + 2y - 4z - 10 = 0$ 确定的函数 $z = f(x,y)$ 的极值.

3. 在半径为 $a$ 的球体内,求体积最大的内接长方体.

4. 某工厂预计生产 $A$、$B$ 两种产品. 当 $A$、$B$ 的产量分别为 $x$、$y$ 时,成本为 $C(x,y) = 400 + 2x + 3y + 0.01(3x^2 + xy + 3y^2)$(元). 已知 $A$、$B$ 的售价分别为 10 元、9 元,试求两种产品各生产多少时,工厂可获得最大利润?

5. 甲、乙两厂共同生产同种产品供应市场，当产量分别为 $x$ 和 $y$ 单位时，其成本函数分别为 $C_1 = 2x^2 + 16x + 18$ 和 $C_2 = y^2 + 32y + 70$. 已知该产品的需求函数为 $Q = 30 - \frac{p}{4}$（$p$ 为售价），且需求量即两厂的总产量，求使该产品获得最大利润的总产量、各厂产量、产品售价及最大利润.

6. 某厂生产 $A$、$B$ 两种产品供应某地区，$A$、$B$ 的需求量分别为 $x$、$y$. 其需求函数分别是 $x = 20 - 5p + 3q$，$y = 10 + 3p - 2q$（其中 $p$ 与 $q$ 分别是产品 $A$ 与 $B$ 的价格），其成本函数为 $C(x,y) = 2x^2 - 2xy + y^2 + 37.5$，求利润最大时两种产品的产出水平及最大利润.

7. 某商品的生产函数为 $Q = 6K^{\frac{1}{3}}L^{\frac{1}{2}}$，其中 $Q$ 为产品产量，$K$ 为资本投入，$L$ 为劳动力投入；又知资本投入价格为 4，劳动力投入价格为 3，产品销售价格为 $p = 2$，求：

（1）该产品利润最大时的投入和产出水平以及最大利润；

（2）若投入总额限定为 60 个单位之内，求这时产品取得最大利润时的投入及最大利润.

8. 在平面 $3x - 2z = 0$ 上求一点，使它与点 $(1,1,1)$ 和点 $(2,3,4)$ 的距离平方之和为最小.

9. 某饲养场要在其前面围一面积为 2400 平方米的矩形院子，已知前院墙单位造价为其余各面单位造价的 2 倍，并且后院墙利用饲养场房舍，房舍总长为 30 米，求长、宽各为多少时，可使总造价最少？

10. 某单位欲用 $a$ 元购买材料，建造一长方体无盖水池. 已知侧面单位面积的材料费为底面的 0.8 倍，求水池的长、宽、高各为多少时，可使所造水池容积最大？

11. 某厂一产品 $A$、$B$ 两地的销量分别为 $Q_1 = 30 - 0.2p_1$ 与 $Q_2 = 20 - 0.05p_2$（$p_1$、$p_2$ 分别为两地售价）时，其成本为 $C(Q_1, Q_2) = 20 + 30Q_1 + 40Q_2$，求两地各销售多少时，可使该产品获利最多？

[问题探究]

### 问题一：泵站选址与水管铺设

两个村庄位于河流的同一侧. 为了取水需要，两村庄打算共同出资建造泵站、铺设水管. 由于泵站的造价较高，所以计划在河边上仅设置一个取水口并在该处建造泵站. 为了节约水管铺设费用，需要选择一个适当的取水口位置. 水管可以直接向取水口铺设，也可以在某处设置一个三通交汇点. 应该怎样设计水管铺设方案，使得水管的总长度最短？

### 问题二：存储与供应的优化

报社每年需用纸张 1800 吨，每吨价格为 4000 元. 如果全年用纸一次性购进入库，则不仅面临较大的资金压力，还要支付许多库存费用. 资金需求尚可通过银行贷款解决，但包括存储损耗在内的库存支出却不能避免，财务统计资料表明，库存费用平均为每吨每月 60 元. 为了节约库存费用，最好采用分批订购的办法，然而每次订购需支付手续费等2000元,频繁订购肯定花费很大. 应该怎样制定进货计划呢?

按照惯例,纸张的价格中包含运输费,供应商负责运货到库. 随着业务量的扩大,纸张供应商可能会面临运力不足的矛盾,不过供应商向用户保证,每天的运输量不会少于20吨. 如果遇到这种情况,报社的进货计划该做如何调整?这是否会危及报社与供应商的合作?

报社的采购部门向财务主管建议,在确定每次订购数量的时候,适当延长订购的时间间隔,以便进一步减少订购次数,不必担心库存不足影响报纸的印刷生产,他们有办法应急借调纸张,当然要支付一定的租借费用,该费用与借调占用的时间有关,估计是每吨每月80元. 这个价格超过了库存费,似乎难以接受,果真如此吗?

还有,纸张供应商提议,一次购进6个月的原料,可给予3% 的价格折扣,问报社应否接受供应商提议?

因为以上所列各种价款有可能发生变化,所以在解决这些问题时不要拘泥于现有数据,应该建立适用于各种情况的数学模型.

### 问题三:饮料罐材料的节约型设计

销量很大的饮料(如饮料量为355毫升的可口可乐、青岛啤酒等)的饮料罐(即易拉罐)的形状几乎都是一样的,上面部分是一个正圆台,下面部分是一个正圆柱体,易拉罐的中心纵断面可用图1－28来表示. 图1－28中设易拉罐内腔的顶面圆半径为$r$,底面圆半径为$R$,圆台的高为$h$,圆柱的高为$H$,圆台侧面的倾角为$\theta$.

各种饮料的易拉罐形状尺寸不约而同,并非偶然,应该是经过了优化设计,使得所用的铝合金材料最省. 那么优化设计的理论结构是怎样的?推广应用的空间有多大?现有的尺寸能不能加以改动,以便进一步发掘节省制罐材料的潜力呢?

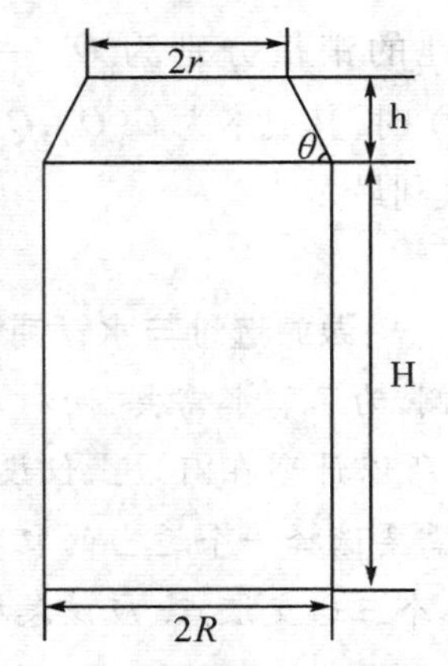


图1－28　易拉罐的中心纵断面图

# 第七节　最小二乘法

前面介绍了各种讨论函数的方法,但讨论的前提是函数已知. 在经济分析中,常会遇到函数关系并不知道,而只知变量间的一组对应数据,要我们根据这些数据找到变量之间的函数关系(这种函数关系,通常称之为经验公式),并将这种函数关系应用于经济预测和决策中. 下面介绍的最小二乘法,就是利用多元函数的极值理论建立经验公式的一种常用且有效的方法.

下面主要就两个变量间的线性关系,来说明这种方法的基本思想.

设变量 $x,y$ 之间的 $n$ 次实验(或调查) 数据为:

$$(x_1,y_1),(x_2,y_2),\cdots,(x_n,y_n)$$

则将这 $n$ 组数据看作直角坐标系 $xoy$ 中的 $n$ 个点:

$$A_i(x_i,y_i)\ (i=1,2,\cdots,n)$$

可得到如图 1 - 29 所示的**散点图**.

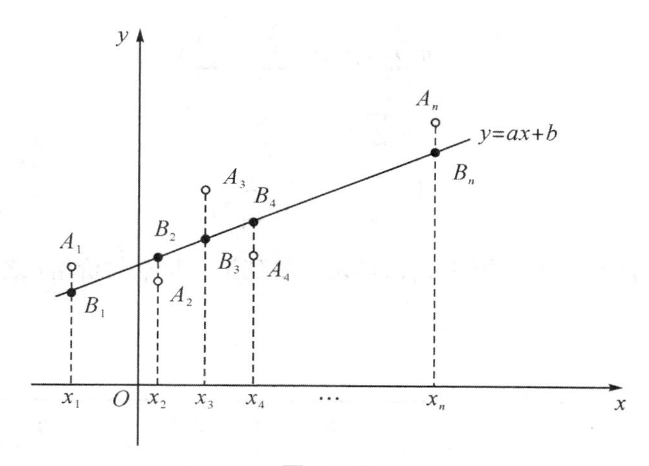


**图 1 - 29**

若这些散点大致呈直线分布,则认为 $x$ 与 $y$ 之间存在线性关系

$$y=ax+b\quad(\text{其中 } a,b \text{ 为待定参数}).$$

设在直线 $y=ax+b$ 上与点 $A_i(x_i,y_i)(i=1,2,\cdots,n)$ 横坐标 $x_i$ 相同的点为 $B_i(x_i,ax_i+b)$,则 $A_i$ 与 $B_i$ 的距离为

$$d_i=|(ax_i+b)-y_i|\quad(i=1,2,\cdots,n)$$

在数学上,人们称 $d_i$ 为实测值与估计值的误差,它反应了点 $A_i(x_i,y_i)(i=1,2,\cdots,n)$ 偏离直线 $y=ax+b$ 的程度大小.

为了使所求出的经验公式 $y=ax+b$ 与 $x,y$ 的实际关系拟合得更好,即点 $A_i(x_i,y_i)(i=1,2,\cdots,n)$ 尽可能地靠近直线 $y=ax+b$,就要求参数 $a$ 和 $b$ 的值必须使

得误差平方和

$$S = \sum_{i=1}^{n} (ax_i + b - y_i)^2$$

达到最小,这种方法称为最小二乘法.

因 $S$ 是 $a$ 与 $b$ 的二元函数,故由极值必要条件有

$$\begin{cases} \dfrac{\partial S}{\partial a} = 2\sum_{i=1}^{n} (ax_i + b - y_i)x_i = 0 \\ \dfrac{\partial S}{\partial a} = 2\sum_{i=1}^{n} (ax_i + b - y_i) = 0 \end{cases} \tag{1-20}$$

由此得到关于 $a$ 和 $b$ 的线性方程组(称为正规方程组):

$$\begin{cases} (\sum_{i=1}^{n} x_i^2)a + (\sum_{i=1}^{n} x_i)b = \sum_{i=1}^{n} x_i y_i \\ (\sum_{i=1}^{n} x_i)a + nb = \sum_{i=1}^{n} y_i \end{cases} \tag{1-21}$$

解公式(1 - 21),得

$$\begin{cases} a = \dfrac{n\sum_{i=1}^{n} x_i y_i - \sum_{i=1}^{n} x_i \sum_{i=1}^{n} y_i}{n\sum_{i=1}^{n} x_i^2 - (\sum_{i=1}^{n} x_i)^2} \\ b = \dfrac{1}{n}(\sum_{i=1}^{n} y_i - a\sum_{i=1}^{n} x_i) \end{cases} \tag{1-22}$$

**例1**　设某商品经过六次调价,市场调查得到销售量 $Q$ 与价格 $p$ 之间的对应数值如表 1 - 3 所示.

**表 1 - 3**

| $p$ | 4 | 4.5 | 5 | 5.5 | 6 | 7 |
|---|---|---|---|---|---|---|
| $Q$ | 43 | 42 | 40 | 40 | 37 | 35 |

试用最小二乘法求 $Q$ 与 $p$ 之间的线性关系式.

**解**　设 $Q = ap + b$,则从调查的结果,可得表 1 - 4 所示数值.

**表 1 - 4**

| $p$ | $p_i$ | $Q_i$ | $p_i^2$ | $p_iQ_i$ |
|---|---|---|---|---|
| 1 | 4 | 43 | 16 | 172 |
| 2 | 4.5 | 42 | 20.25 | 189 |
| 3 | 5 | 40 | 25 | 200 |
| 4 | 5.5 | 40 | 30.25 | 220 |

表1-4(续)

| $p$ | $p_i$ | $Q_i$ | $p_i^{\ 2}$ | $p_iQ_i$ |
|---|---|---|---|---|
| 5 | 6 | 37 | 36 | 222 |
| 6 | 7 | 35 | 49 | 245 |
| $\sum$ | 32 | 237 | 176.5 | 1248 |

将表 1 - 4 所得结果代入(1 - 22) 式,得

$$a = -2.74, b = 54.13$$

于是,变量 $Q$ 与 $p$ 的线性关系为:

$$Q = -2.74p + 54.13.$$

两个变量之间的关系不一定都呈线性关系. 当需要拟合的两个变量不呈线性关系时,就不能直接使用这里的最小二乘法进行拟合,但是,如果能够把非线性关系转化为线性关系,就可以使用最小二乘法进行处理.

**例 2** 对某纺织品销售额的拟合. 我们选取销售额为因变量 $y$,单位为万元,拟合销售额关于时间 $x$ 的趋势曲线. 以 2000 年为基准年,取值 $x = 1$(2010 年时,$x = 11$),2000—2010 年的数据如表 1 - 5 所示.

**表** 1 - 5

| 年份 $x$ | 2000 | 2001 | 2002 | 2003 | 2004 | 2005 | 2006 | 2007 | 2008 | 2009 | 2010 |
|---|---|---|---|---|---|---|---|---|---|---|---|
| $y$ | 19.8 | 25.6 | 40.0 | 49.0 | 68.0 | 92.0 | 112.0 | 138.0 | 182.0 | 238.0 | 432.0 |

**解** 根据表 1 - 5 作出的散点图如图 1 - 30 所示.

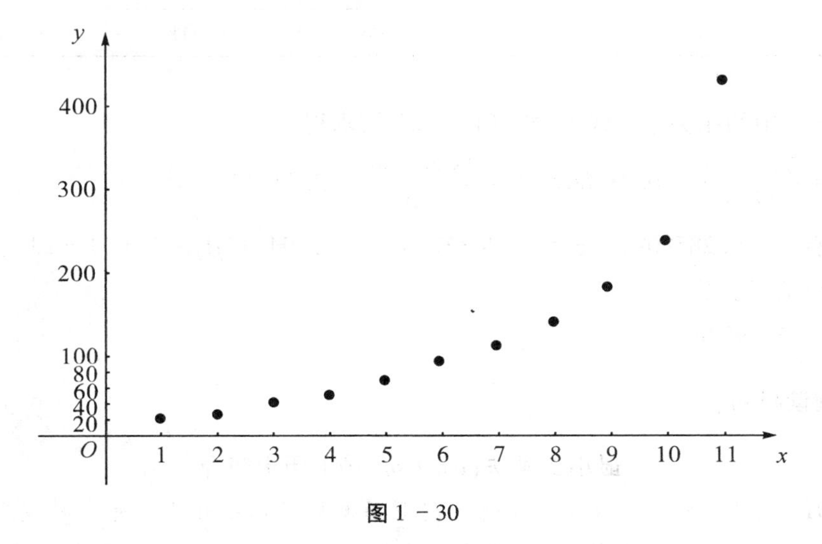


**图** 1 - 30

显然 $x$ 与 $y$ 不呈线性关系,它们大致呈指数关系. 我们就用指数函数

$$y = \alpha e^{\beta x} \tag{1-23}$$

来拟合这条曲线.

我们对公式(1－23)两边取自然对数,得到

$$\ln y = \ln\alpha + \beta x$$

令 $z = \ln y, A = \beta, B = \ln\alpha$,得线性方程

$$z = Ax + B \tag{1-24}$$

取 $x_i = (1,2,\cdots,11)$,$y_i$ 为各年的销售额,$z_i = \ln y_i$,将具体数据代入得到如表1－6所示数据.

表1－6

| 年份 | $x_i$ | $y_i$ | $x_i^2$ | $z_i = \ln y_i$ | $x_i z_i$ |
|---|---|---|---|---|---|
| 2000 | 1 | 19.8 | 1 | 2.986 | 2.986 |
| 2001 | 2 | 25.6 | 4 | 3.243 | 6.486 |
| 2002 | 3 | 40.0 | 9 | 3.689 | 11.067 |
| 2003 | 4 | 49.0 | 16 | 3.892 | 15.568 |
| 2004 | 5 | 68.0 | 25 | 4.220 | 21.10 |
| 2005 | 6 | 92.0 | 36 | 4.522 | 27.132 |
| 2006 | 7 | 112.0 | 49 | 4.718 | 33.026 |
| 2007 | 8 | 138.0 | 64 | 4.927 | 39.416 |
| 2008 | 9 | 182.0 | 81 | 5.204 | 46.836 |
| 2009 | 10 | 238.0 | 100 | 5.472 | 54.72 |
| 2010 | 11 | 432.0 | 121 | 6.608 | 66.748 |
| 合计 | 66 | 1396.4 | 506 | 48.941 | 325.085 |

将表1－6中的相关数据代入公式(1－22)可求得

$$A = \frac{345.829}{1210} = 0.285809, B = \frac{3308.536}{1210} = 2.734327$$

即有 $\beta = 0.285809$, $\ln\alpha = 2.734327$, $\alpha = 15.3994$,将 $\beta,\alpha$ 代入(1－23)式中,得到了所求的经验公式为:

$$y = 15.3994e^{0.285809x}.$$

[阅读材料]

### 最小二乘法(*least square*)历史简介

1801年,意大利天文学家朱赛普·皮亚齐发现了第一颗小行星谷神星.经过40天的跟踪观测后,由于谷神星运行至太阳背后,皮亚齐失去了谷神星的位置.随后全世界的科学家利用皮亚齐的观测数据开始寻找谷神星,但是根据大多数人计算的结

果来寻找谷神星都没有结果. 时年24岁的高斯也计算了谷神星的轨道. 奥地利天文学家海因里希·奥尔伯斯根据高斯计算出来的轨道重新发现了谷神星.

1809年,高斯使用的最小二乘法的方法发表于他的著作《天体运动论》中.

法国科学家勒让德于1806年独立发现“最小二乘法”,但因不为世人所知而默默无闻.

勒让德曾与高斯为谁最早创立最小二乘法原理发生争执.

1829年,高斯提供了最小二乘法的优化效果强于其他方法的证明,因此被称为高斯—莫卡夫定理.

## 习题1－7

1. 某公司为期10年内的年利润表如表1－7所示.

表1－7

| 年份 | 1 | 2 | 3 | 4 | 5 | 6 | 7 | 8 | 9 | 10 |
|---|---|---|---|---|---|---|---|---|---|---|
| 利润 | 1.89 | 2.19 | 2.06 | 2.31 | 2.26 | 2.39 | 2.61 | 2.58 | 2.82 | 2.96 |

求该公司年利润对年份的经验公式.

2. 某种合金的含铅量百分比(%)为$p$,其熔解温度(℃)为$\theta$,由实验测得$p$与$\theta$的数据如表1－8所示.

表1－8

| $p\%$ | 36.9 | 46.7 | 63.7 | 77.8 | 84.0 | 87.5 |
|---|---|---|---|---|---|---|
| $\theta°C$ | 181 | 197 | 235 | 270 | 283 | 292 |

试用最小二乘法建立$\theta$与$p$之间的经验公式$\theta = ap + b$.

3. 为测定刀具的磨损速度,按每隔一小时测量一次刀具厚度的方式,得到实测数据如表1－9所示.

表1－9

| 时间$t$(小时) | 0 | 1 | 2 | 3 | 4 | 5 | 6 | 7 |
|---|---|---|---|---|---|---|---|---|
| 刀具厚度$y$(毫米) | 27.0 | 26.8 | 26.5 | 26.3 | 26.1 | 25.7 | 25.3 | 24.8 |

试根据这组实测数据建立变量$y$和时间$t$之间的经验公式$y = at + b$.

4. 某地区通过抽样调查,收集到人均收入$x$(单位:千元)和平均每百户拥有洗衣机的台数$y$的统计资料如表1－10.

表 1 - 10

| 人均收入 $x$ | 1.5 | 1.8 | 2.4 | 3.0 | 3.5 | 3.9 | 4.4 | 4.8 | 5.0 |
|---|---|---|---|---|---|---|---|---|---|
| 平均每百户拥有洗衣机的台数 $y$ | 24.8 | 5.7 | 7.0 | 8.3 | 10.9 | 12.4 | 13.1 | 13.6 | 15.3 |

试根据这组统计数据建立 $y$ 和 $x$ 之间的经验公式 $y = ax + b$.

## 第八节　Mathematica 在多元函数微分学中的应用

利用 *Mathematica* 可以很方便地绘制空间曲面和曲线、计算多元函数偏导数和全微分、计算二元函数极值和条件极值.

### 一、利用 *Mathematica* 绘制空间曲面和曲线

1. *Plot3D* 命令

*Plot3D* 命令主要用于绘制二元函数 $z = f(x,y)$ 的图形. 该命令的基本格式为

*Plot3D*[*f*[*x*,*y*],{*x*,*x*1,*x*2},{*y*,*y*1,*y*2},选项]

其中,*f*[*x*,*y*] 是 $x,y$ 的二元函数,*x*1,*x*2 表示 $x$ 的作图范围,*y*1,*y*2 表示 $y$ 的作图范围.

与 *Plot* 命令类似,*Plot3D* 命令有许多选项. 其中常用的如 *PlotPoints* 和 *ViewPoint*. *PlotPoints* 的用法与以前相同. 由于其默认值为 *PlotPoints* -> 15,常常需要增加一些点以使曲面更加精致, 可能要用更多的时间才能完成作图. 选项 *ViewPoint* 用于选择图形的视点(视角),其默认值为 *ViewPoint* -> {1.3, -2.4, 2.0},需要时可以改变视点.

**例 1**　作出函数 $z = \dfrac{4}{1 + x^2 + y^2}$ 的图形.

输入命令

*z*: = 4/(1 + *x*^2 + *y*^2)

*Plot3D*[*z*,{*x*, -2,2},{*y*, -2,2},*PlotPoints* -> 30,*PlotRange* -> {0,4},*BoxRatios* -> {1,1,1}]

则输出函数的图形如图 1 - 31 所示. 观察图形,理解选项 *PlotRange* -> {0,4} 和 *BoxRatios* -> {1,1,1} 的含义. 选项 *BoxRatios* 的默认值是{1,1,0.4}.

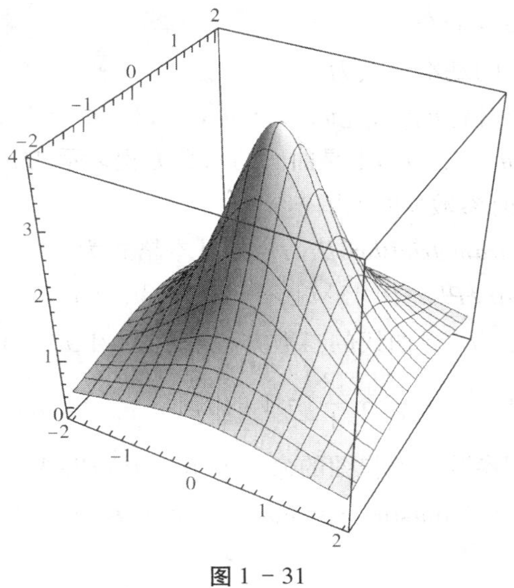


图 1 - 31

**例 2**　作出函数 $z = y^2 - x^2$ 的图形.

输入命令

*Plot3D*[$z = y$^2 - $x$^2, {$x$, -3,3}, {$y$, -3,3}, *PlotPoints* -> 30, *AspectRatio* -> *Automatic*]

或输入命令

*Plot3D*[$y$^2 - $x$^2, {$x$, -3,3}, {$y$, -3,3}, *PlotPoints* -> 30, *AspectRatio* -> *Automatic*]

则输出函数的图形如图 1 - 32 所示.

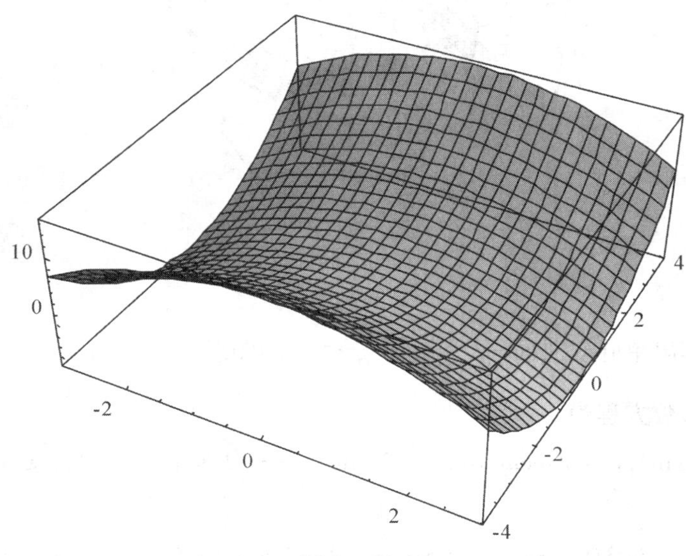


图 1 - 32

2. *ParametricPlot3D* 命令

作曲面时,该命令的基本格式为

*ParametricPlot3D*[{x[u,v],y[u,v],z[u,v]},{u,u1,u2},{v,v1,v2},选项]

其中,x[u,v],y[u,v],z[u,v] 是曲面的参数方程表示式. u1,u2 是作图时参数 $u$ 的范围,v1,v2 是作图时参数 $v$ 的范围.

作空间曲线时,*ParametricPlot3D* 命令的基本格式为

*ParametricPlot3D*[{x[t],y[t],z[t]},{t,t1,t2},选项]

其中,x[t],y[t],z[t] 是曲线的参数方程表示式. t1,t2 是作图时参数 $t$ 的范围.

**例 3**　作出椭球面 $\frac{x^2}{4}+\frac{y^2}{9}+\frac{z^2}{1}=1$ 的图形.

这是多值函数,用参数方程作图的命令 *ParametricPlot3D*. 该曲面的参数方程为

$x=2\sin u\cos v, y=3\sin u\sin v, z=\cos u, (0\leqslant u\leqslant\pi, 0\leqslant v\leqslant 2\pi)$.

输入命令

*ParametricPlot3D*[{2 * Sin[u] * Cos[v],3 * Sin[u] * Sin[v],Cos[u]}, {u,0,Pi},{v,0,2 Pi},*PlotPoints* - > 30]

则输出椭球面的图形如图 1 - 33 所示. 其中选项 *PlotPoints* - > 30 是增加取点的数量,可使图形更加光滑.

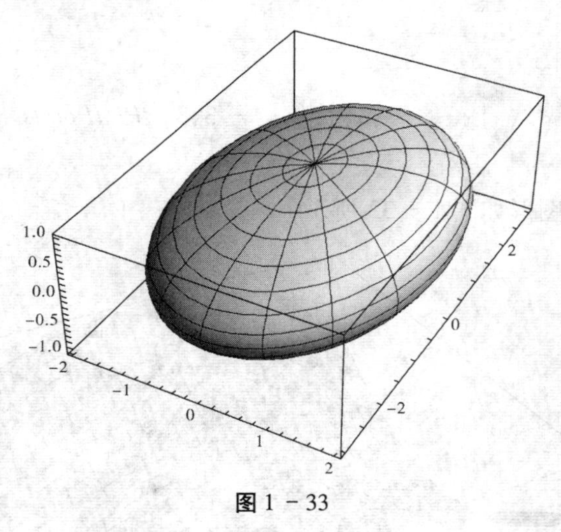


图 1 - 33

**例 4**　作出单叶双曲面 $\frac{x^2}{1}+\frac{y^2}{4}-\frac{z^2}{9}=1$ 的图形.

曲面的参数方程为

$x=\sec u\sin v, y=2\sec u\cos v, z=3\tan u, (-\pi/2<u<\pi/2, 0\leqslant v\leqslant 2\pi)$

输入命令

*ParametricPlot3D*[{Sec[u] * Sin[v],2 * Sec[u] * Cos[v],3 * Tan[u]}, {u, - Pi/4,Pi/4},{v,0,2 Pi},*PlotPoints* - > 30]

则输出单叶双曲面的图形如图 1 - 34 所示.

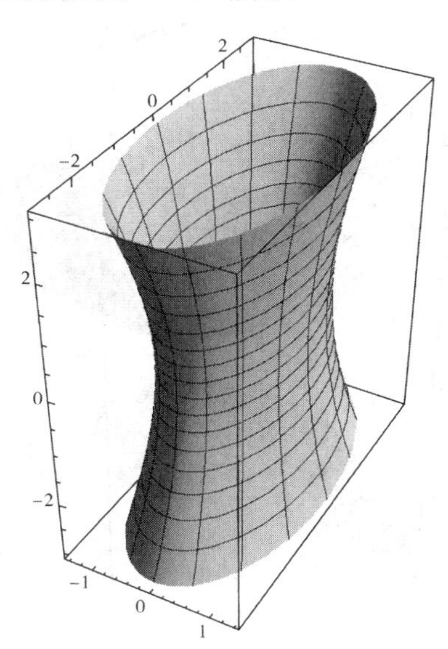

图 1 - 34

**例 5** 作双叶双曲面$\frac{x^2}{1.5^2}+\frac{y^2}{1.4^2}-\frac{z^2}{1.3^2}=-1$的图形.

曲面的参数方程为

$x=1.5\cot u\cos v, y=1.4\cot u\sin v, z=1.3\csc u$,

其中,参数$0<u\leqslant\frac{\pi}{2}$, $-\pi<v<\pi$时,对应双叶双曲面的一叶,参数$-\frac{\pi}{2}\leqslant u<0$, $-\pi<v<\pi$时,对应双叶双曲面的另一叶. 输入命令

*ParametricPlot3D*[{{1.5 * Cot[*u*] * Cos[*v*],1.4 * Cot[*u*] * Sin[*v*],1.3/Sin[*u*]}, {-1.5 * Cot[*u*] * Cos[*v*], -1.4 * Cot[*u*] * Sin[*v*], -1.3/Sin[*u*]}}, {*u*,*Pi*/1000,*Pi*/2},{*v*, -*Pi*,*Pi*}]

输出双叶双曲线的图形如图 1 - 35 所示.

**例 6** 函数$z=xy$的图形是双曲抛物面. 在区域$-2\leqslant x\leqslant 2$, $-2\leqslant y\leqslant 2$上作出它的图形.

输入命令

*Plot3D*[*x* * *y*, {*x*, -2,2}, {*y*, -2,2},*BoxRatios* -> {1,1,2},*PlotPoints* -> 30]

也可以用 *ParametricPlot3D* 命令作出这个图形,输入命令

*ParametricPlot3D*[{*r* * Cos[*t*],*r* * Sin[*t*],*r*^2 * Cos[*t*] * Sin[*t*]},{*r*,0,2}, {*t*,0,2 *Pi*},*PlotPoints* -> 30,*ViewPoint* -> {1.3, -2.4,2.0}]

输出双曲抛物面的图形如图 1 - 36 所示.

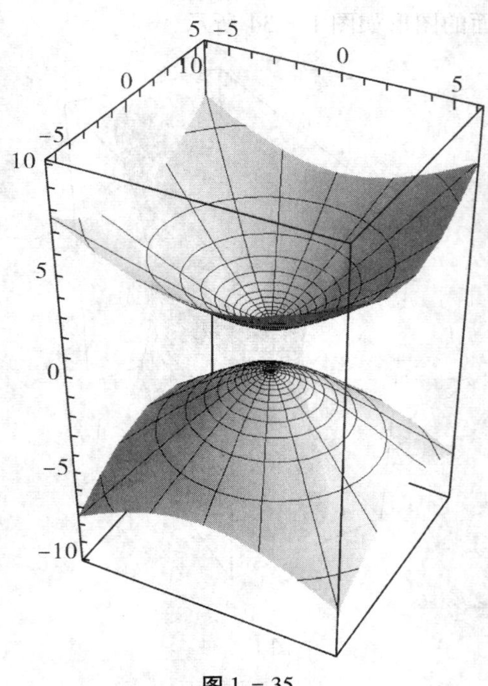


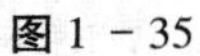
图 1 − 35

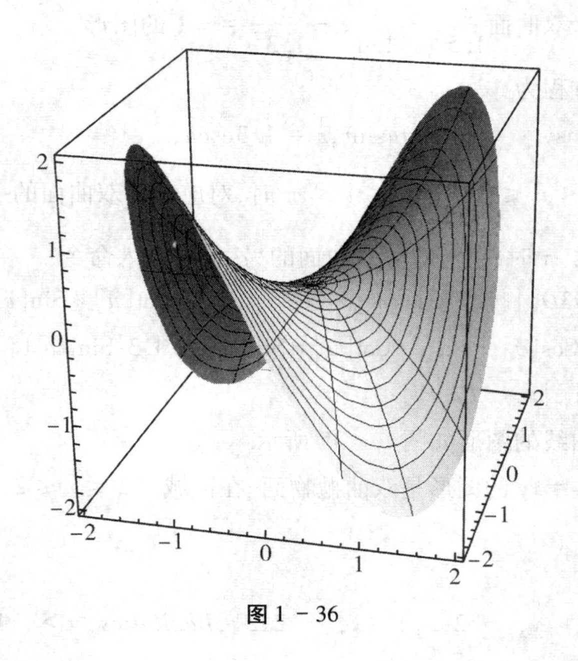


图 1 − 36

## 二、利用 *Mathematica* 求偏导数和全微分

### 1. 求偏导数的命令 D

命令 $D$ 既可以用于求一元函数的导数，也可以用于求多元函数的偏导数. 例如：求 $f(x,y,z)$ 对 $x$ 的偏导数，则输入 $D[f[x,y,z],x]$

求 $f(x,y,z)$ 对 $y$ 的偏导数,则输入 D[f[x,y,z],y]

求 $f(x,y,z)$ 对 $x$ 的二阶偏导数,则输入 D[f[x,y,z],{x,2}]

求 $f(x,y,z)$ 对 $x,y$ 的混合偏导数,则输入 D[f[x,y,z],x,y]

**例 7** 设 $z=(1+xy)^{y}$,求 $\frac{\partial z}{\partial x},\frac{\partial z}{\partial y},\frac{\partial^2 z}{\partial x^2},\frac{\partial^2 z}{\partial x\partial y}$.

输入命令

```
Clear[z];z = (1 + x * y)^y;
D[z,x]
D[z,y]
D[z,{x,2}]
D[z,x,y}]
```

则有输出

$y^2(1+xy)\ -1+y$

$(1+xy)y\left(\frac{xy}{1+xy}+Log[1+xy]\right)$

$(-1+y)y^3(1+xy)\ -2+y$

$2y(1+xy)\ -1+y+y^2(1+xy)\ -1+y(\frac{x(-1+y)}{1+xy}+Log[1+xy])$

2\. 求全微分的命令 Dt

该命令用于求多元函数的全微分时,其基本格式为

Dt[函数表达式]

其输出的表达式中含有 Dt[x],Dt[y] 等,它们分别表示自变量的微分. 若多元函数的表达式中还含有其他用字符表示的常数,则采用选项 Constants -> {代表的常数的符号},就可以得到正确结果,格式如下:

Dt[函数表达式,Constants -> {代表常数的符号}]

**例 8** 设 $z=(a+xy)^{y}$,其中 $a$ 是常数,求 dz.

输入命令

```
Clear[z,a]
z = (a + x * y)^y
wf = Dt[z,Constants -> {a}]//Simplify
```

则输出结果:

$(a+xy)^{y}$

$(a+xy)^{y}(y^2Dt[x,Constants\to\{a\}]+Dt[y,Constants\to\{a\}](xy+(a+xy)Log[a+xy]))$

其中 Dt[x,Constants -> {a}] 就是 dx,Dt[y,Constants -> {a}] 就是 dy. 可以用代换命令“/.”把它们换掉. 则输入命令:

```
wf/. {Dt[x,Constants -> {a}] -> dx,Dt[y,Constants -> {a}] -> dy}
```

则输出结果：

$(a+xy)^{-1+y}(\mathrm{d}xy^2+\mathrm{d}y(xy+(a+xy)Log[a+xy]))$

### 三、利用 *Mathematica* 求二元函数的极值与最值

*FindMaximum*[f, {x, $x_0$}, {y, $y_0$}, …]　求多元函数的一个极大值点和极大值.

*FindMinimum*[f, {x, $x_0$}, {y, $y_0$}, …]　求多元函数的一个极小值点和极小值.

$x_0, y_0$ 是变量 $x, y$ 的初始值,该命令表示寻找$(x_0, y_0)$附近的极大值或极小值.

*Maximize*[f, {x, y, …}]　求自变量为 $x, y, \cdots$ 的函数 $f$ 的最大值.

*Maximize*[{f, cons}, {x, y, …}]　求函数 $f$ 满足条件 *cons* 时的最大值.

*Minimize*[f, {x, y, …}]　求自变量为 $x, y, \cdots$ 的函数 $f$ 的最小值.

*Minimize*[{f, cons}, {x, y, …}]　求函数 $f$ 满足条件 *cons* 时的最小值.

**例 9**　设 $f(x,y)=x^3-y^3+3x^2+3y^2-9x$,求点(0,0)附近的一个极大值和极小值.

输入命令

```
Clear[f];
f[x_,y_] = x^3 - y^3 + 3x^2 + 3y^2 - 9x;
FindMaximum[f[x,y],{{x,0},{y,0}}]
FindMinimum[f[x,y],{{x,0},{y,0}}]
```

则分别输出结果

{27., {x → -3., y → 0.}}

{-5., {x → 1., y → 0.}}

表示在 $f(-3,0)=27$ 是 $f(x,y)$ 在(0,0)的某邻域内的一个极大值,$f(1,0)=-5$ 则是 $f(x,y)$ 在该邻域内的一个极小值.

**例 10**　求函数 $z=x^2+y^2$ 在条件 $x^2+y^2+x+y-1=0$ 下的极值.

输入命令

```
Maximize[{x^2 + y^2, x^2 + y^2 + x + y - 1 = 0}, {x, y}]
```

输出结果

$\{2+\sqrt{3},\{x\to\frac{1}{2}(-1-\sqrt{3}),y\to\frac{1}{2}(1-\sqrt{3})\}\}$

输入命令

```
Minimize[{x^2 + y^2, x^2 + y^2 + x + y - 1 = 0}, {x, y}]
```

输出结果

$\{2-\sqrt{3},\{x\to\frac{1}{2}(-1+\sqrt{3}),y\to\frac{1}{2}(-1+\sqrt{3})\}\}$

### 四、利用 *Mathematica* 求最小二乘拟合

在许多情况下,用户可能想要找到对给定数据集达到最佳拟合的公式. 在

*Mathematica* 中要实现这一目的一种方法是使用 *Fit* 命令.

命令格式:

*Fit*[{*f*1, *f*2,…},{*fun*1, *fun*2,…},*x*]

**例 11** 为研究某一化学反应过程中温度 $x$(°C) 对产品得率 $y$(%) 的影响,测得数据如表 1 - 11 所示:

**表 1 - 11**

| $x$ | 100 | 110 | 120 | 130 | 140 | 150 | 160 | 170 | 180 | 190 |
|---|---|---|---|---|---|---|---|---|---|---|
| $y$ | 45 | 51 | 54 | 61 | 66 | 70 | 74 | 78 | 85 | 89 |

试求其拟合曲线.

作散点图,输入命令

```
b2 = {{100,45},{110,51},{120,54},{130,61},{140,66},
{150,70},{160,74},{170,78},{180,85},{190,89}};
ListPlot[b2,AxesLabel → {x,y},AxesStyle → Directive[15,Arrowheads[0.02],
Blue],AspectRatio → Automatic]
```

则输出题设数据的散点图如图 1 - 37 所示:

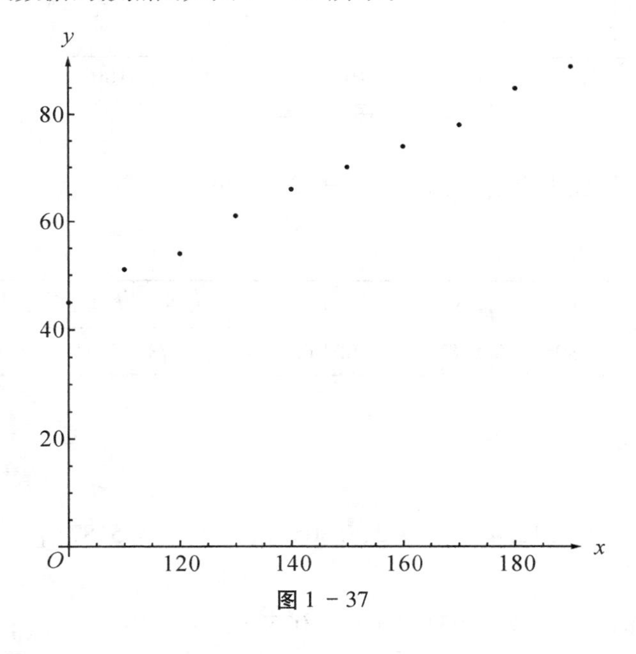


**图 1 - 37**

通过观察发现散点基本位于一条直线附近,可用直线拟合. 输入命令

```
ff = Fit[b2,{1,x},x]   (* 用 Fit 作拟合,这里是线性拟合 *)
```

则输出拟合直线

$$-2.73939+0.48303x$$

作图观察拟合效果. 再输入命令

*Show*[*ListPlot*[*b*2,*AxesLabel* → {*x*,*y*},*AxesStyle* → *Directive*[15,*Arrowheads*[0.02],*Blue*],*AspectRatio* → *Automatic*],

*Plot*[*ff*,{*x*,100,190},*PlotStyle* → {*RGBColor*[1,0,0]}]]

则输出平面上的点与拟合抛物线的图形如图 1 - 38 所示.

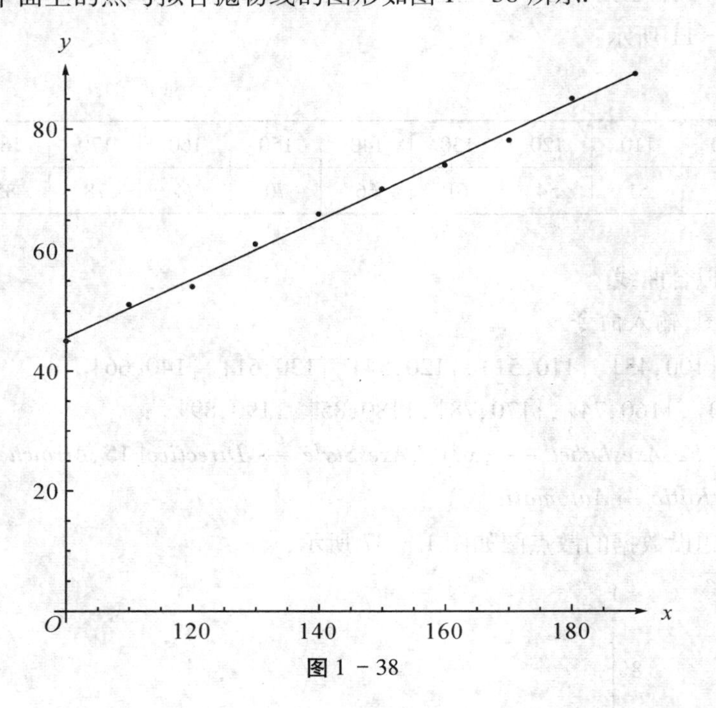


图 1 - 38

**例 12**　给定平面上点的坐标如表 1 - 12 所示.

表 1 - 12

| *x* | 0.1 | 0.2 | 0.3 | 0.4 | 0.5 | 0.6 | 0.7 | 0.8 | 0.9 |
|---|---|---|---|---|---|---|---|---|---|
| *y* | 5.1234 | 5.3057 | 5.5687 | 5.9378 | 6.4337 | 7.0978 | 7.9493 | 9.0253 | 10.3627 |

试求其拟合曲线.

输入命令

*data* = {{0.1,5.1234}, {0.2,5.3057}, {0.3,5.5687}, {0.4,5.9378}, {0.5,6.4337},

{0.6,7.0978},{0.7,7.9493},{0.8,9.0253},{0.9,10.3627}};

*ListPlot*[*data*,*AxesLabel* → {*x*,*y*},*AxesStyle* → *Directive*[15,*Arrowheads*[0.02],*Blue*],*AspectRatio* → 1]

则输出题设数据的散点图如图 1 - 39 所示：

观察发现这些点位于一条抛物线附近. 用抛物线拟合，即取基底函数 $1,x,x^2$.

输入命令

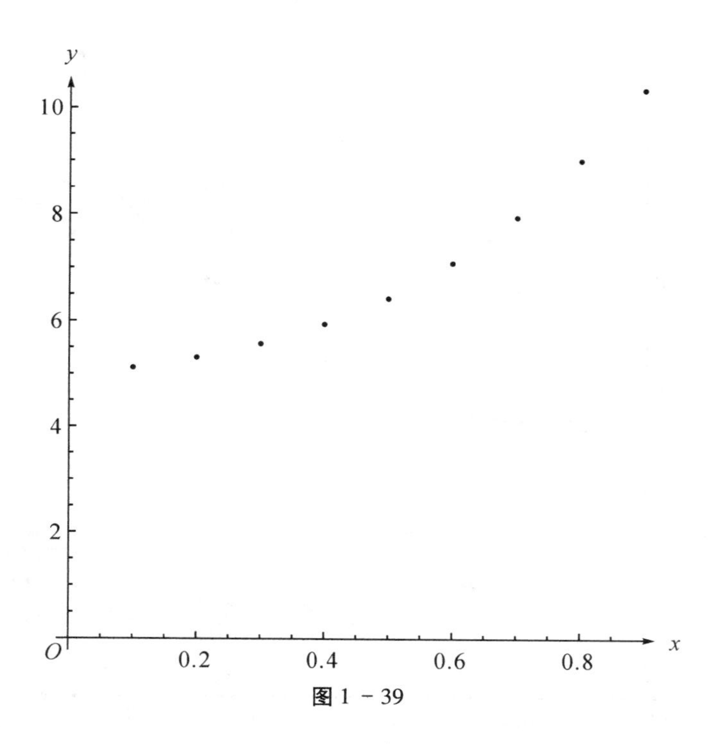


图 1 - 39

*ff* = *Fit*[*data*, {1,*x*,*x*^2},*x*]

则输出结果

$5.30661 - 1.83196x + 8.17149x^2$

再输入命令

*Show*[*ListPlot*[*data*,*AxesLabel* → {*x*,*y*},*AxesStyle* → *Directive*[15, *Arrowheads*[0.02],*Blue*],*AspectRatio* → 1],*Plot*[*ff*, {*x*,0,1},*PlotStyle* → {*RGBColor*[1,0,0]}]]

则输出平面上的点与拟合抛物线的图形如图 1 - 40 所示：

下面的例子说明 *Fit* 的第二个参数中可以使用复杂的函数，而不限于 $1,x,x^2$ 等.

**例 13** 使用初等函数的组合进行拟合的例子.

先计算一个数表. 输入命令

*ft* = *Table*[*N*[1 + 2*Exp*[ - *x*/3]],{*x*,10}]

则输出结果

{2.43306,2.02683,1.73576,1.52719,1.37775,
1.27067,1.19394,1.13897,1.09957,1.07135}

然后用基函数 1, sin*x*, exp( - *x*/3), exp( - *x*) 来作曲线拟合. 输入命令

*Fit*[*ft*,{1,Sin[*x*],*Exp*[ - *x*/3],*Exp*[ - *x*]},*x*]

则输出拟合函数

$1. - 4.44089 \times 10^{-15}e^{-x} + 2.\,e^{-x/3} + 2.22045 \times 10^{-16}\text{Sin}[x]$

其中有些基函数的系数非常小，可将它们删除. 输入命令

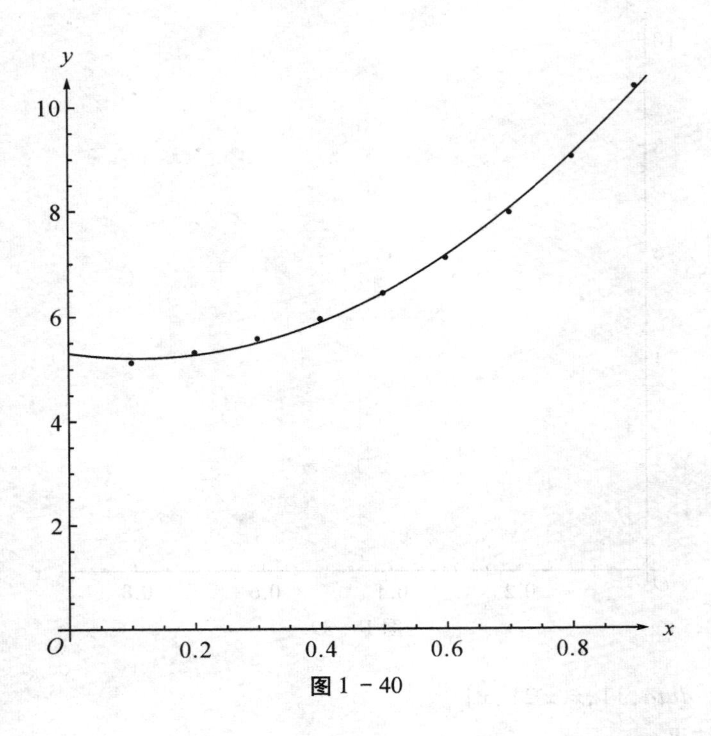


图 1 - 40

*Chop*[ % ]

则输出结果

1. + 2. $e^{-x/3}$

实际上,我们正是用这个函数做的数表.

注:命令 *Chop* 的基本格式为

$$Chop[expr,\delta]$$

其含义是去掉表达式 *expr* 的系数中绝对值小于 $\delta$ 的项,$\delta$ 的默认值为$10^{-10}$.

## 习题 1 - 8

1. 用 *Plot3D* 命令作出函数 $z = -\cos 2x\sin 3y(-3 \leqslant x \leqslant 3, -3 \leqslant y \leqslant 3)$ 的图形,采用选项 *PlotPoints* - > 40.

2. 作出函数 $z = \sin(\pi\sqrt{x^2+y^2})$ 的图形.

3. 用 *Plot3D* 命令作出函数 $z = e^{-(x^2+y^2)/8}(\cos^2 x + \sin^2 y)$ 在 $-\pi \leqslant x \leqslant \pi, -\pi \leqslant y \leqslant \pi$ 上的图形,采用选项 *PlotPoints* - > 60.

4. 二元函数 $z = \dfrac{xy}{x^2+y^2}$ 在点(0,0) 处不连续,用 *Plot3D* 命令作出在区域 $-2 \leqslant$

$x \leqslant 2$, $-2 \leqslant y \leqslant 2$ 上的图形(采用选项 *PlotPoints* -> 40). 观察曲面在(0,0) 附近的变化情况.

5. 一个环面的参数方程为

$$x = (3+\cos u)\cos v, y = (3+\cos u)\sin v, z = \sin u \ (0 \leqslant u \leqslant 2\pi, 0 \leqslant v \leqslant 2\pi),$$

试用命令 *ParametricPlot3D* 作出它的图形.

6. 一个称作正螺面的曲面的参数方程为

$$x = u\cos v, y = u\sin v, z = v/3 \ (-1 \leqslant u \leqslant 1, 0 \leqslant v \leqslant 8),$$

试用命令 *ParametricPlot3D* 作出它的图形.

7. 用命令 *Plot3D* 作双曲抛物面 $z = \frac{x^2}{1} - \frac{y^2}{4}$,其中 $-6 \leqslant x \leqslant 6$, $-14 \leqslant y \leqslant 14$(用选项 *BoxRatios* -> {1,1,1},*PlotPoints* -> 30).

8. 用命令 *ParametricPlot3D* 作出圆柱面 $x^2+y^2=1$ 和圆柱面 $x^2+z^2=1$ 相交的图形.

9. 用命令 *ParametricPlot3D* 作出抛物柱面 $x=y^2$ 和平面 $x+z=1$ 相交的图形.

10. 用命令 *ParametricPlot3D* 作出圆柱面 $x^2+y^2=1$ 和圆柱面 $x^2+z^2=1$ 相交所成的空间曲线在第一封限内的图形.

11. 用命令 *ParametricPlot3D* 作出球面 $x^2+y^2+z^2=2^2$ 和柱面 $(x-1)^2+y^2=1$ 相交所成的空间曲线的图形.

12. 设 $z = e^{\frac{y}{x}}$,求 dz.

13. 设 $z = f(xy,y)$,求$\frac{\partial^2 z}{\partial x^2}, \frac{\partial^2 z}{\partial y^2}, \frac{\partial^2 z}{\partial x \partial y}$.

14. 设 $g(x,y) = e^{-(x^2+y^2)/8}(\cos^2 x + \sin^2 y)$,求$\frac{\partial z}{\partial x}, \frac{\partial z}{\partial y}, \frac{\partial^2 z}{\partial x \partial y}$.

15. 求 $z = x^2+4y^3$ 在 $x^2+4y^2-1=0$ 条件下的极值.

## 习题一

### 第一部分　判断是非题

1. $z_1 = \ln[x(x-y)]$ 与 $z_2 = \ln x + \ln(x-y)$ 表示的是同一个函数. (　　)

2. 若 $\lim\limits_{y=kx\to 0} f(x,y) = A$,对于任意的 $k$ 都成立,则必有$\lim\limits_{\substack{x\to 0\\ y\to 0}} f(x,y) = A$. (　　)

3. 若 $\lim\limits_{y=kx\to 0} f(x,y) = \varphi(k) \neq c$,则必定不存在$\lim\limits_{\substack{x\to 0\\ y\to 0}} f(x,y)$. (　　)

4. 若两个累次极限$\lim\limits_{x\to x_0}\lim\limits_{y\to y_0} f(x,y)$ 及$\lim\limits_{y\to y_0}\lim\limits_{x\to x_0} f(x,y)$ 都存在,则必有$\lim\limits_{x\to x_0}\lim\limits_{y\to y_0} f(x,y) =$

$\lim\limits_{y\to y_0}\lim\limits_{x\to x_0}f(x,y)$.(　　)

5. 若$\lim\limits_{x\to x_0}\lim\limits_{y\to y_0}f(x,y)=\lim\limits_{y\to y_0}\lim\limits_{x\to x_0}f(x,y)=A$,其中$A$为常数,则必有$\lim\limits_{\substack{x\to x_0\\y\to y_0}}f(x,y)=A$.(　　)

6. 若$z=f(x,y)$在$P(x_0,y_0)$点处连续,则必有$\lim\limits_{\substack{x\to x_0\\y\to y_0}}f(x,y)$存在.(　　)

7. 运算$\lim\limits_{\substack{x\to 0\\y\to 0}}\dfrac{xy}{x+y}=\lim\limits_{\substack{x\to 0\\y\to 0}}\dfrac{1}{\dfrac{1}{y}+\dfrac{1}{x}}=0$是否正确?(　　)

8. 若$\lim\limits_{\substack{x\to x_0\\y\to y_0}}f(x,y)=f(x_0,y_0)$,则称$z=f(x,y)$在$(x_0,y_0)$点连续.(　　)

9. 若$\lim\limits_{\substack{x\to x_0\\y\to y_0}}f(x,y)$不存在.则$z=f(x,y)$在点$(x_0,y_0)$间断.(　　)

10. 若函数$z=f(x,y)$在$(x_0,y_0)$有定义,且$\lim\limits_{\substack{x\to x_0\\y\to y_0}}f(x,y)$存在,则$z=f(x,y)$在$(x_0,y_0)$点连续.(　　)

11. 有界闭区域$D$上的二元函数$z=f(x,y)$一定有最大值和最小值.(　　)

12. $f_x(x_0,y_0)=3$,则曲线$z=f(x,y_0)$在$P_0(x_0,y_0)$处的法线斜率为$-\dfrac{1}{3}$.(　　)

13. 若$f_x(x_0,y_0)$,$f_y(x_0,y_0)$存在,则$z=f(x,y)$在$P_0(x_0,y_0)$点连续.(　　)

14. 若$f_x(x_0,y_0)$,$f_y(x_0,y_0)$存在,则$z=f(x,y)$在$P_0(x_0,y_0)$点可微.(　　)

15. 若$P_0(x_0,y_0)$是$z=f(x,y)$的极值点,则$f_x(x_0,y_0)=0$,$f_y(x_0,y_0)=0$.(　　)

16. 若在点$P_0(x_0,y_0)$有$f_x(x_0,y_0)=0$,$f_y(x_0,y_0)=0$,则$P_0(x_0,y_0)$是$z=f(x,y)$极值点.(　　)

17. 如果方程$F(x,y,z)=0$可以唯一确定一个具有偏导数的二元函数$z=f(x,y)$,则$\dfrac{\partial z}{\partial x}=-\dfrac{F_x(x,y)}{F_z(x,y)}$,$\dfrac{\partial z}{\partial x}=-\dfrac{F_y(x,y)}{F_z(x,y)}$.(　　)

18. 若$z=f(x,y)$在闭区域$D$上连续,则$\dfrac{\partial^2 z}{\partial x\partial y}=\dfrac{\partial^2 z}{\partial y\partial x}$.(　　)

19. 若$z=f(u,v)$,$u=\varphi(x,y)$,$v=\psi(x,y)$,则$\dfrac{\partial z}{\partial x}=\dfrac{\partial z}{\partial u}\cdot\dfrac{\partial u}{\partial x}+\dfrac{\partial z}{\partial v}\cdot\dfrac{\partial v}{\partial x}$.(　　)

20. 函数$z=f(x,y)$在点$(x_0,y_0)$处可微的充分条件是$f(x,y)$在点$(x_0,y_0)$处存在偏导数.(　　)

21. 若在点$P_0(x_0,y_0)$处有$f_x(x_0,y_0)=2$,则曲面$z=f(x,y)$与平面$y=y_0$的交线在点$P_0(x_0,y_0)$处的切线关于$x$轴的斜率为2.(　　)

22. 若$z=f(x,y)$在点$(x,y)$处可微,则函数$z=f(x,y)$在点$(x,y)$处必可导,且

全微分为 $dz = \frac{\partial z}{\partial x}\Delta x + \frac{\partial z}{\partial y}\Delta y$.(　　)

23. 若 $z = f(x,y)$ 在 $P_0(x_0,y_0)$ 处有极值,且 $f_x(x_0,y_0)$,$f_y(x_0,y_0)$ 都存在.则 $f_x(x_0,y_0) = 0$, $f_y(x_0,y_0) = 0$.(　　)

24. 若 $z = f(x,y)$ 在点 $(x,y)$ 关于 $x,y$ 的偏导函数连续,则 $z = f(x,y)$ 在点 $(x,y)$ 可微.(　　)

25. 若 $f(x+y,\frac{y}{x}) = x^2 - y^2$,则 $f(x,y) = x^2\frac{1-y}{1+y}$.(　　)

26. 二元函数 $z = x^2 + y^3$ 的偏导数 $\frac{\partial z}{\partial x} = 2x$, $\frac{\partial z}{\partial y} = 3y^2$ 均为一元函数.(　　)

27. 若 $z = f(x^2 + y^2)$,则 $y\frac{\partial z}{\partial x} - x\frac{\partial z}{\partial y} = 0$.(　　)

28. 若对于 $z = f(x,y)$,当把 $y$ 看作常数时,$z$ 为 $x$ 的连续函数;又当把 $x$ 看作常数时,$z$ 为 $y$ 的连续函数.则 $z = f(x,y)$ 一定是连续函数.(　　)

29. 若 $z = f(x,y)$ 在 $P_0(x_0,y_0)$ 点可微分,则 $z = f(x,y)$ 在 $P_0(x_0,y_0)$ 点必连续.(　　)

30. 若 $z = f(x,y)$ 在 $P_0(x_0,y_0)$ 点有二阶偏导数,则 $z = f(x,y)$ 在 $P_0(x_0,y_0)$ 点必有一阶连续偏导数.(　　)

31. 若 $z = f(x,y)$ 在 $P_0(x_0,y_0)$ 点可微分,则 $z = f(x,y)$ 在 $P_0(x_0,y_0)$ 点必存在连续偏导数.(　　)

32. 若函数 $z = f(x,y)$ 在 $(x_0,y_0)$ 有定义,$\lim\limits_{\substack{x\to x_0\\y\to y_0}} f(x,y)$ 存在且 $\lim\limits_{\substack{x\to x_0\\y\to y_0}} f(x,y) = f(x_0,y_0)$,则 $z = f(x,y)$ 在 $(x_0,y_0)$ 点连续.(　　)

33. 有界闭区域 $D$ 上连续的二元函数 $z = f(x,y)$ 一定有最大值和最小值.(　　)

## 第二部分　单项选择题

1. 过点 $(1,-3,2)$,且与 $xoz$ 平面平行的平面方程为(　　).

(A) $x - 3y + 2z = 0$　　(B) $x = 1$

(C) $y = -3$　　(D) $z = 2$

2. 函数 $f(x,y) = \sqrt{x+y} + \frac{1}{\sqrt{1-x^2-y^2}}$ 的定义域为图1-41(　　)中的阴影部分.

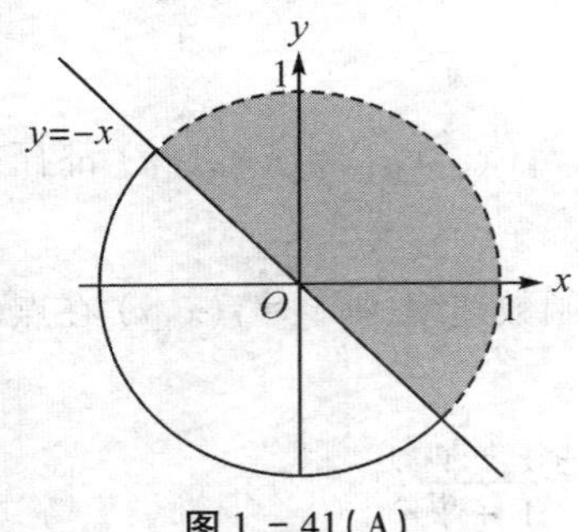

图 1 - 41(A)

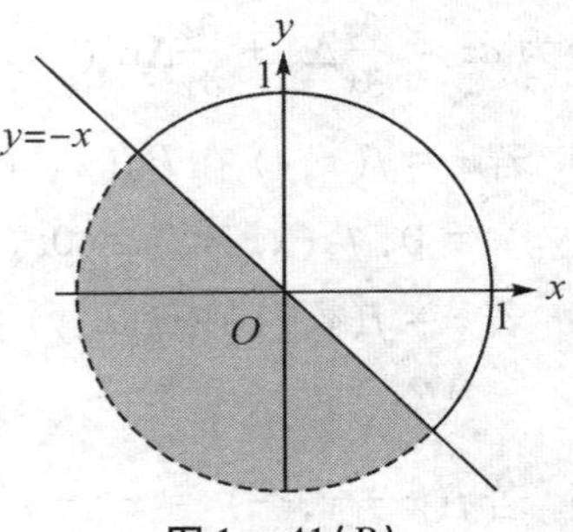

图 1 - 41(B)

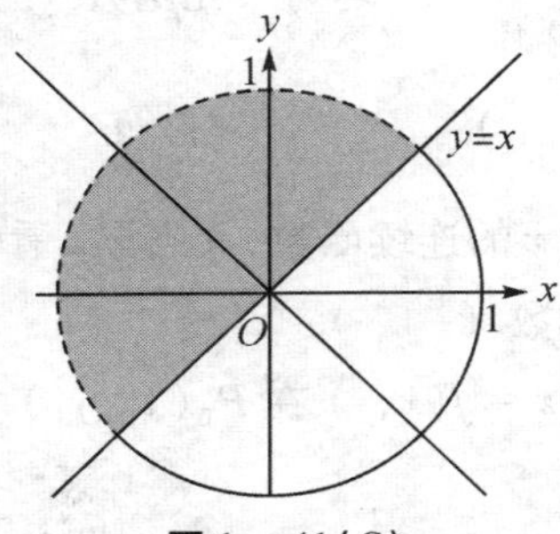

图 1 - 41(C)

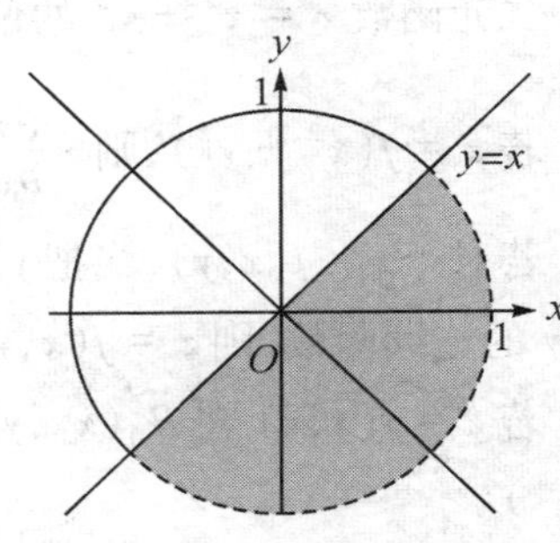

图 1 - 41(D)

3. 设函数 $z=f(x,y)$ 的定义域为 $D=\{(x,y)\mid 0\leqslant x\leqslant 1,0\leqslant y\leqslant 1\}$，则函数 $f(x^2,y^2)$ 的定义域为(　　).

(A) $\{(x,y)\mid 0\leqslant x\leqslant 1,0\leqslant y\leqslant 1\}$

(B) $\{(x,y)\mid -1\leqslant x\leqslant 1,0\leqslant y\leqslant 1\}$

(C) $\{(x,y)\mid 0\leqslant x\leqslant 1,-1\leqslant y\leqslant 1\}$

(D) $\{(x,y)\mid -1\leqslant x\leqslant 1,-1\leqslant y\leqslant 1\}$

4. 设 $z=y\sin xu,u=\dfrac{x}{\sqrt{y}}$，则 $\dfrac{\partial z}{\partial y}=$(　　).

(A) $\sin xu-\dfrac{x}{2\sqrt{y}}\sin xu$　　(B) $\sin xu-\dfrac{x^2}{2\sqrt{y}}\cos xu$

(C) $-\dfrac{x}{2\sqrt{y^3}}\sin xu$　　(D) $\dfrac{x}{2\sqrt{y^3}}\cos xu$

5. 函数 $z=\sqrt{1-x^2-y^2}$ 的定义域为(　　).

(A) $\{(x,y)\mid x^2+y^2\leqslant 1\}$　　(B) $\{(x,y)\mid x^2+y^2>1\}$

(C) $\{(x,y)\mid x^2+y^2\geqslant 1\}$　　(D) $\{(x,y)\mid 0<x^2+y^2<1\}$

6. 假设下列各偏导数都存在，则 $\lim\limits_{\Delta y\to 0}\dfrac{f(x_0,y_0+\Delta y)-f(x_0,y_0)}{\Delta y}=$(　　).

(A) $f_x(x_0,y_0)$　　(B) $f_x(x,y)$

(C) $f_y(x_0,y_0)$　　(D) $f_y(x,y)$

7. 设$f(x,y)=\begin{cases}\dfrac{xy}{x^2+y^2},x^2+y^2\neq 0\\ 0,x^2+y^2=0\end{cases}$在点$(0,0)$处(　　).

(A) 连续且偏导数存在　　(B) 连续但偏导数不存在

(C) 不连续且偏导数不存在　　(D) 不连续但偏导数存在

8. 一阶偏导数$f_x(x,y)$及$f_y(x,y)$存在且连续是函数$z=f(x,y)$可微的(　　)条件.

(A) 充分条件而非必要条件　　(B) 必要条件而非充分条件

(C) 充分必要条件　　(D) 既非充分条件又非必要条件

9. 二元函数$z=f(x,y)$在点$(x_0,y_0)$处两个偏导数$f'_x(x_0,y_0)$和$f'_y(x_0,y_0)$存在,是$z=f(x,y)$在该点连续的(　　)条件.

(A) 充分条件而非必要条件　　(B) 必要条件而非充分条件

(C) 充分必要条件　　(D) 既非充分条件又非必要条件

10. 设$z=f(x,y)$在$(x_0,y_0)$点的偏导数存在,则$f'_x(x_0,y_0)=$(　　).

(A) $\lim\limits_{\Delta x\to 0}\dfrac{f(x_0+\Delta x,y_0+\Delta y)-f(x_0,y_0)}{\Delta x}$

(B) $\lim\limits_{\Delta x\to 0}\dfrac{f(x_0+\Delta x,y_0)-f(x_0,y_0)}{\Delta x}$

(C) $\lim\limits_{x\to x_0}\dfrac{f(x,y)-f(x_0,y_0)}{x-x_0}$

(D) 以上结果都不对

11. 下列说法正确的是(　　).

(A) 若$f_x(x_0,y_0)$及$f_y(x_0,y_0)$存在,则$f(x,y)$在点$(x_0,y_0)$连续.

(B) 若$f(x,y)$在点$(x_0,y_0)$连续,则$f(x,y)$在该点$(x_0,y_0)$可微.

(C) 若$f(x,y)$在点$(x_0,y_0)$可微,则$f(x,y)$在点$(x_0,y_0)$连续.

(D) 若$f(x,y)$在点$(x_0,y_0)$可微,则$f(x,y)$在点$(x_0,y_0)$偏导数存在且连续.

12. 下列结论正确的是(　　).

(A) 连续则偏导数存在　　(B) 两个偏导数存在则函数必连续

(C) 偏导数存在则函数必可微　　(D) 可微一定连续

13. $f(x,y)$在点$(x,y)$可微是$f(x,y)$在该点连续的(　　)条件.

(A) 充分条件而非必要条件　　(B) 必要条件而非充分条件

(C) 充分必要条件　　(D) 既非充分条件又非必要条件

14. $z=f(x,y)$的两个二阶混合偏导数$\dfrac{\partial^2 z}{\partial x\partial y}$及$\dfrac{\partial^2 z}{\partial y\partial x}$在区域$D$内连续是这两个二阶混合偏导数在$D$内相等的(　　)条件.

(A) 充分条件而非必要条件　　(B) 必要条件而非充分条件

(C) 充分必要条件　　(D) 既非充分条件又非必要条件

15. 设 $f(x,y)$ 在 $(x_0,y_0)$ 处偏导数存在，则 $f(x,y)$ 在该点(　　).

(A) 极限存在　　(B) 连续

(C) 可微　　(D) 以上结论均不成立

16. 函数 $f(x,y) = \sqrt{4-x^2-y^2}$ 在 $(0,0)$ 处(　　).

(A) 取最大值　　(B) 取最小值

(C) 不是驻点　　(D) 无意义

17. $\lim\limits_{(x,y)\to(0,2)} \dfrac{\sin xy}{x} =$ (　　).

(A) 0　　(B) 1

(C) 2　　(D) 不存在

18. 函数 $z = x^y$ 的全微分为(　　)

(A) 0　　(B) $dz = yx^{y-1}dx + x^y \ln x dy$

(C) $dz = x^y dx + y^x dy$　　(D) 以上都不对

19. $f(x,y)$ 在 $(x_0,y_0)$ 处有极值，则(　　)

(A) $f_x(x_0,y_0) = 0, f_y(x_0,y_0) = 0$

(B) $(x_0,y_0)$ 是定义域内唯一驻点，则必为最大值，且 $f_{xx}(x_0,y_0) < 0$

(C) $f_{xx}(x_0,y_0) \cdot f_{yy}(x_0,y_0) - f_{xy}^2(x_0,y_0) > 0$

(D) 以上结论都不对

20. 设方程 $F(x,y,z) = 0$ 可以确定具有连续偏导的函数 $z = f(x,y)$，则 $\dfrac{\partial z}{\partial x} =$ (　　)

(A) $\dfrac{\partial z}{\partial x} = \dfrac{F_x}{F_y}$　　(B) $\dfrac{\partial z}{\partial x} = \dfrac{F_z}{F_x}$

(C) $\dfrac{\partial z}{\partial x} = -\dfrac{F_x}{F_z}$　　(D) $\dfrac{\partial z}{\partial x} = -\dfrac{F_x}{F_y}$

21. 设 $f(x,y) = x^{100}y$，则 $\dfrac{\partial^{110} f(x,y)}{\partial x^{110}} =$ (　　)

(A) 0　　(B) 1

(C) $x$　　(D) 不存在

22. 用拉格朗日乘数法求函数 $z = f(x,y)$ 在条件 $\varphi(x,y) = 0$ 限制下的极值时，其拉格朗日函数为(　　).

(A) $L(x,y,\lambda) = f(x,y) + \varphi(x,y)$　　(B) $L(x,y,\lambda) = f(x,y) + \lambda\varphi(x,y)$

(C) $L(x,y,\lambda) = \lambda f(x,y) + \varphi(x,y)$　　(D) $L(x,y,\lambda) = \lambda f(x,y)\varphi(x,y)$

23. 设方程 $xyz + \sqrt{x^2+y^2+z^2} = \sqrt{2}$ 确定了可微分函数 $z = z(x,y)$，则 $z(x,y)$ 在点 $(1,0,-1)$ 处的全微分 $dz =$ (　　).

(A) $dx + \sqrt{2}dy$　　(B) $-dx + \sqrt{2}dy$

(C) $dx - \sqrt{2}dy$　　(D) $-dx - \sqrt{2}dy$

24. 求函数 $f(x,y) = x^3 - y^3 + 3x^2 + 3y^2 - 9x$ 的极值，得驻点之一 $(1,0)$，此点是(　　).

(A) 极大值点　　(B) 极小值点

(C) 不是极值点　　(D) 不能确定

25. 函数 $z = \ln(1 - x - y)$ 的定义域为(　　).

(A) $\{(x,y) \mid 0 < x + y < 1\}$　　(B) $\{(x,y) \mid 0 \leqslant x + y < 1\}$

(C) $\{(x,y) \mid x + y < 1\}$　　(D) $\{(x,y) \mid x + y \leqslant 1\}$

26. 函数 $z = \ln[x\ln(y - x)]$ 的定义域为(　　).

(A) $\{(x,y) \mid y > x, x > 0\}$　　(B) $\{(x,y) \mid x > 0, y > x + 1\}$

(C) $\{(x,y) \mid x < 0, 0 < y < x + 1\}$　　(D) 以上都不对

27. 函数 $z = \dfrac{1}{\sin x \sin y}$ 的所有间断点是(　　).

(A) $x = y = 2k\pi (k = 1,2,3,\cdots)$　　(B) $x = y = k\pi (k = 1,2,3,\cdots)$

(C) $x = y = k\pi (k \in Z)$　　(D) $x = m\pi, y = k\pi (m \in Z, k \in Z)$

28. $\lim\limits_{\substack{x\to 0\\ y\to 0}} \dfrac{\tan(xy^2)}{y} = $ (　　).

(A) 1　　(B) $\infty$

(C) 0　　(D) 不存在

29. $\lim\limits_{\substack{x\to 0\\ y\to 0}} \dfrac{x + y}{x - y} = $ (　　).

(A) 0　　(B) 1

(C) 不存在　　(D) $\infty$

30. 函数 $z = \sin(x^2 + y)$ 在点 $(0,0)$ 处(　　).

(A) 无定义　　(B) 无极限

(C) 有极限，但不连续　　(D) 连续

31. 函数 $f(x,y) = \begin{cases} \dfrac{xy}{x^2 + y^2}, & x^2 + y^2 \neq 0 \\ 0, & x^2 + y^2 = 0 \end{cases}$ 在点 $(0,0)$ 处间断是因为(　　).

(A) 在点 $(0,0)$ 无定义　　(B) 在点 $(0,0)$ 无极限

(C) 在点 $(0,0)$ 处极限存在，但在该点无定义

(D) 在点 $(0,0)$ 处的极限存在，但不等于它的函数值

32. 设 $z = f(x,y)$ 在点 $(x_0,y_0)$ 处连续，则(　　).

(A) $z = f(x,y_0)$ 与 $z = f(x_0,y)$ 分别在 $x = x_0$ 与 $y = y_0$ 处一定连续

(B) $z = f(x,y_0)$ 在 $x = x_0$ 与 $z = f(x_0,y)$ 在 $y = y_0$ 处都不一定连续

(C) $z = f(x,y_0)$ 在 $x = x_0$ 与 $z = f(x_0,y)$ 在 $y = y_0$ 处都不连续

(D) $z=f(x,kx)$ 在 $x=x_0$ 处一定连续

33. 二元函数 $z=f(x,y)$ 在点 $(x_0,y_0)$ 处可导(指偏导数存在)与可微分的关系是(　　).

(A) 可导必可微分　　(B) 可导不一定可微分

(C) 可微必可导　　(D) 可微不一定可导

34. 二元函数 $z=f(x,y)$ 在点 $(x_0,y_0)$ 处可导(指偏导数存在)是函数在点 $(x_0,y_0)$ 可微分的(　　).

(A) 充分条件　　(B) 必要条件

(C) 充要条件　　(D) 以上都不对

35. 二元函数 $z=f(x,y)$ 在点 $(x_0,y_0)$ 处可导,下列结论成立的是(　　).

(A) 可微分 $\Leftrightarrow$ 可导(批偏导数存在)

(B) 可微分 $\Rightarrow$ 可导 $\Rightarrow$ 连续

(C) 可微分 $\Rightarrow$ 可导,或可微分 $\Rightarrow$ 连续,但可导不一定连续

(D) 可导 $\Rightarrow$ 连续,但不一定可微分

36. 若 $\left.\frac{\partial f}{\partial x}\right|_{(x_0,y_0)}=0,\left.\frac{\partial f}{\partial y}\right|_{(x_0,y_0)}=0$,则 $f(x,y)$ 在点 $(x_0,y_0)$ 处(　　).

(A) 连续且可微分　　(B) 连续但不一定可微分

(C) 可微分但不一定连续　　(D) 不一定可微分也不一定连续

37. 设 $f(x,y)$ 在点 $(x_0,y_0)$ 处的偏导数存在,

则 $\lim\limits_{x\to0}\frac{f(x_0+x,y_0)-f(x_0-x,y_0)}{x}=$(　　).

(A) $f_x(x_0,y_0)$　　(B) $f_y(2x_0,y_0)$

(C) $2f_x(x_0,y_0)$　　(D) $\frac{1}{2}f_x(x_0,y_0)$

38. 设 $f(x,y)=\ln\left(x+\frac{y}{2x}\right)$,则 $f_y(1,0)=$(　　).

(A) 1　　(B) $\frac{1}{2}$

(C) 2　　(D) 0

39. 设 $f\left(x+y,\frac{y}{x}\right)=x^2-y^2$,则 $f(x,y)=$(　　).

(A) $\frac{x^2(1+y)}{1-y}$　　(B) $\frac{x^2(1-x)}{1+x}$

(C) $\frac{x^2(1-y)}{1+y}$　　(D) 以上都不对

40. 设 $f(x,y)=\arctan\frac{y}{x},g(x,y)=\ln\sqrt{x^2+y^2}$,则下列等式成立的是(　　).

(A) $\frac{\partial f}{\partial x}=\frac{\partial g}{\partial x}$　　(B) $\frac{\partial f}{\partial x}=\frac{\partial g}{\partial y}$

(C) $\frac{\partial f}{\partial y}=\frac{\partial g}{\partial x}$　　(D) $\frac{\partial f}{\partial y}=\frac{\partial g}{\partial y}$

41. 方程$\frac{\partial z}{\partial y}=x^2+2y$满足条件$z(x,x^2)=1$的解$z(x,y)=$(　　).

(A)$1+x^2+y^2-x^4$　　(B)$1+x^2y+2y-2x^4$

(C)$1+x^2y+y^2-2x^4$　　(D)$1+x^2y+y^2-x^4$

42. 设$u=\frac{x}{\sqrt{x^2+y^2+z^2}}$,则$x\frac{\partial u}{\partial x}+y\frac{\partial u}{\partial y}+z\frac{\partial u}{\partial z}=$(　　).

(A)$x$　　(B)$y$

(C) $\frac{2x(z^2+y^2)}{x^2+y^2+z^2}$　　(D)0

43. 函数$z=x^2+y^2-x^2y^2$在点(1,1)处的全微分$dz|_{(1,1)}=$(　　).

(A)0　　(B)$dx+dy$

(C)$2dx+2dy$　　(D)$2dx-2dy$

44. 设$z=f(x,y)$在点$(x_0,y_0)$处的全增量为$\Delta z$,若$z=f(x,y)$在点$(x_0,y_0)$处可微分,则在$(x_0,y_0)$处有(　　).

(A)$\Delta z=dz$　　(B)$\Delta z=f_x dx+f_y dy$

(C)$\Delta z=f_x\Delta x+f_y\Delta y$　　(D)$\Delta z=dz+\eta$($\eta$为高阶无穷小)

45. 设$u=\left(\frac{x}{y}\right)^z$,则$du|_{(1,1,1)}=$(　　).

(A)$dx+dy+dz$　　(B)$dx+dy$

(C)$dx-dy$　　(D)$dx-dy+dz$

46. 由$f\left(\frac{y}{x},\frac{z}{x}\right)=0$确定$z=z(x,y)$($f$可微分),则$x\frac{\partial z}{\partial x}+y\frac{\partial z}{\partial y}=$(　　).

(A)$-2$　　(B)2

(C)$-y$　　(D)$y$

47. 设$f(x-az,y-bz)=0$确定$z=z(x,y)$,则$a\frac{\partial z}{\partial x}+b\frac{\partial z}{\partial y}=$(　　).

(A)$a$　　(B)$b$

(C)$-1$　　(D)1

48. 若函数$z=f(x,y)$在区域$D$内具有二阶偏导数,则(　　).

(A) $\frac{\partial^2 z}{\partial x\partial y}=\frac{\partial^2 z}{\partial y\partial x}$

(B)$f(x,y)$在$D$内连续

(C)$f(x,y)$在$D$内可微分

$(D)$ 仅当两个偏导数$\frac{\partial^2 z}{\partial x\partial y}$与$\frac{\partial^2 z}{\partial y\partial x}$在 $D$ 内连续时等式$\frac{\partial^2 z}{\partial x\partial y}=\frac{\partial^2 z}{\partial y\partial x}$成立

49. 设$z(x,y)$是由方程$2xz-2xyz+\ln(xyz)=0$所确定的具有连续导数的隐函数,则$\frac{\partial z}{\partial x}=($　　$)$.

$(A)\ \frac{z}{x}$　　$(B)\ \frac{x}{z}$

$(C)\ -\frac{z}{x}$　　$(D)\ -\frac{x}{z}$

50. 已知$x+y-z=e^x,xe^x=\tan t,y=\cos t$,则$\frac{\mathrm{d}z}{\mathrm{d}t}=($　　$)$.

$(A)\ \frac{1}{2}$　　$(B)\ -\frac{1}{2}$

$(C)1$　　$(D)0$

51. 若$u=\cos(x+y)+\cos(x-y)$,则下列关系式正确的是(　　).

$(A)\ \frac{\partial^2 u}{\partial x^2}=\frac{\partial^2 u}{\partial y^2}$　　$(B)\ \frac{\partial^2 u}{\partial x\partial y}=\frac{\partial^2 u}{\partial y^2}$

$(C)\ \frac{\partial^2 u}{\partial y\partial x}=\frac{\partial^2 u}{\partial y^2}$　　$(D)\ \frac{\partial u}{\partial x}=\frac{\partial u}{\partial y}$

## 第三部分　多项选择题

1. 点(　　)在平面$3x-2y=0$上.

$(A)(0,0,0)$　　$(B)(0,0,4)$

$(C)(2,3,5)$　　$(D)(1,1,-1)$

2. 点(　　)在球面$(x-1)^2+(y-2)^2+z^2=16$的内部.

$(A)(0,0,0)$　　$(B)(4,-1,1)$

$(C)(0,3,2)$　　$(D)(2,0,5)$

3. 点$(1,-1,1)$在曲面(　　)上.

$(A)x^2+y^2-2z=0$　　$(B)x^2-y^2=z$

$(C)x^2+y^2=2$　　$(D)z=\ln(x^2+y^2)$

4. 点(　　)在平面$2x+5y=0$上.

$(A)(0,0,3)$　　$(B)(0,3,0)$

$(C)(5,-2,0)$　　$(D)(-5,2,1)$

5. 在球面$x^2+y^2+z^2-2z=0$内部的点有(　　).

$(A)(0,0,2)$　　$(B)(0,0,-2)$

$(C)(\frac{1}{2},\frac{1}{2},\frac{1}{2})$　　$(D)(-\frac{1}{2},0,\frac{1}{2})$

6. 可使$\frac{\partial^2 u}{\partial x \partial y} = 2x - y$成立的函数有(　　).

(A)$u = x^2y - \frac{1}{2}xy^2$　　(B)$u = x^2y - \frac{1}{2}xy^2 - 5$

(C)$u = x^2y - \frac{1}{2}xy^2 + e^x + e^y - 5$　　(D)$u = x^2y - \frac{1}{2}xy^2 + e^{x+y} - 5$

7. 设$w = f(r)$,$r = \sqrt{x^2 + y^2 + z^2}$,则(　　).

(A)$\frac{\partial w}{\partial x} = \frac{x}{r} \cdot \frac{\mathrm{d}f}{\mathrm{d}r}$　　(B)$\frac{r}{y} \cdot \frac{\partial w}{\partial y} = \frac{\mathrm{d}f}{\mathrm{d}r}$

(C)$r\frac{\partial w}{\partial z} - z\frac{\mathrm{d}w}{\mathrm{d}r} = 0$　　(D)$\frac{\mathrm{d}w}{\mathrm{d}r} = \pm\sqrt{\left(\frac{\partial w}{\partial x}\right)^2 + \left(\frac{\partial w}{\partial y}\right)^2 + \left(\frac{\partial w}{\partial z}\right)^2}$

8. 设$f(x + y, x - y) = x^2 - y^2$,则(　　).

(A)$f_x(x,y) = 2x$　　(B)$f_y(x,y) = -2y$

(C)$f_x(x,y) = y$　　(D)$f_y(x,y) = x$

9. 设$z = xyf(\operatorname{arccot}\frac{x}{y})$,则(　　)$= 0$.

(A)$y\frac{\partial z}{\partial x} + x\frac{\partial z}{\partial y} - 2z$　　(B)$x\frac{\partial z}{\partial x} + y\frac{\partial z}{\partial y} - 2z$

(C)$\frac{1}{y} \cdot \frac{\partial z}{\partial x} + \frac{1}{x} \cdot \frac{\partial z}{\partial y} - \frac{2z}{xy}$　　(D)$\frac{1}{x} \cdot \frac{\partial z}{\partial x} + \frac{1}{y} \cdot \frac{\partial z}{\partial y} - \frac{2z}{xy}$

10. 设$f(x,y) = x^3 - 4x^2 + 2xy - y^2$,则下面结论正确的有(　　).

(A) 点(2,2)是$f(x,y)$的驻点,但不是极值点

(B) 点(0,0)是$f(x,y)$的驻点,且为极值点

(C) 点(2,2)是$f(x,y)$的极大值点

(D) 点(0,0)是$f(x,y)$的极大值点

11. 点(　　)是二元函数$z = x^3 - y^3 + 3x^2 + 3y^2 - 9x$的驻点.

(A)(1,0)　　(B)(1,2)

(C)(−3,0)　　(D)(−3,2)

12. 点$(x_0,y_0)$使$f_x(x,y) = 0$且$f_y(x,y) = 0$成立,则(　　).

(A) 点$(x_0,y_0)$是$f(x,y)$的驻点

(B) 点$(x_0,y_0)$是$f(x,y)$极值点

(C) 点$(x_0,y_0)$是$f(x,y)$的最大值点或最小值点

(D) 点$(x_0,y_0)$可能是$f(x,y)$的极值点

13. 二元函数$z = f(x,y)$的两个偏导数存在,且$\frac{\partial z}{\partial x} > 0$,$\frac{\partial z}{\partial y} < 0$,则(　　).

(A) 当$y$保持不变时,$f(x,y)$是随$x$的增加而单调增加的

(B) 当$x$保持不变时,$f(x,y)$是随$y$的增加而单调增加的

(C) 当$y$保持不变时,$f(x,y)$是随$x$的增加而单调减少的

$(D)$ 当 $x$ 保持不变时，$f(x,y)$ 是随 $y$ 的增加而单调减少的

14. 二元函数 $z=f(x,y)$，在 $(x_0,y_0)$ 处可微分的充分条件是(　　).

$(A) f_x(x_0,y_0)$ 及 $f_y(x_0,y_0)$ 均存在

$(B) f_x(x_0,y_0)$ 及 $f_y(x_0,y_0)$ 在 $(x_0,y_0)$ 的某邻域中均连续

$(C) \Delta z - f_x(x_0,y_0)\Delta x - f_y(x_0,y_0)\Delta y$ 当 $\sqrt{(\Delta x)^2+(\Delta y)^2}\to 0$ 时，是无穷小量

$(D) \dfrac{\Delta z - f_x(x_0,y_0)\Delta x - f_y(x_0,y_0)\Delta y}{\sqrt{(\Delta x)^2+(\Delta y)^2}}$ 当 $\sqrt{(\Delta x)^2+(\Delta y)^2}\to 0$ 时，是无穷小量

## 第四部分　计算题与证明题

1. 求下列函数的定义域，并画出定义域的示意图：

(1) $z=\arcsin\left(1-\dfrac{x^2+y^2}{2}\right)$；　　(2) $z=\sqrt{\dfrac{y-x}{x^2+y^2-2x}}$；

(3) $z=\sqrt{\dfrac{4x-y^2}{\ln(1-x^2-y^2)}}$；　　(4) $z=\arccos\dfrac{x}{y^2}+\ln(1-\sqrt{y})$.

2. 设 $z=\sqrt{y}+f(\sqrt{x}-1)$ 且 $y=1$ 时 $z=x$，试求 $f(x)$ 和 $z=z(x,y)$ 的表达式.

3. 求下列极限：

(1) $\lim\limits_{\substack{x\to 1\\ y\to 0}}\dfrac{x^2y}{x^2+y^2}$；　　(2) $\lim\limits_{\substack{x\to 0\\ y\to 0}}\dfrac{x^2+y^2}{1-\sqrt{1+x^2+y^2}}$；

(3) $\lim\limits_{\substack{x\to \infty\\ y\to a}}\left(1+\dfrac{1}{xy}\right)^{\frac{x^2}{x+y}}$；　　(4) $\lim\limits_{\substack{x\to +\infty\\ y\to +\infty}}(x^2+y^2)e^{-(x+y)}$；

(5) $\lim\limits_{\substack{x\to 0\\ y\to 1}}\dfrac{\sin(xy)+xy\cos x-x^2y^2}{x}$；　　(6) $\lim\limits_{\substack{x\to 1\\ y\to 0}}(x^2+y^2)\ln(x^2+y^2)$；

(7) $\lim\limits_{\substack{x\to 1\\ y\to 0}}\dfrac{\sqrt{x^2+y^2}-\sin\sqrt{x^2+y^2}}{(x^2+y^2)^{\frac{3}{2}}}$.

4. 证明下列极限不存在：

(1) $\lim\limits_{\substack{x\to 0\\ y\to 0}}\dfrac{xy}{x^2+y^4}$；　　(2) $\lim\limits_{\substack{x\to 0\\ y\to 0}}\sin\dfrac{1}{xy}$；

(3) $\lim\limits_{\substack{x\to 0\\ y\to 0}}\dfrac{x^2y^2}{x^2y^2+(x-y)^2}$.

5. 求下列函数的一阶偏导数：

(1) $z=\sin\dfrac{x}{y}+xe^{-xy}$；　　(2) $u=x^{y^z}$；

(3) $z=\tan(x+y)+\dfrac{\cos x^2}{y}$；　　(4) $u=\dfrac{x}{x^2+y^2+z^2}$；

(5) $z=\ln\tan\dfrac{x}{y}$；　　(6) $z=\arctan\dfrac{x+y}{1-xy}$.

6. 求下列函数的二阶偏导数：

(1) $z=\ln(x^2+y^2)$；　　(2) $z=x^y$；

(3) $z=\sin^2(ax+by)$；　　(4) $z=x^2\arctan\dfrac{y}{x}+y^2\arctan\dfrac{x}{y}$.

7. 求下列函数的一阶偏导数(其中$f$具有一阶连续偏导数)：

(1) $u=f(\dfrac{x}{y},\dfrac{y}{x})$；　　(2) $u=f(x,xy,xyz)$.

8. 求函数$z=\dfrac{xy}{x^2-y^2}$当$x=2,y=1,\Delta x=0.01,\Delta y=0.03$时的全增量和全微分.

9. 求下列函数的全微分：

(1) $z=x\ln(xy)$；　　(2) $u=x^{\frac{y}{z}}$.

10. 求函数$z=\ln(1+x^2+y^2)$当$x=1,y=2$时的全微分.

11. 设$f(x,y)=\begin{cases}\dfrac{x^2y^2}{(x^2+y^2)^{\frac{3}{2}}}, & x^2+y^2\neq 0\\ 0, & x^2+y^2=0\end{cases}$,证明:$f(x,y)$在点$(0,0)$处连续且偏导数存在,但不可微分.

12. 设$u=x^y$,而$x=\varphi(t),y=\psi(t)$都是可微函数,求$\dfrac{\mathrm{d}u}{\mathrm{d}t}$.

13. 设$z=f(u,v,w)$具有连续偏导数,而$u=x-y,v=y-s,w=s-x$,求$\dfrac{\partial z}{\partial x}$,$\dfrac{\partial z}{\partial y}$,$\dfrac{\partial z}{\partial s}$.

14. 设$z=f(u,x,y),u=xe^y$,其中$f$具有连续的二阶偏导数,求$\dfrac{\partial^2 z}{\partial x\partial y}$.

15. 设$x=e^u\cos v,y=e^u\sin v,z=uv$. 试求$\dfrac{\partial z}{\partial x}$和$\dfrac{\partial z}{\partial y}$.

16. 设方程$f(x+y+z,x^2+y^2+z^2)=0$确定函数$z=z(x,y)$,求$\dfrac{\partial z}{\partial x}$,$\dfrac{\partial z}{\partial y}$.

17. 设函数$z=z(x,y)$由方程$xy+yz-e^{xz}=0$所确定,求$\mathrm{d}z$.

18. 求平面$\dfrac{x}{3}+\dfrac{y}{4}+\dfrac{z}{5}=1$和柱面$x^2+y^2=1$的交线上与$xoy$平面距离最短的点.

19. 窗子的上半部分是半圆,下部是矩形,如果窗子的周长为$L$固定,问怎样设置窗子各边的尺寸才能使窗子的面积最大？

20. 要建造一个表面积为$108m^2$的长方形敞口水池,问水池的尺寸如何设置才能使容积最大？

21. 某工厂生产的一种产品同时在两个市场销售,售价分别为$p_1$和$p_2$,销售量分

别为 $q_1$ 和 $q_2$,需求函数分别为 $q_1 = 24 - 0.2p_1$ 和 $q_2 = 10 - 0.05p_2$,总成本函数为 $C = 35 + 40(q_1 + q_2)$. 试问:厂家应如何确定两个市场的售价,才能使其获得的总利润最大?最大总利润为多少?

22. 某地区用 $k$ 单位资金投资三个项目,投资额分别为 $x,y,z$ 单位,所能获得的效益为 $R = x^{\alpha} y^{\beta} z^{\gamma}$,且 $\alpha,\beta,\gamma$ 为正的常数,问如何分配 $k$ 单位的投资额,才能使效益最大?最大效益为多少?

# 第二章　二重积分

在一元函数微积分学中我们知道，定积分是某种确定形式的和的极限，用于计算受一个变量影响非均匀量的累积. 这种和的极限概念推广到定义在平面区域上的二元函数的情形，便得到二重积分的概念，本章介绍二重积分的概念、计算方法.

## 第一节　二重积分的概念与性质

### 一、曲顶柱体的体积

设有一个立体，它的底是 $xy$ 平面上的有界闭区域 $D$，它的侧面是以 $D$ 的边界曲线为准线而母线平行于 $z$ 轴的柱面，它的顶是曲面 $z=f(x,y)$，这里 $f(x,y)\geqslant 0$ 且在 $D$ 上连续（如图 2－1 所示），这种立体称为曲顶柱体. 现在我们来讨论如何计算上述立体的体积.

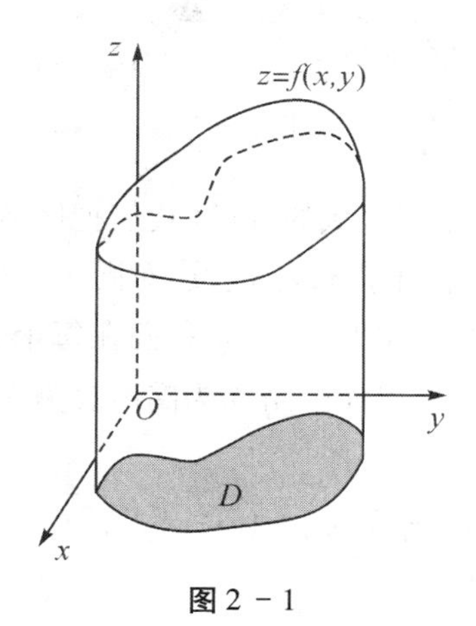


**图 2－1**

我们知道，平顶柱体的高是不变的，它的体积计算公式为

$$\text{体积} = \text{高} \times \text{底面积}$$

关于曲顶柱体，当点 $(x,y)$ 在区域 $D$ 上变动时，高度 $f(x,y)$ 是个变量，因此它的体积不能直接用上式来计算. 与求曲边梯形面积的问题类似，我们可以用以下的方法来处理.

首先，化整为零. 用一组曲线网把 $D$ 分成 $n$ 个小闭区域 $\Delta\sigma_1,\Delta\sigma_2,\cdots,\Delta\sigma_n$，如图 2－2 所示.

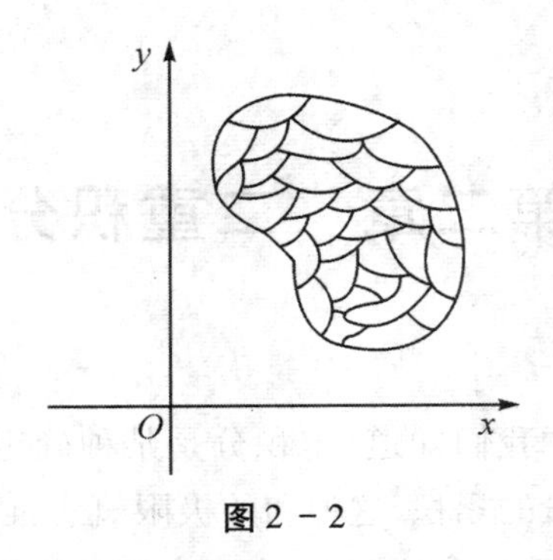


图 2－2

分别以这些小闭区域的边界曲线为准线，作母线平行于 $z$ 轴的柱面，这些柱面把原来的曲顶柱体分为 $n$ 个细曲顶柱体，如图 2－3 所示.

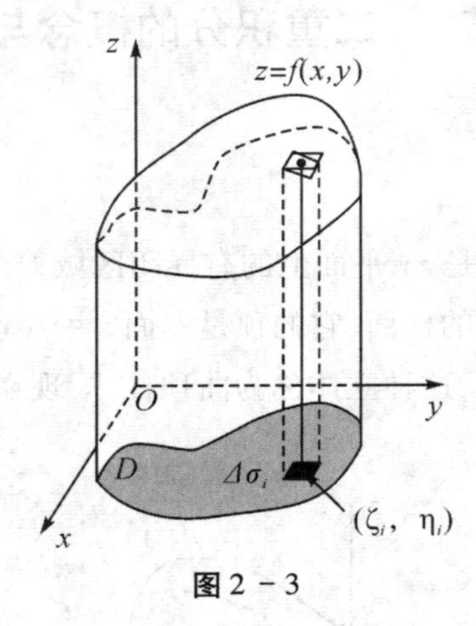


图 2－3

其次，以平代曲. 当这些小闭区域的直径（我们把区域内任意两点间距离的最大值称为区域的直径）很小时，由于 $f(x,y)$ 连续，对同一个小闭区域来说，$f(x,y)$ 变化很小，这时细曲顶柱体可近似看作平顶柱体. 我们在每个 $\Delta\sigma_i$（这小闭区域的面积也记作 $\Delta\sigma_i$）中任取一点 $(\xi_i,\eta_i)$，以 $f(\xi_i,\eta_i)$ 为高而底为 $\Delta\sigma_i$ 的平顶柱体（见图 2－3）的体积为

$$f(\xi_i,\eta_i)\Delta\sigma_i \quad (i=1,2,\cdots,n).$$

这 $n$ 个平顶柱体体积之和为

$$\sum_{i=1}^{n} f(\xi_i,\eta_i)\Delta\sigma_i$$

可以作为整个曲顶柱体体积的近似值.

最后，求极限. 令 $n$ 个小闭区域的直径中的最大值（记作 $\lambda$）趋于零，求上述和的极限，所得的极限便自然地定义为所求曲顶柱体的体积 $V$，即

$$V=\lim_{\lambda\to 0}\sum_{i=1}^{n} f(\xi_i,\eta_i)\Delta\sigma_i.$$

由于这种和式的极限应用极广，各个领域中的不少非均匀量的累积问题，通常

都化归成这种和式的极限,数学上我们把这种和式的极限称为二重积分.

## 二、二重积分的概念

将上述思想归纳起来并严格化,就得到下面的定义.

**定义 2.1** 设$f(x,y)$是有界闭区域$D$上的有界函数.将闭区域$D$任意分成$n$个小闭区域$\Delta\sigma_1,\Delta\sigma_2,\cdots,\Delta\sigma_n$,其中$\Delta\sigma_i$表示第$i$个小闭区域,也表示它的面积.在每个$\Delta\sigma_i$上任取一点$(\xi_i,\eta_i)$,作乘积$f(\xi_i,\eta_i)\Delta\sigma_i(i=1,2,\cdots,n)$,并作和$\sum\limits_{i=1}^{n}f(\xi_i,\eta_i)\Delta\sigma_i$.如果当各小闭区域的直径的最大值$\lambda$趋于零时,和的极限总存在,则称此极限为函数$f(x,y)$在闭区域$D$上的二重积分,记作$\iint\limits_D f(x,y)\mathrm{d}\sigma$,即

$$\iint\limits_D f(x,y)\mathrm{d}\sigma=\lim_{\lambda\to 0}\sum_{i=1}^{n}f(\xi_i,\eta_i)\Delta\sigma_i \tag{2-1}$$

其中$f(x,y)$称为被积函数,$f(x,y)\mathrm{d}\sigma$称为被积表达式,$\mathrm{d}\sigma$称为面积元素,$x$与$y$称为积分变量,$D$称为积分区域,$\sum\limits_{i=1}^{n}f(\xi_i,\eta_i)\Delta\sigma_i$称为积分和.

在二重积分的定义中对闭区域$D$的划分是任意的,如果在直角坐标系中用平行于坐标轴的直线簇来划分$D$(如图2-4所示),那么除了包含边界点的一些小闭区域外,其余的小闭区域都是矩形闭区域.

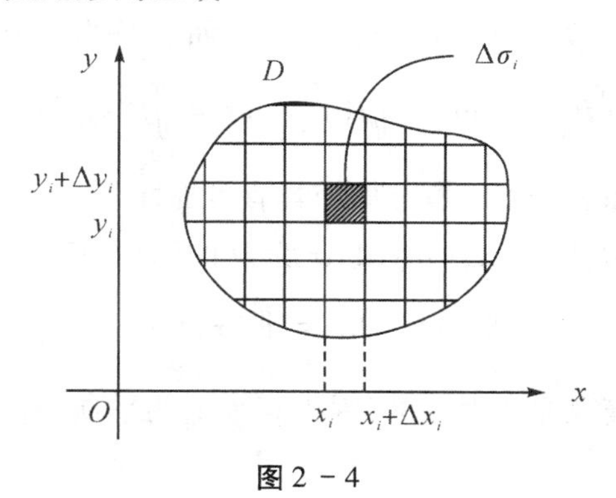


图 2-4

设矩形闭区域$\Delta\sigma_i$的边长为$\Delta x_i$和$\Delta y_i$,则$\Delta\sigma_i=\Delta x_i\cdot\Delta y_i$.因此在直角坐标系中,有时也把面积元素$\mathrm{d}\sigma$记作$\mathrm{d}\sigma=\mathrm{d}x\mathrm{d}y$,而把二重积分记作

$$\iint\limits_D f(x,y)\mathrm{d}x\mathrm{d}y,$$

其中$\mathrm{d}x\mathrm{d}y$叫做直角坐标系中的面积元素.

这里我们要指出,当$f(x,y)$在闭区域$D$上连续时,(2-1)式右端的和的极限必定存在,也就是说,函数$f(x,y)$在$D$上的二重积分必定存在.我们总假定函数$f(x,y)$在闭区域$D$上连续,所以$f(x,y)$在$D$上的二重积分都是存在的,以后就不再每次加以说明了.

由二重积分的定义可知,曲顶柱体的体积是函数 $f(x,y)$ 在底 $D$ 上的二重积分

$$V=\iint_D f(x,y)\mathrm{d}\sigma.$$

一般地,如果 $f(x,y)\geqslant 0$,被积函数 $f(x,y)$ 可解释为曲顶柱体的顶在点 $(x,y)$ 处的竖坐标,所以二重积分的几何意义就是柱体的体积. 如果 $f(x,y)$ 是负的,柱体就在 $xy$ 平面的下方,二重积分的绝对值仍等于柱体的体积,但二重积分的值是负的. 如果 $f(x,y)$ 在 $D$ 的若干部分区域上是正的,而在其他的部分区域上是负的,我们可以把 $xy$ 平面上方的柱体体积取成正,$xy$ 平面下方的柱体体积取成负,那么,$f(x,y)$ 在 $D$ 上的二重积分就等于这些部分区域上的柱体体积的代数和.

### 三、二重积分的性质

比较定积分与二重积分的定义可知,二重积分与定积分有类似的性质.

**性质 1**　被积函数的常数因子可以提到二重积分号的外面,即

$$\iint_D kf(x,y)\mathrm{d}\sigma=k\iint_D f(x,y)\mathrm{d}\sigma\quad(k\text{ 是为常数}).$$

**性质 2**　函数的和(或差)的二重积分等于各个函数的二重积分的和(或差),即

$$\iint_D[f(x,y)\pm g(x,y)]\mathrm{d}\sigma=\iint_D f(x,y)\mathrm{d}\sigma\pm\iint_D g(x,y)\mathrm{d}\sigma$$

**性质 3**　如果闭区域 $D$ 被有限条曲线分为有限个部分闭区域,则在 $D$ 上的二重积分等于在各部分闭区域上的二重积分的和. 例如 $D$ 分为两个闭区域 $D_1$ 与 $D_2$,则

$$\iint_D f(x,y)\mathrm{d}\sigma=\iint_{D_1}f(x,y)\mathrm{d}\sigma\pm\iint_{D_2}f(x,y)\mathrm{d}\sigma$$

这个性质表示二重积分对于积分区域具有可加性.

**性质 4**　如果在 $D$ 上,$f(x,y)=1$,$\sigma$ 为 $D$ 的面积,则

$$\iint_D f(x,y)\mathrm{d}\sigma=\iint_D\mathrm{d}\sigma=\sigma.$$

这个性质的几何意义是很明显的,因为高为 1 的平顶柱体的体积在数值上就等于柱体的底面积.

**性质 5**　如果在 $D$ 上,$f(x,y)\leqslant g(x,y)$,则有不等式

$$\iint_D f(x,y)\mathrm{d}\sigma\leqslant\iint_D g(x,y)\mathrm{d}\sigma.$$

特别地,由于

$$-|f(x,y)|\leqslant f(x,y)\leqslant|f(x,y)|,$$

又有不等式

$$\left|\iint_D f(x,y)\mathrm{d}\sigma\right|\leqslant\iint_D|f(x,y)|\mathrm{d}\sigma.$$

**例 1**　判断 $\iint_D\ln(x^2+y^2)\mathrm{d}x\mathrm{d}y$ 的符号,其中 $D=\{(x,y)\mid r\leqslant|x|+|y|\leqslant 1\}$,

$(r<1)$.

**解** 当 $r\leqslant|x|+|y|\leqslant 1$ 时，$0<x^2+y^2\leqslant(|x|+|y|)^2\leqslant 1$，故 $\ln(x^2+y^2)\leqslant 0$，于是

$$\iint_D \ln(x^2+y^2)\mathrm{d}x\mathrm{d}y<0.$$

**例 2** 比较积分 $\iint_D \ln(x+y)\mathrm{d}\sigma$ 与 $\iint_D [\ln(x+y)]^2\mathrm{d}\sigma$ 的大小，其中区域 $D$ 是三角形闭区域，三顶点各为(1,0)，(1,1)，(2,0).

**解** 积分区域 $D$ 如图 2－5 所示.

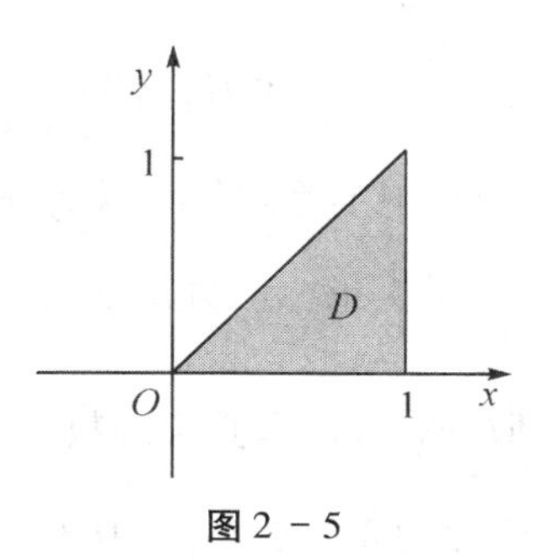


图 2－5

三角形斜边的方程为 $x+y=2$，在 $D$ 内有 $1\leqslant x+y\leqslant 2<e$，故 $0\leqslant\ln(x+y)<1$，于是 $\ln(x+y)>[\ln(x+y)]^2$，因此

$$\iint_D \ln(x+y)\mathrm{d}\sigma>\iint_D [\ln(x+y)]^2\mathrm{d}\sigma.$$

**性质 6** **设 $M$、$m$ 分别是 $f(x,y)$ 在闭区域 $D$ 上的最大值和最小值，$\sigma$ 是 $D$ 的面积，则有**

$$m\sigma\leqslant\iint_D f(x,y)\mathrm{d}\sigma\leqslant M\sigma.$$

上述不等式是对于二重积分估值的不等式. 因为 $m\leqslant f(x,y)\leqslant M$，所以由性质 5 有 $\iint_D m\mathrm{d}\sigma\leqslant\iint_D f(x,y)\mathrm{d}\sigma\leqslant\iint_D M\mathrm{d}\sigma$，再应用性质 1 和性质 4，便得此估值不等式.

**例 3** 不作计算，估计 $I=\iint_D e^{(x^2+y^2)}\mathrm{d}\sigma$ 的值，其中 $D=\left\{(x,y)\,\middle|\,\frac{x^2}{a^2}+\frac{y^2}{b^2}\leqslant 1\right\}(0<b<a)$.

**解** 区域 $D$ 的面积 $\sigma=ab\pi$，在 $D$ 上，因为 $0\leqslant x^2+y^2\leqslant a^2$，所以 $1=e^0\leqslant e^{x^2+y^2}\leqslant e^{a^2}$，由性质 6 知

$$\sigma\leqslant\iint_D e^{(x^2+y^2)}\mathrm{d}\sigma\leqslant\sigma\cdot e^{a^2},ab\pi\leqslant\iint_D e^{(x^2+y^2)}\mathrm{d}\sigma\leqslant ab\pi e^{a^2}.$$

**例 4** 估计二重积分 $I=\iint_D \frac{\mathrm{d}\sigma}{\sqrt{x^2+y^2+2xy+16}}$ 的值，其中积分区域 $D$ 为矩形

闭区域$\{(x,y) \mid 0 \leqslant x \leqslant 1, 0 \leqslant y \leqslant 2\}$.

**解**　因为$f(x,y) = \dfrac{1}{\sqrt{(x+y)^2+16}}$,积分区域面积$\sigma = 2$,在$D$上$f(x,y)$的最大值$M = \dfrac{1}{4}(x = y = 0)$,最小值$m = \dfrac{1}{\sqrt{3^2+4^2}} = \dfrac{1}{5}(x = 1, y = 2)$,

故　$\dfrac{2}{5} \leqslant I \leqslant \dfrac{2}{4}$,$0.4 \leqslant I \leqslant 0.5$.

**性质7(二重积分的中值定理)　设函数$f(x,y)$在闭区域$D$上连续,$\sigma$是$D$的面积,则在$D$上至少存在一点$(\xi,\eta)$,使得**

$$\iint_D f(x,y)\mathrm{d}\sigma = f(\xi,\eta)\cdot\sigma \text{ 或 } f(\xi,\eta) = \frac{1}{\sigma}\iint_D f(x,y)\mathrm{d}\sigma.$$

**证明**　显然$\sigma \neq 0$. 把性质6中不等式各除以$\sigma$,有

$$m \leqslant \frac{1}{\sigma}\iint_D f(x,y)\mathrm{d}\sigma \leqslant M$$

这就是说,确定的数值$\dfrac{1}{\sigma}\iint\limits_D f(x,y)\mathrm{d}\sigma$是介于函数$f(x,y)$的最大值$M$与最小值$m$之间的. 根据在闭区域上连续函数的介值定理,在$D$上至少存在一点$(\xi,\eta)$使得函数$f(x,y)$在该点的值与这个确定的数值相等,即

$$f(\xi,\eta) = \frac{1}{\sigma}\iint_D f(x,y)\mathrm{d}\sigma.$$

上式两端各乘以$\sigma$,就得$\iint\limits_D f(x,y)\mathrm{d}\sigma = f(\xi,\eta)\cdot\sigma$.

$f(\xi,\eta) = \dfrac{1}{\sigma}\iint\limits_D f(x,y)\mathrm{d}\sigma$也称为平均值公式,可以用于求非均匀量的累积量的平均值.

## 习题2－1

1. 说明下列等式的几何意义:

(1)$\iint\limits_D k\mathrm{d}\sigma = kS_D(k > 0)$;

(2)$\iint\limits_D \sqrt{R^2 - x^2 - y^2}\mathrm{d}\sigma = \dfrac{2}{3}\pi R^3$,$D = \{(x,y) \mid x^2 + y^2 \leqslant R^2\}$.

2. 根据二重积分的性质,比较下列积分的大小:

(1)$I_1 = \iint\limits_D (x+y)^2\mathrm{d}\sigma$与$I_2 = \iint\limits_D (x+y)^3\mathrm{d}\sigma$,$D$是由$x$轴、$y$轴及直线$x + y = 1$所围成;

(2) $I_1 = \iint\limits_D (x+y)^2 d\sigma$ 与 $I_2 = \iint\limits_D (x+y)^3 d\sigma$，$D$ 是由圆 $(x-2)^2+(y-1)^2=2$ 所围成.

3. 根据二重积分的性质，估计下列二重积分的取值范围：

(1) $\iint\limits_D xy(x+y)d\sigma, D=\{(x,y) \mid 0 \leqslant x \leqslant 1, 0 \leqslant y \leqslant 1\}$;

(2) $\iint\limits_D (x+y+1)d\sigma, D=\{(x,y) \mid 0 \leqslant x \leqslant 1, 0 \leqslant y \leqslant 2\}$;

(3) $\iint\limits_D \sin^2 x \sin^2 y d\sigma, D=\{(x,y) \mid 0 \leqslant x \leqslant \pi, 0 \leqslant y \leqslant \pi\}$;

(4) $\iint\limits_D (x^2+4y^2+9)d\sigma, D=\{(x,y) \mid x^2+y^2 \leqslant 4\}$.

# 第二节　在直角坐标系下二重积分的计算

## 一、积分区域的分类及描述

如果穿过闭区域 $D$ 内部且平行于 $y$ 轴的直线与 $D$ 的边界相交不多于两点，我们称闭区域 $D$ 为 $X$ 型区域，如图 2－6 所示. $X$ 型区域 $D$ 可表示为

$$D=\{(x,y) \mid \varphi_1(x) \leqslant y \leqslant \varphi_2(x), a \leqslant x \leqslant b\},$$

其中函数 $\varphi_1(x)$、$\varphi_2(x)$ 在区间 $[a,b]$ 上连续.

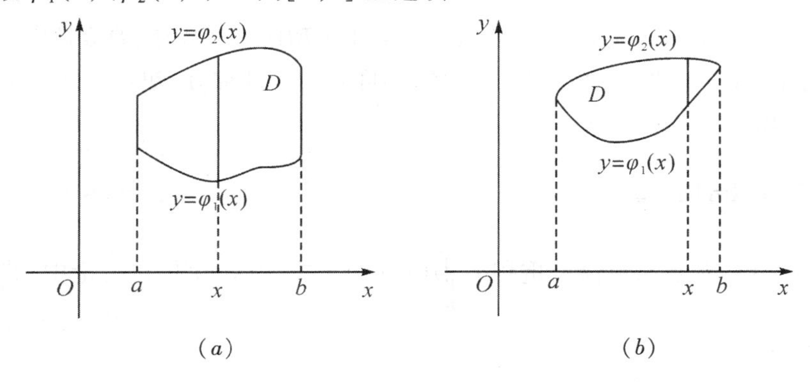


图 2－6

如果穿过闭区域 $D$ 内部且平行于 $x$ 轴的直线与 $D$ 的边界相交不多于两点，我们称区域 $D$ 为 $Y$ 型区域，如图 2－7 所示. $Y$ 型区域 $D$ 可表示为

$$D=\{(x,y) \mid \psi_1(y) \leqslant x \leqslant \psi_2(y), c \leqslant y \leqslant d\},$$

其中函数 $\psi_1(y)$、$\psi_2(y)$ 在区间 $[c,d]$ 上连续.

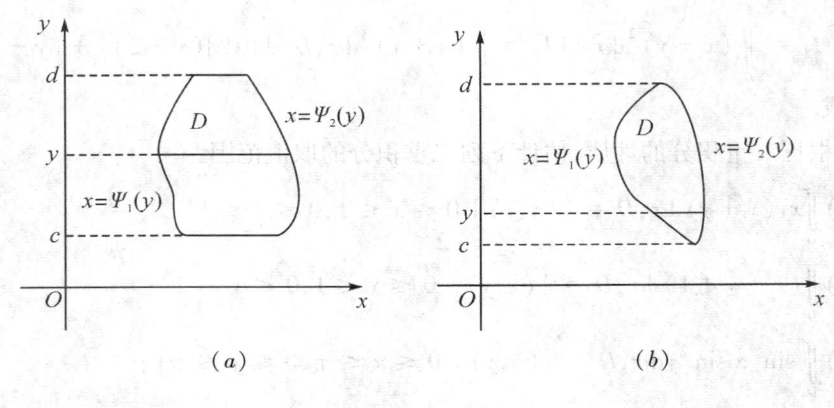


图 2 - 7

如果闭区域 $D$ 如图 2 - 8 那样，则 $D$ 既不是 $X$ 型区域，也不是 $Y$ 型区域. 对于这种情形，我们可以把 $D$ 分成几部分，使每个部分是 $X$ 型区域或是 $Y$ 型区域.

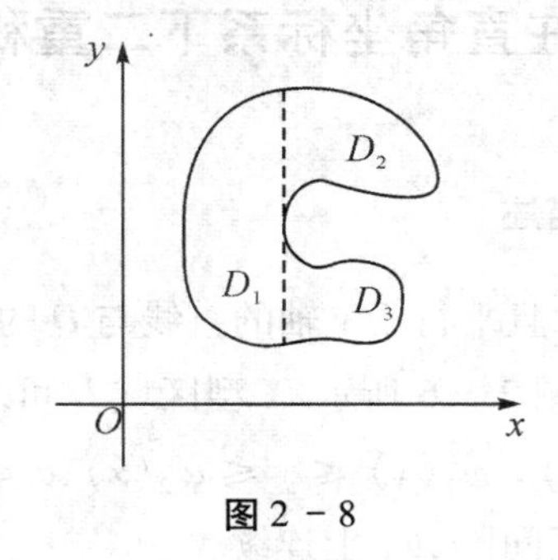


图 2 - 8

对于任何一个闭区域 $D$，我们要么把它当作 $X$ 型区域来描述，要么把它当作 $Y$ 型区域来描述. 对于有些复杂的区域，有时需要将 $D$ 分成几部分，使每个部分是 $X$ 型区域或是 $Y$ 型区域.

## 二、二重积分的计算

下面用几何观点来讨论二重积分 $\iint\limits_D f(x,y)\,\mathrm{d}\sigma$ 的计算问题. 在讨论中，我们假定 $f(x,y) \geqslant 0$.

(1) 积分区域 $D$ 是 $X$ 型区域

$$D = \{(x,y) \mid \varphi_1(x) \leqslant y \leqslant \varphi_2(x), a \leqslant x \leqslant b\}$$

根据二重积分的几何意义，$\iint\limits_D f(x,y)\,\mathrm{d}\sigma$ 的值等于以 $D$ 为底，以曲面 $z = f(x,y)$ 为顶的曲顶柱体（如图 2 - 9 所示）的体积. 下面我们应用微元法来计算这个曲顶柱体的体积.

在区间 $[a,b]$ 上任意取定一点 $x_0$，过 $x = x_0$ 及 $x = x_0 + \mathrm{d}x$ 作平行于 $yz$ 平面的两个平面，截曲顶柱体得到一个小薄片，即一个体积微元，我们先求这个小薄片的体

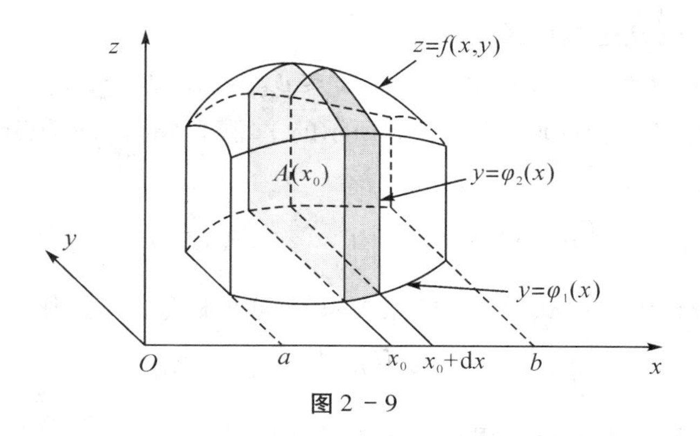


图2－9

积.将这个小薄片近似看作一个小柱体,其底面即为平面 $x=x_0$ 截曲顶柱体的截面,高为 $dx$. 平面 $x=x_0$ 截曲顶柱体所得截面是一个以区间 $[\varphi_1(x_0),\varphi_2(x_0)]$ 为底、曲线 $z=f(x_0,y)$ 为曲边的曲边梯形(图2－9中阴影部分),所以截面的面积为

$$A(x_0)=\int_{\varphi_1(x_0)}^{\varphi_2(x_0)}f(x_0,y)\,dy.$$

相应地,这个体积微元的体积为

$$dV=A(x_0)dx=\left[\int_{\varphi_1(x)}^{\varphi_2(x)}f(x_0,y)\,dy\right]dx$$

更一般地,将 $x_0$ 换为区间 $[a,b]$ 上任一点 $x$,则得到相应的微元体积为

$$dV=A(x)dx=\left[\int_{\varphi_1(x)}^{\varphi_2(x)}f(x,y)\,dy\right]dx,$$

于是,曲项柱体的体积为

$$V=\int_a^b dV=\int_a^b\left[\int_{\varphi_1(x)}^{\varphi_2(x)}f(x,y)\,dy\right]dx.$$

这个体积也就是所求二重积分的值,从而有等式

$$\iint_D f(x,y)\,d\sigma=\int_a^b\left[\int_{\varphi_1(x)}^{\varphi_2(x)}f(x,y)\,dy\right]dx. \tag{2-2}$$

上式右端的积分称为先对 $y$、后对 $x$ 的累次积分(也叫二次积分),其实质为二次一元函数的定积分,即先把 $x$ 看作常数,把 $f(x,y)$ 只看作 $y$ 的函数,并对 $y$ 计算从 $\varphi_1(x)$ 到 $\varphi_2(x)$ 的定积分;然后把算得的结果(是 $x$ 的函数)再对 $x$ 计算在区间 $[a,b]$ 上的定积分.这个先对 $y$、后对 $x$ 的二次积分也常记作

$$\int_a^b dx\int_{\varphi_1(x)}^{\varphi_2(x)}f(x,y)\,dy.$$

因此,等式(2－2)也写成

$$\iint_D f(x,y)\,d\sigma=\int_a^b dx\int_{\varphi_1(x)}^{\varphi_2(x)}f(x,y)\,dy. \tag{2-3}$$

这就是把二重积分化为先对 $y$、后对 $x$ 的累次积分的公式.

在上述讨论中,我们假定 $f(x,y)\geqslant 0$,但实际上公式(2－2)的成立并不受此条件限制.

(2) 积分区域 $D$ 是 $Y$ 型区域

$$D=\{(x,y)\mid \psi_1(y)\leqslant x\leqslant \psi_2(y),c\leqslant y\leqslant d\}$$

与前面类似,当积分区域是图 2－5 所示的 $Y$ 型区域时,二重积分也可化成下面的累次积分

$$\iint_D f(x,y)\,\mathrm{d}\sigma=\int_c^d\left[\int_{\psi_1(y)}^{\psi_2(y)}f(x,y)\,\mathrm{d}x\right]\mathrm{d}y. \tag{2-4}$$

上式右端的积分称为先对 $x$、后对 $y$ 的累次积分,这个积分也常记作

$$\iint_D f(x,y)\,\mathrm{d}\sigma=\int_c^d\mathrm{d}y\int_{\psi_1(y)}^{\psi_2(y)}f(x,y)\,\mathrm{d}x. \tag{2-5}$$

(3) 积分区域 $D$ 既不是 $X$ 型区域也不是 $Y$ 型区域

如果积分区域 $D$ 既不是 $X$ 型区域也不是 $Y$ 型区域. 我们可以把 $D$ 分成几部分,使每个部分是 $X$ 型区域或是 $Y$ 型区域. 例如,在图 2－8 中,把 $D$ 分成 $D_1$、$D_2$、$D_3$ 三部分,它们都是 $X$ 型区域,从而在这三部分上的二重积分都可应用公式(2－2). 各部分上的二重积分求得后,根据二重积分的性质 3,它们的和就是在 $D$ 上的二重积分.

如果积分区域 $D$ 既是 $X$ 型的,可用不等式

$$\varphi_1(x)\leqslant y\leqslant\varphi_2(x),a\leqslant x\leqslant b$$

表示,又是 $Y$ 型的,可用不等式

$$\psi_1(y)\leqslant x\leqslant\psi_2(y),c\leqslant y\leqslant d$$

表示(如图 2－10 所示),则由公式(2－3)及公式(2－5)可得

$$\int_a^b\mathrm{d}x\int_{\varphi_1(x)}^{\varphi_2(x)}f(x,y)\,\mathrm{d}y=\int_c^d\mathrm{d}y\int_{\psi_1(y)}^{\psi_2(y)}f(x,y)\,\mathrm{d}x \tag{2-6}$$

上式表明,这两个不同次序的累次积分相等,因为它们都等于同一个二重积分

$$\iint_D f(x,y)\,\mathrm{d}\sigma.$$

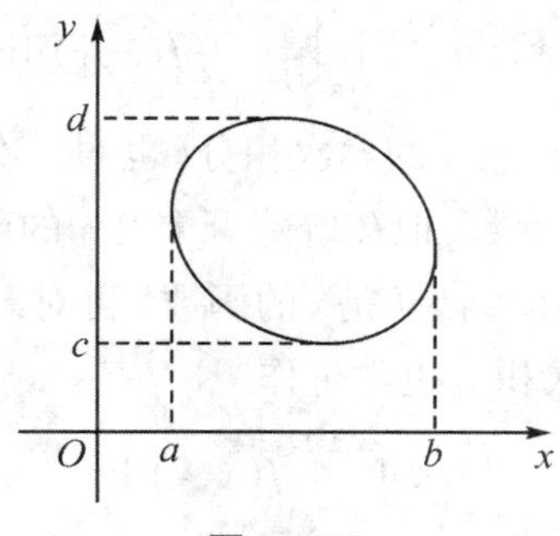


**图 2－10**

二重积分化为累次积分时,确定积分的上、下限是一个关键. 积分上、下限是根据积分区域 $D$ 来确定的,先画出积分区域 $D$ 的图形. 假如积分区域 $D$ 是 $X$ 型的,如图 2－11 所示,在区间 $[a,b]$ 上任意取定一个 $x$ 值,积分区域上以这个 $x$ 值为横坐标的点在一段直线上,这段直线平行于 $y$ 轴,该线段上点的纵坐标从 $\varphi_1(x)$ 到 $\varphi_2(x)$,这就

是公式(2 - 2) 中先把 $x$ 看作常量而对 $y$ 积分时的下限和上限. 因为上面的 $x$ 值是在 $[a,b]$ 上任意取定的,所以再把 $x$ 看作变量而对 $x$ 积分时,积分区间就是 $[a,b]$.

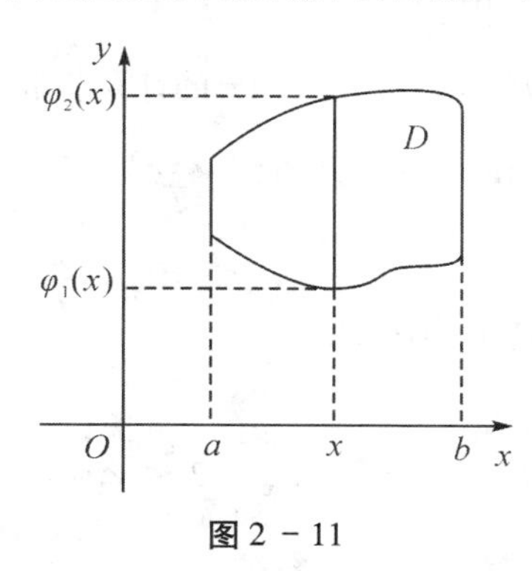


图2 - 11

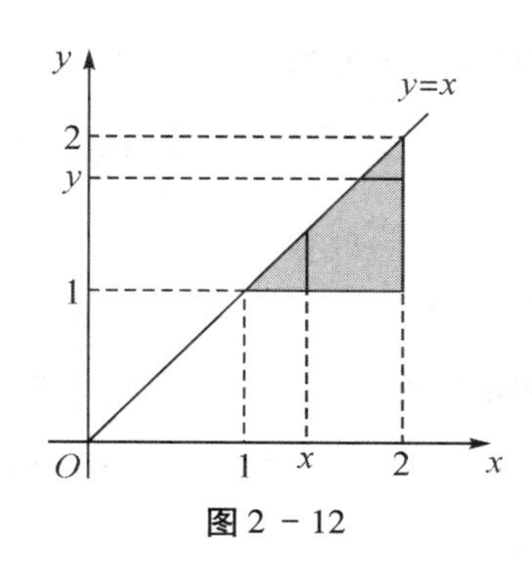


图2 - 12

**例1**　计算 $\iint\limits_D xy\mathrm{d}\sigma$,其中 $D$ 是由直线 $y=1,x=2$ 及 $y=x$ 所围成的闭区域.

**解**　如图2 - 12 所示,将积分区域视为 $X$ 型,则有

$$\iint\limits_D xy\mathrm{d}\sigma=\int_1^2\left[\int_1^x xy\mathrm{d}y\right]\mathrm{d}x=\int_1^2\left[x\cdot\frac{y^2}{2}\right]_1^x\mathrm{d}x=\int_1^2\left[\frac{x^3}{2}-\frac{x}{2}\right]\mathrm{d}x=\left[\frac{x^4}{8}-\frac{x^2}{4}\right]_1^2=\frac{9}{8}.$$

如果将积分区域视为 $Y$ 型,则有

$$\iint\limits_D xy\mathrm{d}\sigma=\int_1^2\left[\int_y^2 xy\mathrm{d}x\right]\mathrm{d}y=\int_1^2\left[y\cdot\frac{x^2}{2}\right]_y^2\mathrm{d}y=\int_1^2\left[2y-\frac{y^3}{2}\right]\mathrm{d}y=\left[y^2-\frac{y^4}{8}\right]_1^2=\frac{9}{8}.$$

**例2**　计算 $\iint\limits_D y\sqrt{1+x^2-y^2}\mathrm{d}\sigma$,其中 $D$ 是由直线 $y=x$、$x=-1$ 和 $y=1$ 所围成的闭区域.

**解**　如图2 - 13 所示,$D$ 既是 $X$ 型区域,又是 $Y$ 型区域.

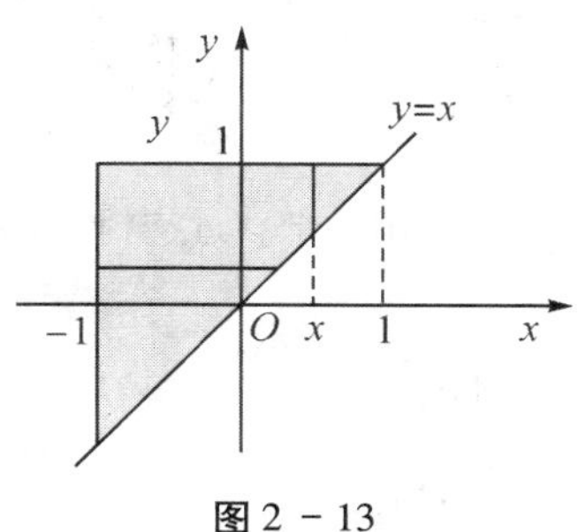


图2 - 13

若视为 $X$ 型,则

$$\begin{aligned}\iint\limits_D y\sqrt{1+x^2-y^2}\mathrm{d}\sigma&=\int_{-1}^1\left[\int_x^1 y\sqrt{1+x^2-y^2}\mathrm{d}y\right]\mathrm{d}x\\&=-\frac{1}{3}\int_{-1}^1\left[(1+x^2-y^2)^{3/2}\right]_x^1\mathrm{d}x\\&=-\frac{1}{3}\int_{-1}^1(|x|^3-1)\mathrm{d}x=-\frac{2}{3}\int_0^1(x^3-1)\mathrm{d}x=\frac{1}{2}.\end{aligned}$$

若视为 $Y$ 型,则

$$\iint_D y\sqrt{1+x^2-y^2}\,\mathrm{d}\sigma = \int_{-1}^{1} y\left[\int_{-1}^{y}\sqrt{1+x^2-y^2}\,\mathrm{d}x\right]\mathrm{d}y$$

其中关于 $x$ 的积分计算比较麻烦,故合理选择积分次序对二重积分的计算非常重要.

**例 3**　计算二重积分 $\iint\limits_D xy\,\mathrm{d}\sigma$,其中 $D$ 是由抛物线 $y^2=x$ 及直线 $y=x-2$ 所围成的闭区域.

**解**　如图 2－14 所示,$D$ 既是 $X$ 型区域,也是 $Y$ 型区域.

若将 $D$ 视为 $X$ 型区域,则 $D=D_1+D_2$,而

$D_1=\{(x,y)\mid -\sqrt{x}\leqslant y\leqslant\sqrt{x},0\leqslant x\leqslant 1\}$,$D_2=\{(x,y)\mid x-2\leqslant y\leqslant\sqrt{x},1\leqslant x\leqslant 4\}$

若将 $D$ 视为 $Y$ 型区域,则 $D=\{(x,y)\mid y^2\leqslant x\leqslant y+2,\ -1\leqslant y\leqslant 2\}$.

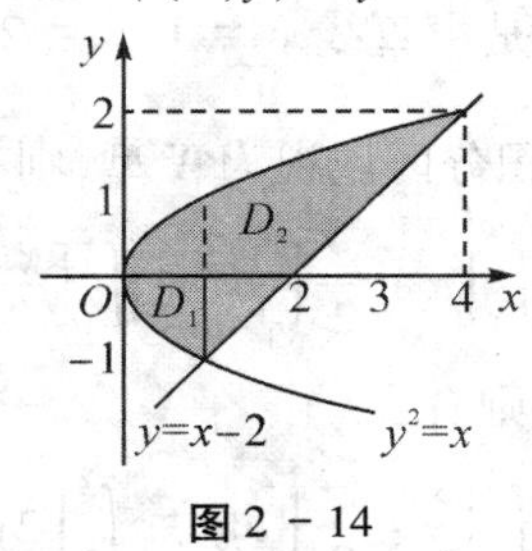


图 2－14

可见,将 $D$ 视为 $X$ 型区域计算较麻烦,需将积分区域划分为两部分来计算,故选择将 $D$ 视为 $Y$ 型区域.

$$\iint_D xy\,\mathrm{d}\sigma = \int_{-1}^{2}\left[\int_{y^2}^{y+2} xy\,\mathrm{d}x\right]\mathrm{d}y = \int_{-1}^{2}\left[\frac{x^2}{2}y\right]_{y^2}^{y+2}\mathrm{d}y = \frac{1}{2}\int_{-1}^{2}[y(y+2)^2-y^5]\,\mathrm{d}y$$

$$=\frac{1}{2}\left[\frac{y^4}{4}+\frac{4}{3}y^3+2y^2-\frac{y^6}{6}\right]_{-1}^{2}=\frac{45}{8}.$$

**例 4**　计算 $\iint\limits_D e^{y^2}\,\mathrm{d}x\mathrm{d}y$,其中 $D$ 是由 $y=x$,$y=1$ 及 $y$ 轴围成的区域.

**解**　积分区域 $D$ 如图 2－15 阴影所示.

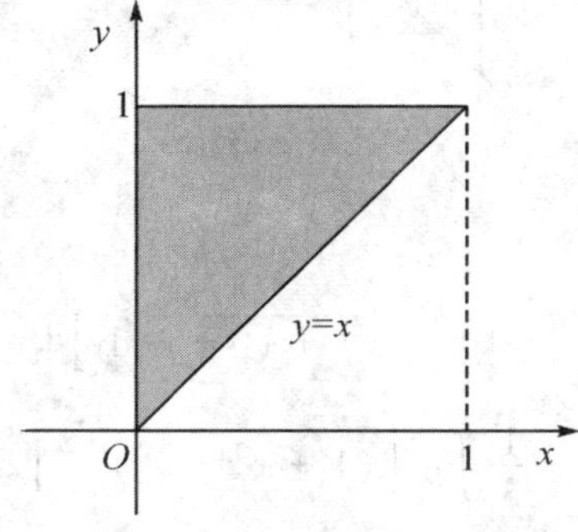


图 2－15

将 $D$ 表示成 $X$ 型区域，得 $D=\{(x,y)\mid 0\leqslant x\leqslant 1, x\leqslant y\leqslant 1\}$，对

$$\iint_D e^{y^2}\mathrm{d}x\mathrm{d}y=\int_0^1\mathrm{d}x\int_x^1 e^{y^2}\mathrm{d}y.$$

因 $\int e^{y^2}\mathrm{d}y$ 的原函数不能用初等函数表示，$\int_x^1 e^{y^2}\mathrm{d}y$ 积不出来，所以我们要变换积分次序. 将 $D$ 表成 $Y$ 型区域，得 $D=\{(x,y)\mid 0\leqslant y\leqslant 1, 0\leqslant x\leqslant y\}$，则

$$\iint_D e^{y^2}\mathrm{d}x\mathrm{d}y=\int_0^1\mathrm{d}y\int_0^y e^{y^2}\mathrm{d}x=\int_0^1 e^{y^2}\mathrm{d}y\cdot\int_0^y\mathrm{d}x=\int_0^1 ye^{y^2}\mathrm{d}y=\frac{1}{2}\int_0^1 e^{y^2}\mathrm{d}(y^2)=\frac{1}{2}(e-1).$$

**例5** 计算 $\iint_D |y-x^2|\mathrm{d}x\mathrm{d}y$，其中 $D=\{(x,y)\mid -1\leqslant x\leqslant 1, 0\leqslant y\leqslant 1\}$.

**解** 因为 $|y-x^2|=\begin{cases}y-x^2, & y\geqslant x^2\\ x^2-y, & y<x^2\end{cases}$，所以(如图2－16所示)，积分区域 $D$ 需要分成 $D_1$ 和 $D_2$ 两部分.

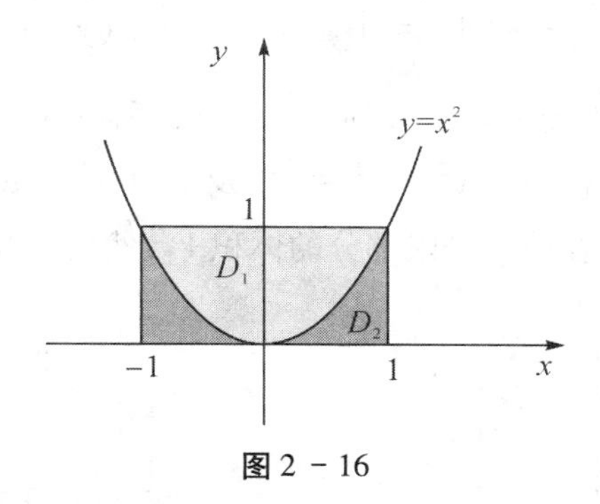


**图2－16**

$D_1=\{(x,y)\mid x^2\leqslant y\leqslant 1, -1\leqslant x\leqslant 1\}$，$D_2=\{(x,y)\mid 0\leqslant y\leqslant x^2, -1\leqslant x\leqslant 1\}$，

于是

$$\begin{aligned}\iint_D |y-x^2|\mathrm{d}x\mathrm{d}y&=\iint_{D_1}(y-x^2)\mathrm{d}x\mathrm{d}y+\iint_{D_2}(x^2-y)\mathrm{d}x\mathrm{d}y\\&=\int_{-1}^1\mathrm{d}x\int_{x^2}^1(y-x^2)\mathrm{d}y+\int_{-1}^1\mathrm{d}x\int_0^{x^2}(x^2-y)\mathrm{d}y\\&=\int_{-1}^1\left(\frac{1}{2}-x^2+\frac{1}{2}x^4\right)\mathrm{d}x+\int_{-1}^1\frac{1}{2}x^4\mathrm{d}x=-\frac{11}{15}.\end{aligned}$$

**例6** 计算二重积分 $\iint_D e^{x+y}\mathrm{d}x\mathrm{d}y$，其中区域 $D$ 是由 $x=0, x=1, y=0, y=1$ 所围成的矩形.

**解** 积分区域 $D$ 如图2－17所示.

$$\iint_D e^{x+y}\mathrm{d}x\mathrm{d}y=\int_0^1\left[\int_0^1 e^x e^y\mathrm{d}y\right]\mathrm{d}x=\int_0^1\left[e^x\int_0^1 e^y\mathrm{d}y\right]\mathrm{d}x=\left(\int_0^1 e^x\mathrm{d}x\right)\left(\int_0^1 e^y\mathrm{d}y\right)$$

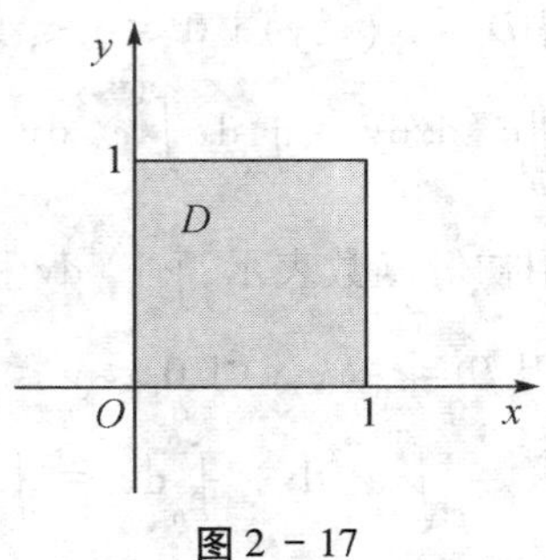


图 2 - 17

$$= \left(e^x \Big|_0^1\right)\left(e^y \Big|_0^1\right) = (e-1)^2.$$

此例的情况具有代表性. 一般说来,如果积分区域 $D$ 是一个矩形区域 $\{(x,y) \mid a \leqslant x \leqslant b, c \leqslant y \leqslant d\}$,并且被积函数 $f(x,y)$ 可以写成两个一元函数的乘积,即 $f(x,y) = g(x)h(y)$,则二重积分 $\iint\limits_D f(x,y)\mathrm{d}\sigma$ 可以表示成两个定积分的乘积,即

$$\iint\limits_D f(x,y)\mathrm{d}\sigma = \int_a^b g(x)\mathrm{d}x \cdot \int_c^d h(y)\mathrm{d}y.$$

**例 7**　求两个底圆半径都等于 $R$ 的直交圆柱面所围成的立体的体积.

**解**　设两个直交圆柱面为 $x^2 + y^2 = R^2$ 及 $x^2 + z^2 = R^2$,利用立体关于坐标平面的对称性,只要算出它在第一卦限部分的体积 $V_1$,然后再乘以 8 即可. 如图 2 - 18 所示.

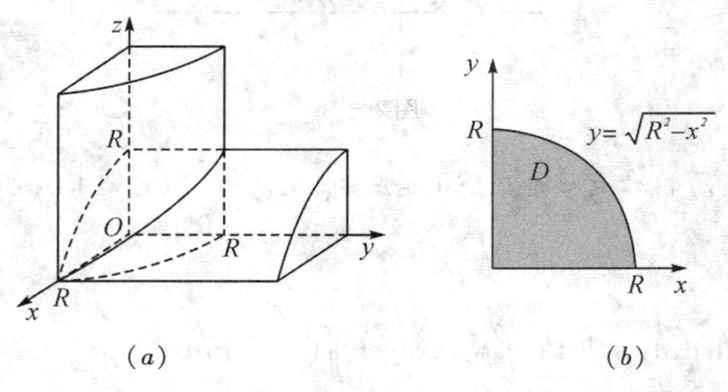


图 2 - 18

易见,所求立体在第一卦限部分可以看成是一个曲顶柱体,它的底为

$$D = \left\{(x,y) \Big| 0 \leqslant y \leqslant \sqrt{R^2 - x^2}, 0 \leqslant x \leqslant R\right\},$$

它的顶是柱面 $z = \sqrt{R^2 - x^2}$. 于是,

$$V_1 = \iint\limits_D \sqrt{R^2 - x^2}\mathrm{d}\sigma = \int_0^R \left[\int_0^{\sqrt{R^2-x^2}} \sqrt{R^2 - x^2}\mathrm{d}y\right]\mathrm{d}x$$

$$= \int_0^R \left[\sqrt{R^2 - x^2}\, y\right]_o^{\sqrt{R^2-x^2}} \mathrm{d}x$$

$$= \int_0^R (R^2 - x^2)\,dx = \frac{2}{3}R^3,$$

故所求体积为 $V = 8V_1 = \frac{16R^3}{3}$.

**例 8** 设公司销售商品甲 $x$ 个单位、商品乙 $y$ 个单位的利润由下式确定

$$L(x,y) = -(x-200)^2 - (y-100)^2 + 5000.$$

现已知一周销售商品甲在 150 ~ 200 之间变化,一周销售商品乙在 80 ~ 100 之间变化. 试求销售这两种商品一周的平均利润.

**解** 由题意知,$D = \{(x,y) \mid 150 \leqslant x \leqslant 200, 80 \leqslant y \leqslant 100\}$,则区域 $D$ 的面积 $\sigma = 50 \times 20 = 1000$.

这家公司销售两种商品一周的平均利润为

$$\begin{aligned}
\frac{1}{\sigma}\iint_D L(x,y)\,d\sigma &= \frac{1}{1000}\iint_D [-(x-200)^2 - (y-100)^2 + 5000]\,dx\,dy \\
&= \frac{1}{1000}\int_{150}^{200} dx \int_{80}^{100} [-(x-200)^2 - (y-100)^2 + 5000]\,dy \\
&= \frac{1}{1000}\int_{150}^{200} \left[-(x-200)^2 y - \frac{1}{3}(y-100)^3 + 5000y\right]_{80}^{100} dx \\
&= \frac{1}{3000}\left[-20(x-200)^2 + 292000x\right]_{150}^{200} \\
&= \frac{12100000}{3000} \approx 4033.
\end{aligned}$$

综合上述例子,我们可以将计算二重积分 $\iint_D f(x,y)\,d\sigma$ 的步骤归纳如下:

第一步,画出积分区域 $D$ 的示意图.

第二步,根据积分区域的特点和被积函数的特点,把积分区域 $D$ 描述成 $X$ 型

$$D = \{(x,y) \mid \varphi_1(x) \leqslant y \leqslant \varphi_2(x), a \leqslant x \leqslant b\}$$

或 $Y$ 型

$$D = \{(x,y) \mid \psi_1(y) \leqslant x \leqslant \psi_2(y), c \leqslant y \leqslant d\};$$

第三步,将二重积分化为累次积分. 如果积分区域 $D$ 是 $X$ 型,则

$$\iint_D f(x,y)\,d\sigma = \int_a^b dx \int_{\varphi_1(x)}^{\varphi_2(x)} f(x,y)\,dy,$$

如果积分区域 $D$ 是 $Y$ 型,则

$$\iint_D f(x,y)\,d\sigma = \int_c^d dy \int_{\psi_1(y)}^{\psi_2(y)} f(x,y)\,dx;$$

第四步,计算累次积分,得出结果.

### 三、交换累次积分的积分次序

由前面知道,计算二重积分的基本思路是根据积分区域的形状,将二重积分化

为恰当的累次积分. 不同的积分次序可能导致计算复杂度不同,如例 3. 有时某一种积分次序可能导致积不出来,这是由于有些初等函数的原函数不再是初等函数,所以,将二重积分化为累次积分的时候,可能会得到一个求不出原函数的积分,如例 4. 所以,我们有些时候需要交换累次积分的次序.

交换累次积分的积分次序,就是把先对 $x$ 积分,后对 $y$ 积分的累次积分改换成先对 $y$ 积分,后对 $x$ 积分的累次积分(或者是把先对 $y$ 积分,后对 $x$ 积分的累次积分改换成先对 $x$ 积分,后对 $y$ 积分的累次积分). 这个问题的实质,是把原先用 $Y$ 型描述的积分区域 $D$ 重新描述为 $X$ 型(或者是把原先用 $X$ 型描述的积分区域 $D$ 重新描述为 $Y$ 型). 因此,交换累次积分的积分次序遵循以下步骤:

第一步,根据给定的累次积分的积分限(即积分变量 $x,y$ 的取值范围)确定出积分区域 $D$.

第二步,重新描述积分区域 $D$.

第三步,根据第二步对积分区域 $D$ 的重新描述写出相应的二次积分.

**例 9**　交换累次积分 $\int_0^1 dx\int_0^{1-x} f(x,y)dy$ 的积分次序.

**解**　根据原积分的表达式,易得积分区域 $D$ 为

$$D=\{(x,y)\mid 0\leqslant x\leqslant 1, 0\leqslant y\leqslant 1-x\}$$

画出积分区域 $D$ 如图 2 - 19 阴影所示.

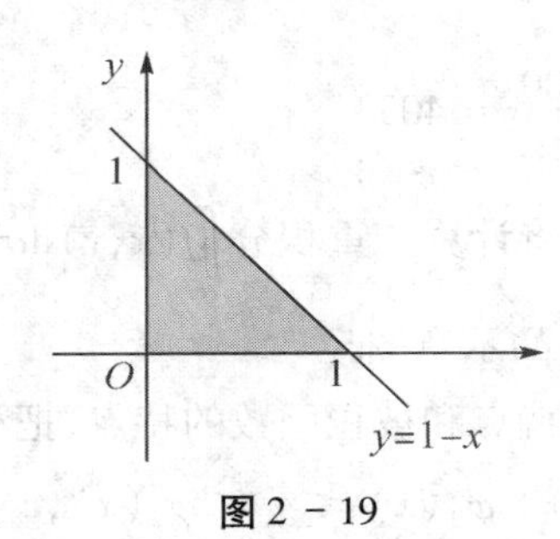


**图 2 - 19**

由以上图形,重新描述积分区域 $D$,得到

$$D=\{(x,y)\mid 0\leqslant x\leqslant 1-y, 0\leqslant y\leqslant 1\},$$

故

$$\int_0^1 dx\int_0^{1-x} f(x,y)dy=\int_0^1 dy\int_0^{1-y} f(x,y)dx.$$

**例 10**　交换 $\int_0^1 dx\int_{x^2}^{x} f(x,y)dy$ 的积分次序.

**解**　由 $0\leqslant x\leqslant 1, x^2\leqslant y\leqslant x$,确定出积分区域 $D$,如图 2 - 20 阴影所示.

所以,$D=\{(x,y)\mid 0\leqslant y\leqslant 1, y\leqslant x\leqslant \sqrt{y}\}$,则

$$\int_0^1 dx\int_{x^2}^{x} f(x,y)dy=\int_0^1 dy\int_y^{\sqrt{y}} f(x,y)dx.$$

**例 11** 交换$\int_0^1 dx\int_0^{\sqrt{2x-x^2}} f(x,y)dy+\int_1^2 dx\int_0^{2-x} f(x,y)dy$的积分次序.

**解** 根据原累次积分表达式,画出积分区域 $D$ 如图 2-21 阴影所示.

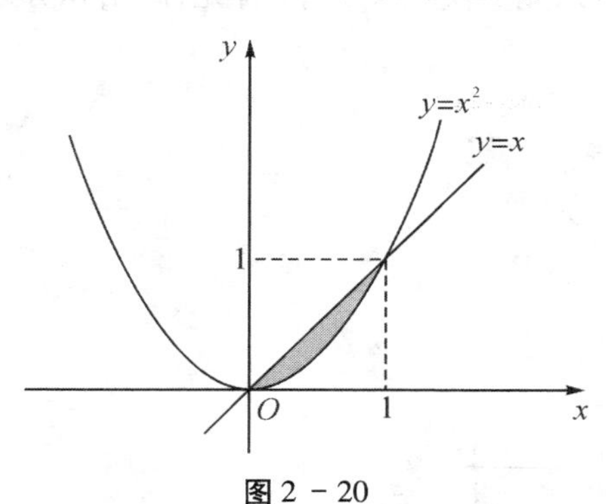


图 2-20

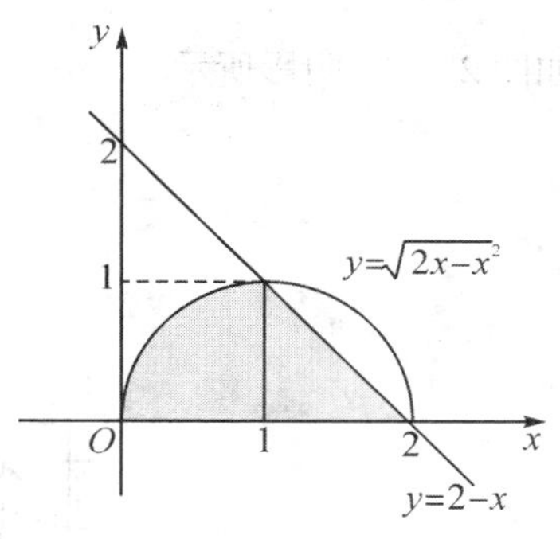


图 2-21

所以,$D=\{(x,y)\mid 1-\sqrt{1-y^2}\leqslant x\leqslant 2-y,0\leqslant y\leqslant 1\}$,则

$$\int_0^1 dx\int_0^{\sqrt{2x-x^2}} f(x,y)dy+\int_1^2 dx\int_0^{2-x} f(x,y)dy=\int_0^1 dy\int_{1-\sqrt{1-y^2}}^{2-y} f(x,y)dx.$$

**例 12** 交换$\int_0^{2a} dx\int_{\sqrt{2ax-x^2}}^{\sqrt{2ax}} f(x,y)dy(a>0)$的积分次序.

**解** 根据原积分表达式,画出积分区域 $D$ 如图 2-22 阴影所示.

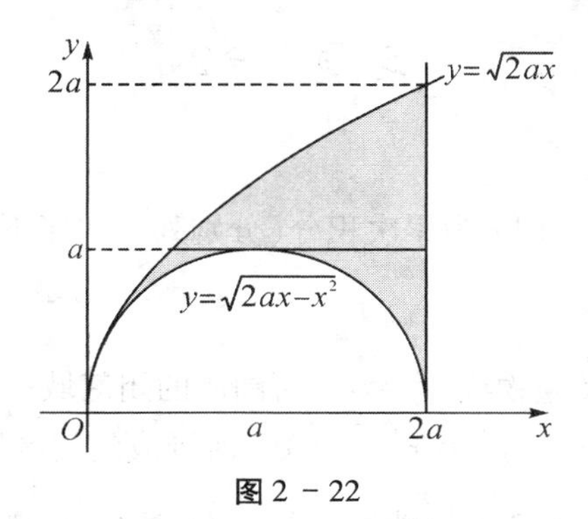


图 2-22

所以 $D=\{(x,y)\mid \frac{y^2}{2a}\leqslant x\leqslant a-\sqrt{a^2-y^2},0\leqslant y\leqslant a\}$

$$+\{(x,y)\mid a+\sqrt{a^2-y^2}\leqslant x\leqslant 2a,0\leqslant y\leqslant a\}$$

$$+\{(x,y)\mid \frac{y^2}{2a}\leqslant x\leqslant 2a,a\leqslant y\leqslant 2a\}$$

$$\int_0^{2a} dx\int_{\sqrt{2ax-x^2}}^{\sqrt{2ax}} f(x,y)dy$$

$$=\int_0^a dy\int_{\frac{y^2}{2a}}^{a-\sqrt{a^2-y^2}} f(x,y)dx+\int_0^a dy\int_{a+\sqrt{a^2-y^2}}^{2a} f(x,y)dx+\int_a^{2a} dy\int_{\frac{y^2}{2a}}^{2a} f(x,y)dx.$$

**例 13**　计算积分 $I=\int_{\frac{1}{4}}^{\frac{1}{2}}\mathrm{d}y\int_{\frac{1}{2}}^{\sqrt{y}}e^{\frac{y}{x}}\mathrm{d}x+\int_{\frac{1}{2}}^{1}\mathrm{d}y\int_{y}^{\sqrt{y}}e^{\frac{y}{x}}\mathrm{d}x.$

**解**　因为$\int e^{\frac{y}{x}}\mathrm{d}x$不能用初等函数表示,所以先交换积分次序. 首先,画出积分区域 $D$ 如图 2 - 23 阴影所示.

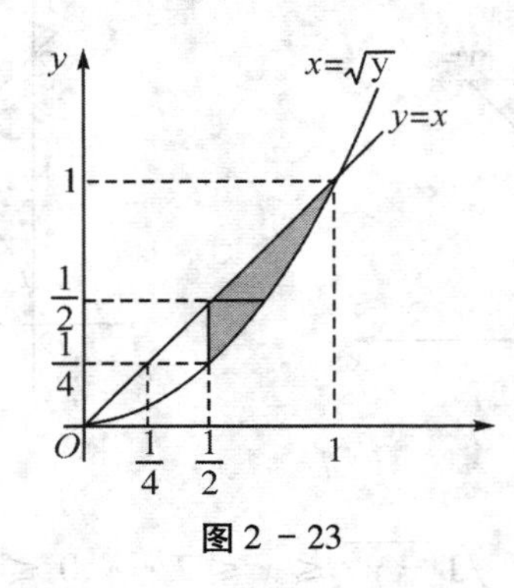


图 2 - 23

所以,$D=\{(x,y)\mid \frac{1}{2}\leqslant x\leqslant 1,x^2\leqslant y\leqslant x\}$,则

$I=\int_{\frac{1}{2}}^{1}\mathrm{d}x\int_{x^2}^{x}e^{\frac{y}{x}}\mathrm{d}y=\int_{\frac{1}{2}}^{1}x(e-e^x)dx=\frac{3}{8}e-\frac{1}{2}\sqrt{e}.$

## 习题 2 - 2

1. 化二重积分$\iint\limits_D f(x,y)\mathrm{d}\sigma$为累次积分(分别列出次序不同的两个累次积分),其中积分区域 $D$ 是:

(1) 由直线 $y=x$ 及抛物线 $y^2=4x$ 所围成的闭区域;

(2) 由 $x$ 轴及半圆 $x^2+y^2=r^2(y\geqslant 0)$ 所围成的闭区域;

(3) 由直线 $y=x,x=2$ 及双曲线 $y=\frac{1}{x}(x>0)$ 所围成的闭区域;

(4) 环形闭区域 $1\leqslant x^2+y^2\leqslant 4$.

2. 计算下列二重积分:

(1) $\iint\limits_D x\sqrt{y}\mathrm{d}\sigma$,其中 $D$ 是由抛物线 $y=x^2$ 与 $y=\sqrt{x}$ 所围成的区域;

(2) $\iint\limits_D xy^2\mathrm{d}\sigma$,其中 $D$ 是由圆 $x^2+y^2=4$ 与 $y$ 轴所围成的右半区域;

(3) $\iint\limits_D (x^2+y^2-x)\mathrm{d}\sigma$,其中 $D$ 是由 $y=2$ 与 $y=x$ 及 $y=2x$ 所围成的区域;

(4) $\iint\limits_D x^2y\mathrm{d}\sigma$,其中 $D$ 为矩形区域$\{(x,y)\mid 0\leqslant x\leqslant 1,0\leqslant y\leqslant 2\}$;

(5) $\iint\limits_D \cos(x+y)\mathrm{d}\sigma$,其中 $D$ 是由 $x=0,y=\pi,y=x$ 所围成的区域;

(6) $\iint\limits_D \frac{y}{x}\mathrm{d}\sigma$,其中 $D$ 是由 $y=x,y=2x$ 及 $x=2,x=4$ 所围成的区域;

(7) $\iint\limits_D (x^2+y^2)\mathrm{d}\sigma$,其中 $D$ 为矩形区域 $\{(x,y) \mid |x| \leqslant 1, |y| \leqslant 1\}$;

(8) $\iint\limits_D (3x+2y)\mathrm{d}\sigma$,其中 $D$ 是由两坐标轴及直线 $x+y=2$ 所围成的区域;

(9) $\iint\limits_D (x^3+3x^2y+y^3)\mathrm{d}\sigma$,其中 $D$ 为矩形区域 $\{(x,y) \mid 0 \leqslant x \leqslant 1, 0 \leqslant y \leqslant 1\}$.

3. 如果二重积分 $\iint\limits_D f(x,y)\mathrm{d}x\mathrm{d}y$ 的被积函数 $f(x,y)$ 是两个函数 $g(x)$ 及 $h(y)$ 的乘积,即 $f(x,y)=g(x)h(y)$,积分区域 $D$ 为矩形区域 $\{(x,y) \mid a \leqslant x \leqslant b, c \leqslant y \leqslant d\}$,证明:

$$\iint\limits_D f(x,y)\mathrm{d}x\mathrm{d}y = \left[\int_a^b g(x)\mathrm{d}x\right] \cdot \left[\int_c^d h(y)\mathrm{d}y\right].$$

4. 设 $f(x,y)$ 在 $D$ 上连续,其中 $D$ 是由直线 $y=x,y=a$ 及 $x=b(b>a)$ 所围成的闭区域,证明:

$$\int_a^b \mathrm{d}x \int_a^y f(x,y)\mathrm{d}y = \int_a^b \mathrm{d}y \int_y^b f(x,y)\mathrm{d}x.$$

5. 交换下列累次积分的积分次序:

(1) $\int_0^2 \mathrm{d}y \int_{y^2}^{2y} f(x,y)\mathrm{d}x$;　　(2) $\int_1^2 \mathrm{d}x \int_{2-x}^{\sqrt{2x-x^2}} f(x,y)\mathrm{d}y$;

(3) $\int_0^1 \mathrm{d}y \int_{-\sqrt{1-y^2}}^{\sqrt{1-y^2}} f(x,y)\mathrm{d}x$;

(4) $\int_0^1 \mathrm{d}x \int_0^{x^2} f(x,y)\mathrm{d}y + \int_1^3 \mathrm{d}x \int_0^{\frac{3-x}{2}} f(x,y)\mathrm{d}y$.

6. 计算由四个平面 $x=0,y=0,x=1,y=1$ 所围成的被平面 $z=0$ 及 $2x+3y+z=6$ 截得的立体的体积.

7. 求由平面 $x=0,y=0,x+y=1$ 所围成的被平面 $z=0$ 及抛物面 $x^2+y^2=6-z$ 截得的立体的体积.

8. 求由曲面 $z=x^2+2y^2$ 及 $z=6-2x^2-y^2$ 所围成的立体的体积.

9. 设平面薄片所占闭区域 $D$ 由直线 $x+y=2,y=x$ 和 $x$ 轴所围成,它的面密度 $\rho(x,y)=x^2+y^2$,求该薄片的质量.

**[问题探究]**

**椭圆柱形储油罐的计量问题**

现有一个卧式椭圆柱形储油罐,其高度为 $l$,两底面是长半轴为 $a$、短半轴为 $b$ 的椭圆,将储油罐卧式摆放(如图 2-24 所示),现研究储油罐中储油量 $Q$ 与油液面高度

$h$ 的关系.

图 2－24

## 第三节　在极坐标系下二重积分的计算

计算定积分时,求积分的困难在于被积函数,定积分换元法的好处是将被积函数简化,从而便于求出定积分. 计算二重积分时,求积分的困难除被积函数这一因素外,还在于积分区域的多样性,有时积分区域是困难的主要因素,为此,针对不同形状的区域,引进适当的变换,将复杂的积分区域变成简单的区域. 如果积分区域的边界是由圆弧段和射线组成的,则用极坐标变换往往能将积分区域简化. 另外,若被积函数为 $f(x^2+y^2)$、$f(\frac{y}{x})$、$f(\frac{x}{y})$ 形式时,用极坐标变换,被积函数的形式往往也会变得更方便处理.

### 一、在极坐标系下的二重积分

极坐标变换是一种常用的变量替换,直角坐标系 $xoy$ 与极坐标系的转换,是把直角坐标系 $xoy$ 的坐标原点 $O$ 当作极点,$ox$ 轴的正向当作极轴来进行的. 如图 2－25 所示.

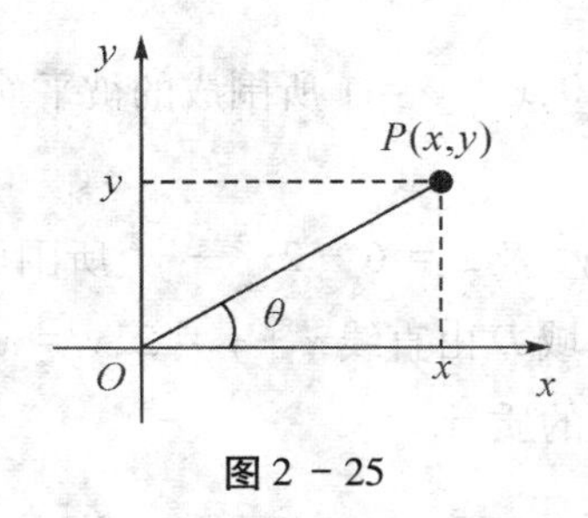


图 2－25

因此,直角坐标系 $xoy$ 平面上的任意一点 $(x,y)$ 在极坐标系下表示为 $(r\cos\theta,r\sin\theta)$,即直角坐标系与极坐标系的变换公式为

$$\begin{cases} x = r\cos\theta \\ y = r\sin\theta \end{cases} \text{或} \begin{cases} r = \sqrt{x^2 + y^2} \\ \theta = \arctan \dfrac{y}{x} \end{cases}$$

要采用极坐标计算二重积分，首先需要把在直角坐标系下表示的二重积分 $\iint\limits_D f(x,y)\mathrm{d}\sigma$ 转换为极坐标系下的二重积分 $\iint\limits_\Omega f(r\cos\theta, r\sin\theta) r\mathrm{d}r\mathrm{d}\theta$. 其中 $r\mathrm{d}r\mathrm{d}\theta$ 称为极坐标系下的面积微元，可以从几何上直观地解释如下：

设过极点的射线与区域 $D$ 的边界线的交点不多于两点，我们用一组同心圆（$r =$ 常数），和一组通过极点的射线（$\theta =$ 常数），将区域 $D$ 分成很多小区域，取半径为 $r$，$r + \mathrm{d}r$ 的圆弧，极角为 $\theta, \theta + \mathrm{d}\theta$ 的射线所围成的典型的面积元素，如图 2 - 26 所示.

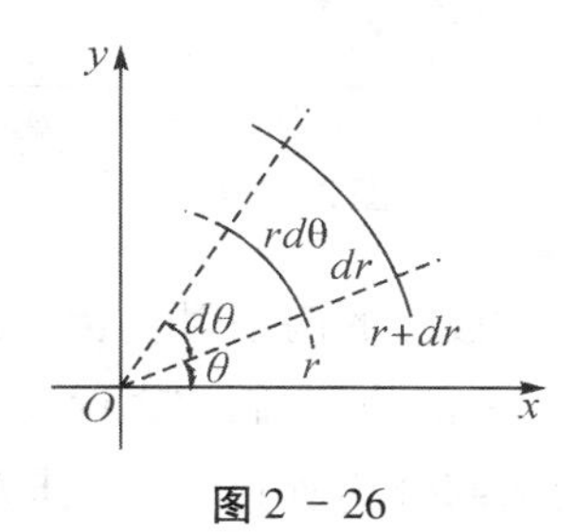


图 2 - 26

由扇形面积公式得

$$\mathrm{d}\sigma = \frac{1}{2}(r + \mathrm{d}r)^2\mathrm{d}\theta - \frac{1}{2}r^2\mathrm{d}\theta = r\mathrm{d}r\mathrm{d}\theta + \frac{1}{2}(\mathrm{d}r)^2\mathrm{d}\theta$$

略去高阶无穷小量 $\frac{1}{2}(\mathrm{d}r)^2\mathrm{d}\theta$，得

$$\mathrm{d}\sigma = r\mathrm{d}r\mathrm{d}\theta$$

这个结果同直角坐标系下的情形一样，当 $\mathrm{d}r$、$\mathrm{d}\theta$ 充分小时，可以把面积微元近似看成小矩形，一边长为 $\mathrm{d}r$，一边长为 $r\mathrm{d}\theta$，故面积微元的面积为 $r\mathrm{d}r\mathrm{d}\theta$.

而被积函数变成

$$f(x,y) = f(r\cos\theta, r\sin\theta)$$

于是得到将直角坐标的二重积分变换为极坐标的二重积分公式

$$\iint\limits_D f(x,y)\mathrm{d}\sigma = \iint\limits_\Omega f(r\cos\theta, r\sin\theta) r\mathrm{d}r\mathrm{d}\theta \tag{2-7}$$

其中直角坐标系下 $xy$ 平面中的积分区域 $D$ 变换成 $r\theta$ 平面中的积分区域 $\Omega$.

## 二、在极坐标系下计算二重积分

一般情况下，我们总是在 $xy$ 平面中计算二重积分，不再单独画出 $r\theta$ 平面中的积分区域 $\Omega$，事实上，$r\theta$ 平面中的区域 $\Omega$ 经可逆变换 $\begin{cases} r = \sqrt{x^2 + y^2} \\ \theta = \arctan \dfrac{y}{x} \end{cases}$ 就变成了 $xy$ 平面中

的积分区域$D$. 故我们一般把坐标原点$O$当作极点，$x$轴的正向当作极轴，直接根据区域$D$，确定出$r,\theta$的取值范围，将积分$\iint\limits_{\Omega} f(r\cos\theta, r\sin\theta) r\mathrm{d}r\mathrm{d}\theta$化成关于$r$和$\theta$的累次积分. 几种常见的情形如下：

(1) 极点在积分区域$D$的外部. 如图2－27所示.

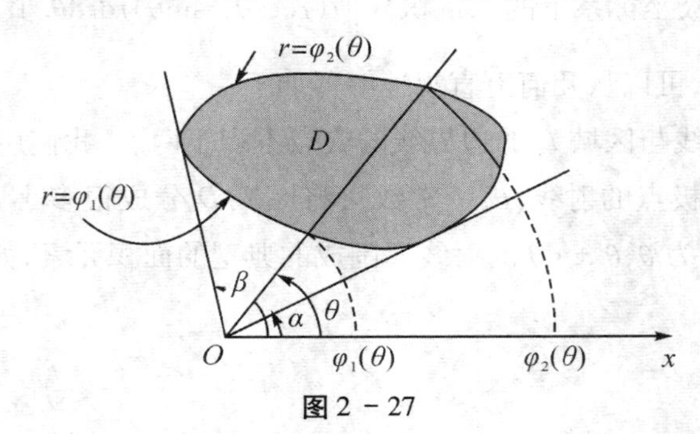


图2－27

这样的积分区域$D$，可以用过极点的两条射线$\theta=\alpha$和$\theta=\beta$把$D$夹住. 这两条射线把区域$D$的边界曲线分成了两部分，我们称靠近极点的那部分为内边界线，其方程为$r=\varphi_1(\theta)$，称离极点远的那部分为外边界线，其方程为$r=\varphi_2(\theta)$. 对于任意$\theta\in[\alpha,\beta]$，有$\varphi_1(\theta)\leqslant r\leqslant\varphi_2(\theta)$，于是

$$\Omega=\{(r,\theta)\mid\varphi_1(\theta)\leqslant r\leqslant\varphi_2(\theta),\alpha\leqslant\theta\leqslant\beta\},$$

其中函数$\varphi_1(\theta)$，$\varphi_2(\theta)$在区间$[\alpha,\beta]$上连续.

$$\iint\limits_{\Omega} f(r\cos\theta,r\sin\theta)r\mathrm{d}r\mathrm{d}\theta=\int_{\alpha}^{\beta}\left[\int_{\varphi_1(\theta)}^{\varphi_2(\theta)} f(r\cos\theta,r\sin\theta)r\mathrm{d}r\right]\mathrm{d}\theta \qquad (2-8)$$

上式也写成

$$\iint\limits_{D} f(x,y)\mathrm{d}\sigma=\int_{\alpha}^{\beta}\mathrm{d}\theta\int_{\varphi_1(\theta)}^{\varphi_2(\theta)} f(r\cos\theta,r\sin\theta)r\mathrm{d}r \qquad (2-9)$$

(2) 极点在积分区域$D$的边界线上. 如图2－28所示.

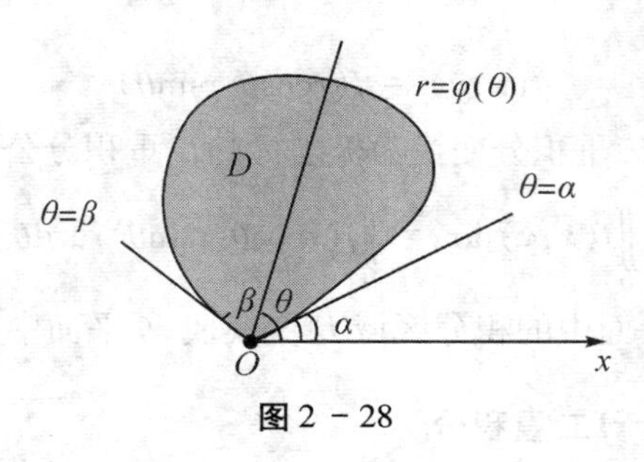


图2－28

这样的积分区域$D$，仍然可以用过极点的两条射线$\theta=\alpha$和$\theta=\beta$把$D$夹住. 设$D$的边界曲线方程为$r=\varphi(\theta)$，则对于任意$\theta\in[\alpha,\beta]$，有$0\leqslant r\leqslant\varphi(\theta)$，函数$\varphi(\theta)$在区间$[\alpha,\beta]$上连续，则有

$$\iint\limits_{D} f(x,y)\,\mathrm{d}\sigma = \int_{\alpha}^{\beta}\mathrm{d}\theta\int_{0}^{\varphi(\theta)} f(r\cos\theta, r\sin\theta)\,r\mathrm{d}r \qquad (2-10)$$

(3) 极点在积分区域 $D$ 的内部. 如图 2 - 29 所示.

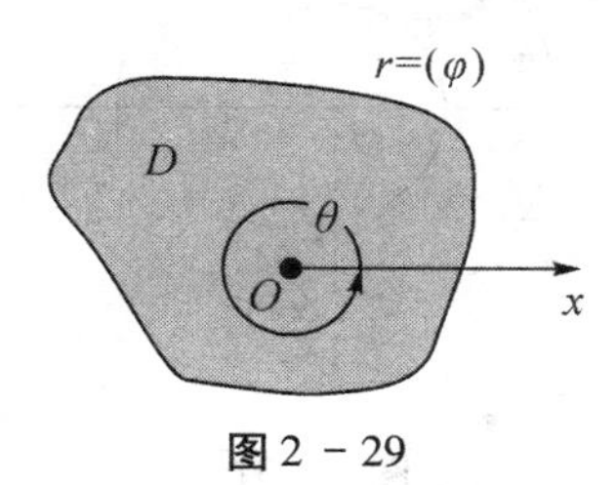


图 2 - 29

这样的积分区域 $D$,$0 \leqslant \theta \leqslant 2\pi$,设 $D$ 的边界曲线方程为 $r = \varphi(\theta)$,且函数 $\varphi(\theta)$ 在区间 $[0,2\pi]$ 上连续,则对于任意 $\theta \in [0,2\pi]$,有 $0 \leqslant r \leqslant \varphi(\theta)$,于是

$$\iint\limits_{D} f(x,y)\,\mathrm{d}\sigma = \int_{0}^{2\pi}\mathrm{d}\theta\int_{0}^{\varphi(\theta)} f(r\cos\theta, r\sin\theta)\,r\mathrm{d}r \qquad (2-11)$$

**例 1** 计算 $\iint\limits_{D}\frac{\mathrm{d}x\mathrm{d}y}{1+x^2+y^2}$,其中 $D = \{(x,y) \mid x^2+y^2 \leqslant 1\}$.

**解** 积分区域 $D$ 如图 2 - 30 所示.

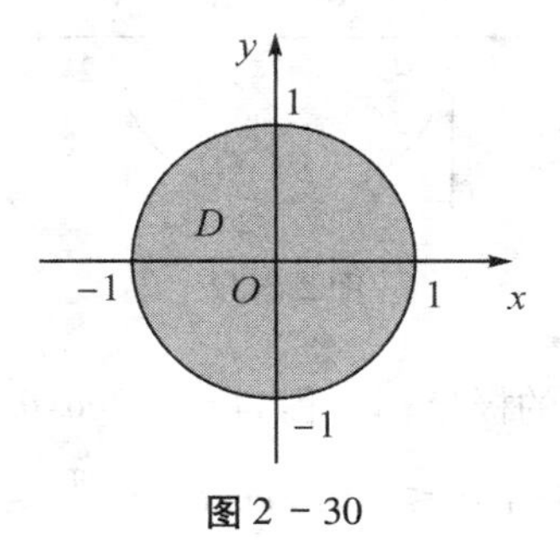


图 2 - 30

极点在区域 $D$ 内部,显然有 $\Omega = \{(r,\theta) \mid 0 \leqslant r \leqslant 1, 0 \leqslant \theta \leqslant 2\pi\}$,故

$$\iint\limits_{D}\frac{\mathrm{d}x\mathrm{d}y}{1+x^2+y^2} = \int_{0}^{2\pi}\mathrm{d}\theta\int_{0}^{1}\frac{r\mathrm{d}r}{1+r^2} = \int_{0}^{2\pi}\frac{1}{2}\left[\ln(1+r^2)\right]\Big|_{0}^{1}\mathrm{d}\theta$$

$$= \int_{0}^{2\pi}\frac{1}{2}\ln 2\,\mathrm{d}\theta = \frac{1}{2}\ln 2\cdot\theta\Big|_{0}^{2\pi} = \pi\ln 2.$$

**例 2** 计算 $\iint\limits_{D}\frac{\sin(\pi\sqrt{x^2+y^2})}{\sqrt{x^2+y^2}}\mathrm{d}x\mathrm{d}y$,积分区域 $D = \{(x,y) \mid 1 \leqslant x^2+y^2 \leqslant 4\}$.

**解** 积分区域 $D$ 如图 2 - 31 阴影所示.

极点在区域 $D$ 外部,$\Omega = \{(r,\theta) \mid 1 \leqslant r \leqslant 2, 0 \leqslant \theta \leqslant 2\pi\}$

$$\iint\limits_{D}\frac{\sin(\pi\sqrt{x^2+y^2})}{\sqrt{x^2+y^2})}\mathrm{d}x\mathrm{d}y = \int_{0}^{2\pi}\mathrm{d}\theta\int_{1}^{2}\frac{\sin\pi r}{r}r\mathrm{d}r$$

$$= 2\pi\cdot\left[-\frac{1}{\pi}\cos\pi r\right]_{1}^{2} = -4.$$

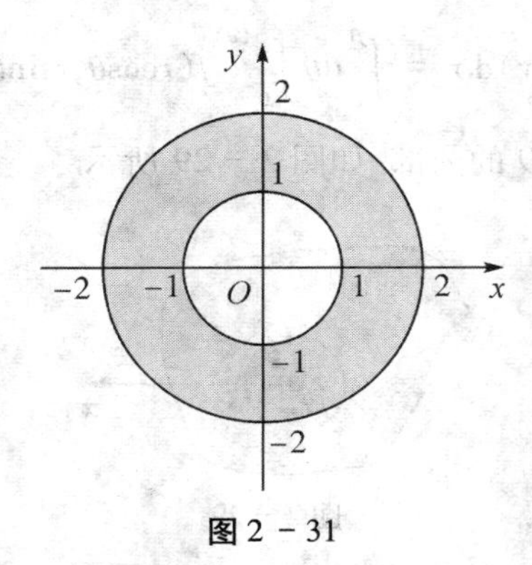


图2－31

**例3**　计算$\iint\limits_D \frac{y^2}{x^2}\mathrm{d}x\mathrm{d}y$,其中$D$是由曲线$x^2+y^2=2x$所围成的平面区域.

**解**　积分区域$D$如图2－32阴影所示.

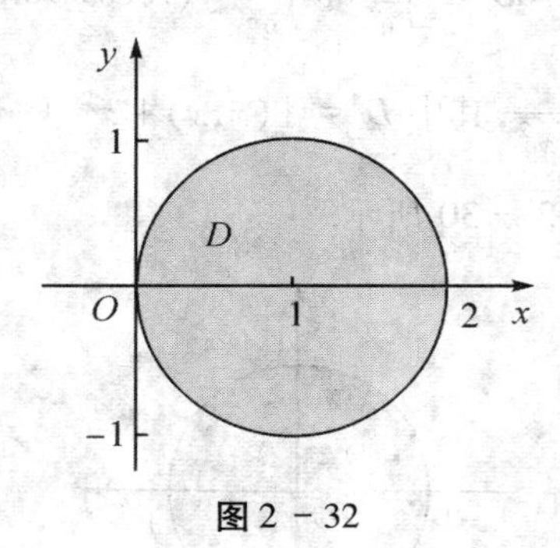


图2－32

积分区域$D$的边界曲线的极坐标方程为$r=2\cos\theta$. 于是

$$\Omega=\{(r,\theta)\mid 0\leqslant r\leqslant 2\cos\theta,\ -\frac{\pi}{2}\leqslant\theta\leqslant\frac{\pi}{2}\}.$$

所以

$$\iint\limits_D \frac{y^2}{x^2}\mathrm{d}x\mathrm{d}y=\iint\limits_D \frac{r^2\sin^2\theta}{r^2\cos^2\theta}r\mathrm{d}r\mathrm{d}\theta=\int_{-\frac{\pi}{2}}^{\frac{\pi}{2}}\mathrm{d}\theta\int_0^{2\cos\theta}\frac{\sin^2\theta}{\cos^2\theta}r\mathrm{d}r$$

$$=\int_{-\frac{\pi}{2}}^{\frac{\pi}{2}}2\sin^2\theta\mathrm{d}\theta=\int_{-\frac{\pi}{2}}^{\frac{\pi}{2}}(1+\cos 2\theta)\mathrm{d}\theta=\pi.$$

**例4**　写出在极坐标系下二重积分$\iint\limits_D f(x,y)\mathrm{d}x\mathrm{d}y$的累次积分,其中区域$D=\{(x,y)\mid 1-x\leqslant y\leqslant\sqrt{1-x^2},0\leqslant x\leqslant 1\}$.

**解**　积分区域$D$如图2－33阴影所示.

利用极坐标变换$x=r\cos\theta,y=r\sin\theta$,易见直线方程$x+y=1$的极坐标形式为$r=\frac{1}{\sin\theta+\cos\theta}$,所以$\Omega=\{(r,\theta)\mid 0\leqslant\theta\leqslant\frac{\pi}{2},\frac{1}{\sin\theta+\cos\theta}\leqslant r\leqslant 1\}$,则

$$\iint\limits_D f(x,y)\mathrm{d}x\mathrm{d}y=\int_0^{\frac{\pi}{2}}\mathrm{d}\theta\int_{\frac{1}{\sin\theta+\cos\theta}}^1 f(r\cos\theta,r\sin\theta)r\mathrm{d}r.$$

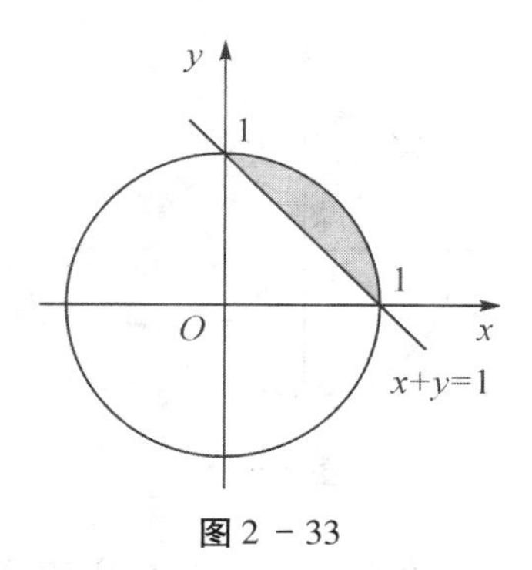

图2－33

**例5** 计算$\iint\limits_D (x^2+y^2)\mathrm{d}x\mathrm{d}y$,其中$D$为由圆$x^2+y^2=2y$,$x^2+y^2=4y$及直线$x-\sqrt{3}y=0$,$y-\sqrt{3}x=0$所围成的平面闭区域.

**解** 积分区域$D$如图2－34阴影所示.

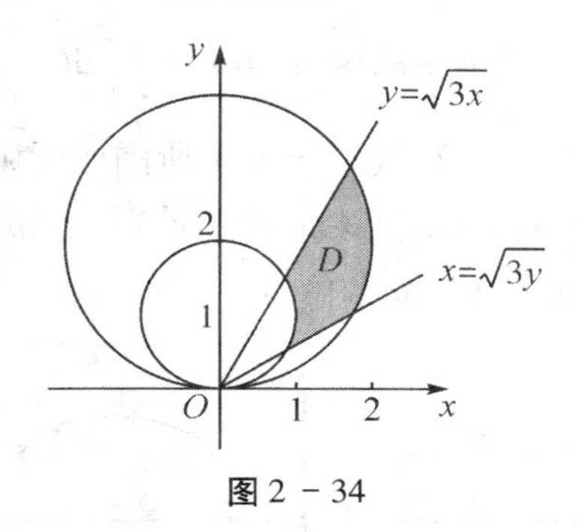

图2－34

直线$y-\sqrt{3}x=0$的极坐标形式为$\theta=\frac{\pi}{3}$,圆$x^2+y^2=4y$的极坐标形式为$r=4\sin\theta$,直线$x-\sqrt{3}y=0$的极坐标形式为$\theta=\frac{\pi}{6}$,圆$x^2+y^2=2y$的极坐标形式为$r=2\sin\theta$,所以$\Omega=\{(r,\theta)\mid\frac{\pi}{6}\leqslant\theta\leqslant\frac{\pi}{3},2\sin\theta\leqslant r\leqslant 4\sin\theta\}$,则

$$\iint\limits_D (x^2+y^2)\mathrm{d}x\mathrm{d}y=\int_{\frac{\pi}{6}}^{\frac{\pi}{3}}\mathrm{d}\theta\int_{2\sin\theta}^{4\sin\theta}r^2\cdot r\mathrm{d}r=60\int_{\frac{\pi}{6}}^{\frac{\pi}{3}}\sin^4\theta\mathrm{d}\theta=15\left(\frac{\pi}{2}-\sqrt{3}\right).$$

**例6** 将二重积分$\iint\limits_D f(x,y)\mathrm{d}\sigma$化为极坐标形式的累次积分,其中$D$是曲线$x^2+y^2=a^2$,$\left(x-\frac{a}{2}\right)^2+y^2=\frac{a^2}{4}$及直线$x+y=0$所围成上半平面的区域.

**解** 积分区域$D$如图2－35阴影所示.

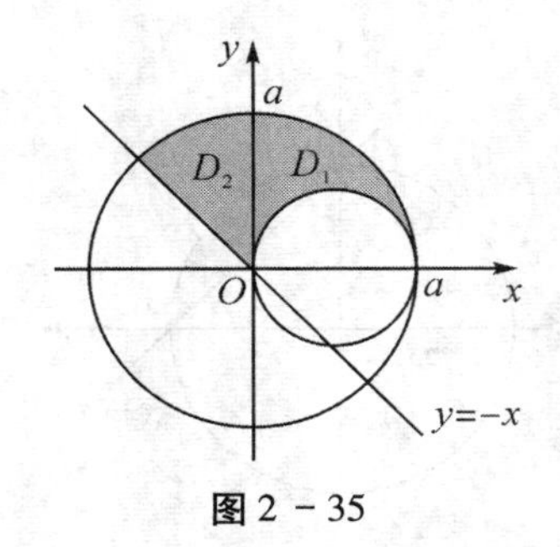


图 2 - 35

令 $x = r\cos\theta, y = r\sin\theta$,则 $D$ 的边界的极坐标方程分别变为 $r = a, r = a\cos\theta$ 及 $\theta = \frac{3\pi}{4}$. 记 $D = D_1 + D_2$. 则有

$$\iint_D f(x,y)\mathrm{d}\sigma = \iint_{D_1} f(x,y)\mathrm{d}\sigma + \iint_{D_2} f(x,y)\mathrm{d}\sigma$$

$$= \int_0^{\frac{\pi}{2}} d\theta \int_{a\cos\theta}^{a} f(r\cos\theta, r\sin\theta) r\mathrm{d}r + \int_{\frac{\pi}{2}}^{\frac{3\pi}{4}} \mathrm{d}\theta \int_0^a f(r\cos\theta, r\sin\theta) r\mathrm{d}r.$$

**例 7**　求曲线 $(x^2 + y^2)^2 = 2a^2(x^2 - y^2)$ 所围成区域 $D$ 的面积.

**解**　设 $x = r\cos\theta, y = r\sin\theta$,则曲线 $(x^2 + y^2)^2 = 2a^2(x^2 - y^2)$ 的极坐标形式为 $r^2 = 2a^2\cos 2\theta$,区域 $D$ 如图 2 - 36 阴影所示.

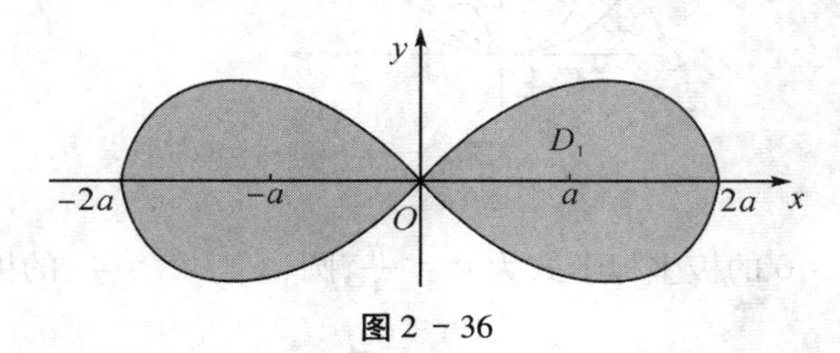


图 2 - 36

根据对称性,区域 $D$ 的面积是第一象限的区域 $D_1$ 的面积的 4 倍.

所以区域 $D$ 的面积

$$\sigma = \iint_D \mathrm{d}x\mathrm{d}y = 4\iint_{D_1} \mathrm{d}x\mathrm{d}y$$

$$= 4\int_0^{\frac{\pi}{4}} \mathrm{d}\theta \int_0^{a\sqrt{2\cos 2\theta}} r\mathrm{d}r = 4a^2 \int_0^{\frac{\pi}{4}} \cos 2\theta \mathrm{d}\theta = 2a^2.$$

**例 8**　求球体 $x^2 + y^2 + z^2 \leqslant 4a^2$ 被圆柱面 $x^2 + y^2 = 2ax (a > 0)$ 所截得的(含在圆柱面内的部分) 立体的体积(如图 2 - 37 所示).

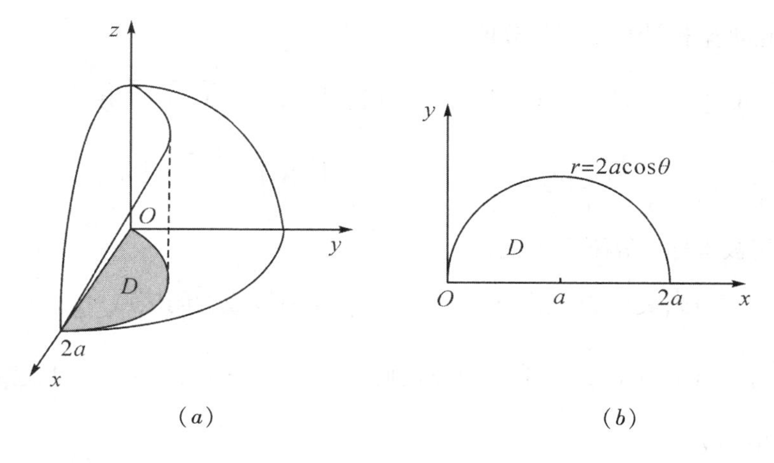

(a)　　(b)

图 2 - 37

**解**　由对称性，有 $V=4\iint\limits_D\sqrt{4a^2-x^2-y^2}\,\mathrm{d}x\mathrm{d}y$，半圆区域 $D$ 通过极坐标变换为：

$$0\leqslant\theta\leqslant\frac{\pi}{2},0\leqslant r\leqslant 2a\cos\theta$$

所以，有

$$V=4\iint\limits_D\sqrt{4a^2-x^2-y^2}\,\mathrm{d}x\mathrm{d}y=4\int_0^{\frac{\pi}{2}}\mathrm{d}\theta\int_0^{2a\cos\theta}\sqrt{4a^2-r^2}\,r\mathrm{d}r$$

$$=\frac{32}{3}a^3\int_0^{\frac{\pi}{2}}(1-\sin^3\theta)\,\mathrm{d}\theta=\frac{32}{3}a^3\left(\frac{\pi}{2}-\frac{2}{3}\right).$$

## 习题 2 - 3

1. 把积分 $\iint\limits_D f(x,y)\,\mathrm{d}x\mathrm{d}y$ 表示为极坐标形式的累次积分，其中积分区域 $D$ 是：

(1) $D=\{(x,y)\mid x^2+y^2\leqslant a^2,a\geqslant 0\}$；

(2) $D=\{(x,y)\mid x^2+y^2\leqslant 2x\}$；

(3) $D=\{(x,y)\mid a^2\leqslant x^2+y^2\leqslant b^2,0<a<b\}$；

(4) $D=\{(x,y)\mid 0\leqslant y\leqslant 1-x,0\leqslant x\leqslant 1\}$.

2. 化下列累次积分为极坐标系下的累次积分：

(1) $\int_0^1\mathrm{d}x\int_0^1 f(x,y)\,\mathrm{d}y$；　　(2) $\int_0^1\mathrm{d}x\int_{1-x}^{\sqrt{1-x^2}}f(x,y)\,\mathrm{d}y$；

(3) $\int_0^2\mathrm{d}x\int_x^{\sqrt{3}x}f(\sqrt{x^2+y^2})\,\mathrm{d}y$；　　(4) $\int_0^1\mathrm{d}x\int_0^{x^2}f(x,y)\,\mathrm{d}y$.

3. 利用极坐标计算下列积分值：

(1) $\int_0^{2a}dx\int_0^{\sqrt{2ax-x^2}}(x^2+y^2)dy$；　　(2) $\int_0^a dx\int_0^x\sqrt{x^2+y^2}dy$；

(3) $\int_0^1 dx\int_{x^2}^x\frac{1}{\sqrt{x^2+y^2}}dy$；　　(4) $\int_0^a dy\int_0^{\sqrt{a^2-y^2}}(x^2+y^2)dx$.

4. 利用极坐标计算下列各题：

(1) $\iint\limits_D e^{x^2+y^2}d\sigma$，其中 $D$ 是由圆周 $x^2+y^2=4$ 所围成的闭区域；

(2) $\iint\limits_D\ln(1+x^2+y^2)d\sigma$，其中 $D$ 是由圆周 $x^2+y^2=1$ 及坐标轴所围成的在第一象限内的闭区域；

(3) $\iint\limits_D\arctan\frac{y}{x}d\sigma$，其中 $D$ 是由圆周 $x^2+y^2=4$，$x^2+y^2=1$ 及直线 $y=0$，$y=x$ 所围成的在第一象限内的闭区域.

5. 选用适当的坐标系计算下列积分：

(1) $\iint\limits_D\frac{x^2}{y^2}d\sigma$，其中 $D$ 是由直线 $x=2$，$y=x$ 及曲线 $xy=1$ 所围成的闭区域；

(2) $\iint\limits_D\sqrt{\frac{1-x^2-y^2}{1+x^2+y^2}}d\sigma$，其中 $D$ 是由圆周 $x^2+y^2=1$ 及坐标轴所围成的在第一象限内的闭区域；

(3) $\iint\limits_D(x^2+y^2)d\sigma$，其中 $D$ 是由直线 $y=x$，$y=x+a$，$y=a$，$y=3a(a>0)$ 所围成的闭区域；

(4) $\iint\limits_D\sqrt{x^2+y^2}d\sigma$，其中 $D=\{(x,y)\mid a^2\leqslant x^2+y^2\leqslant b^2\}$.

6. 求由平面 $y=0$，$y=kx(k>0)$，$z=0$ 以及球心在原点、半径为 $R$ 的上半球面所围成的在第一卦限内的立体的体积.

7. 计算以 $xy$ 平面上的圆周 $x^2+y^2=ax$ 围成的闭区域为底，而以曲面 $z=x^2+y^2$ 为顶的曲顶柱体的体积.

[问题探究]

### 开掘山体的土石方量

修建铁路需要逢山开路、遇水架桥. 现在有一座山，山体形状比较规则，其表面的形状大致介于圆锥面与抛物面之间，底座呈圆形. 经测量，山高为300米，整座山占地约50亩(1亩≈666.67平方米). 计划中的铁路并非穿山而过，只是途径山脚，所以不需要开挖隧道，但要开掘一部分山体，水平掘进距离约为30米. 要求估算开掘的土石方量，以便估计工程量，进而探讨方案的可行性. 为了适应其他山体开掘的计算，最好能形成土石方量的计算公式.

# 第四节　利用 Mathematica 求二重积分

## 一、画平面区域图形的命令

*Plot*[*f*[*x*], {*x*,*a*,*b*}, *Filling* -> *Bottom*],绘制区域:

$D=\{(x,y)\mid a\leqslant x\leqslant b,0\leqslant y\leqslant f(x)\}$;

*Plot*[*f*[*x*], {*x*,*a*,*b*}, *Filling* -> *Axis*],绘制曲线 $y=f(x)$ 与 $x$ 轴及 $x=a$,$x=b$ 围成的区域;

*Plot*[{*f*[*x*],*g*[*x*]}, {*x*,*a*,*b*}, *Filling* -> {1 -> {2}}],绘制曲线 $y=f(x)$ 与曲线 $y=g(x)$ 围成的区域;

*RegionPlot*[*pred*, {*x*,*xmin*,*xmax*}, {*y*,*ymin*,*ymax*}], 绘制不等式(或不等式组)*pred* 所表达的区域.

除了上述几个常用的命令,*Mathematica* 系统还提供了更多的绘制平面区域图的命令及功能选项,读者可以通过在线帮助的"参考资料中心" 查阅到需要的命令.

**例 1**　画出区域 $D=\{(x,y)\mid x\leqslant y\leqslant x^2,1\leqslant x\leqslant 2\}$ 的图形.

**解**　输入命令

*Plot*[{*x*,*x*^2}, {*x*,1,2}, *Filling* -> {1 -> {2}}]

输出图形如图 2 - 38 所示.

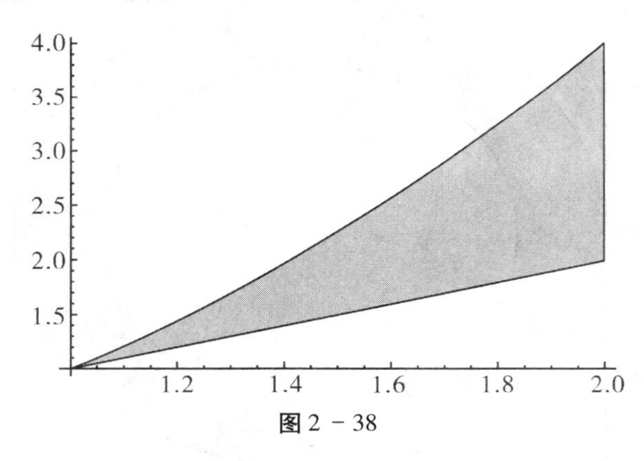


图 2 - 38

**例 2**　画出由 $\big||x|-|y|\big|\leqslant 1$, $|x|\leqslant 2$, $|y|\leqslant 2$ 所确定的区域.

**解**　输入命令

*RegionPlot*[*Abs*[*Abs*[*x*] - *Abs*[*y*]] ≤ 1, {*x*, -2,2}, {*y*, -2,2}]

输出图形如图 2 - 39 所示.

**例 3**　画出由 $1\leqslant 2x^2+3y^2\leqslant 2$ 确定的区域.

**解**　输入命令

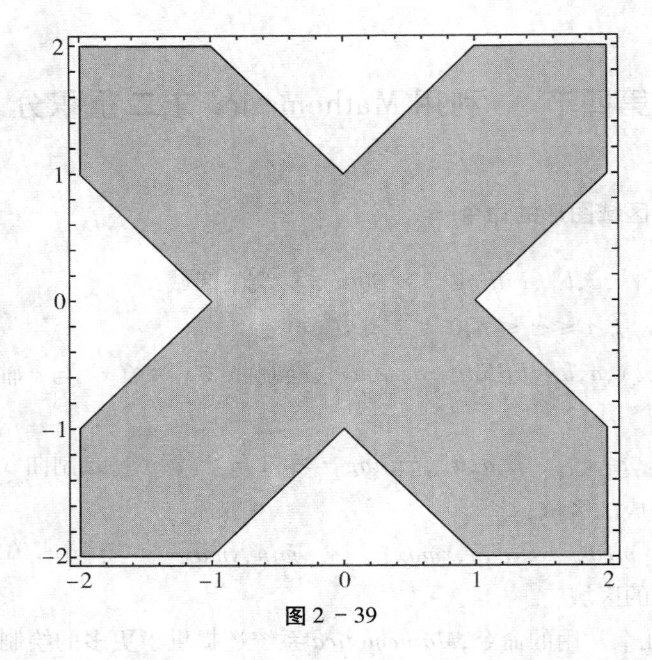

图 2 - 39

*RegionPlot*[1 < = 2*x*^2 + 3*y*^2 < = 2, {*x*, - 1,1}, {*y*, - 2,2}, *PlotRange* - > {- 1,1}]

输出图形如图 2 - 40 所示.

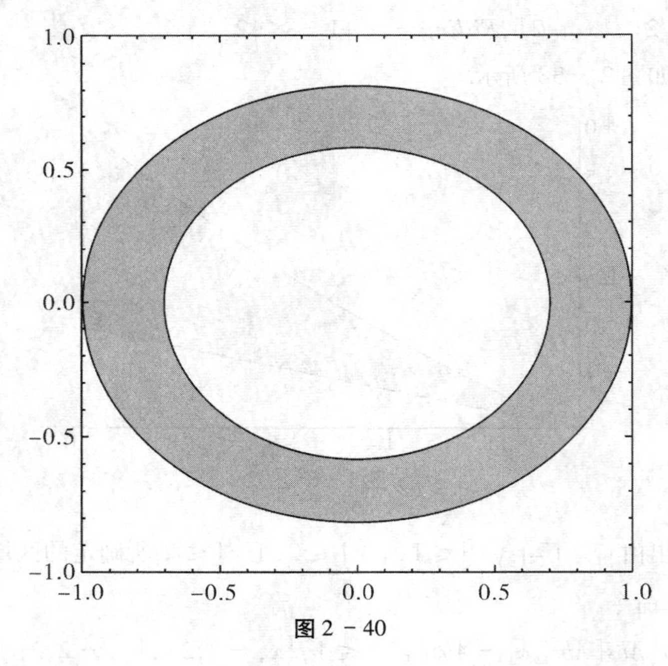

图 2 - 40

## 二、计算重积分的命令 *Integrate*

*Integrate*[$f(x,y)$, {$x,a,b$}, {$y,c,d$}] ,计算二次积分$\int_a^b \mathrm{d}x \int_c^d f(x,y)\mathrm{d}y$;

*Integrate*[$f(x,y)$, {$y,c,d$}, {$x,a,b$}],计算二次积分$\int_c^d \mathrm{d}y \int_a^b f(x,y)\mathrm{d}x$;

*NIntegrate*[$f(x,y)$, {$x,a,b$}, {$y,c,d$}] ,计算二次积分$\int_a^b \mathrm{d}x \int_c^d f(x,y)\mathrm{d}y$ 的近似值;

*NIntegrate*[$f(x,y)$, {$y,c,d$}, {$x,a,b$}],计算二次积分$\int_c^d \mathrm{d}y \int_a^b f(x,y)\mathrm{d}x$ 的近似值.

**例 4** 计算$\iint\limits_D xy^2\mathrm{d}x\mathrm{d}y$,其中 $D$ 为由 $x+y=2, x=\sqrt{y}, y=2$ 所围成的有界区域.

**解** 先作出区域 $D$ 的图形,输入命令

*RegionPlot*[{2 - x <= y <= 2&&x^2 <= y <= 2}, {x,0,2}, {y,1,2}, *AspectRatio* -> 0.4]

输出图形如图 2 - 41 所示:

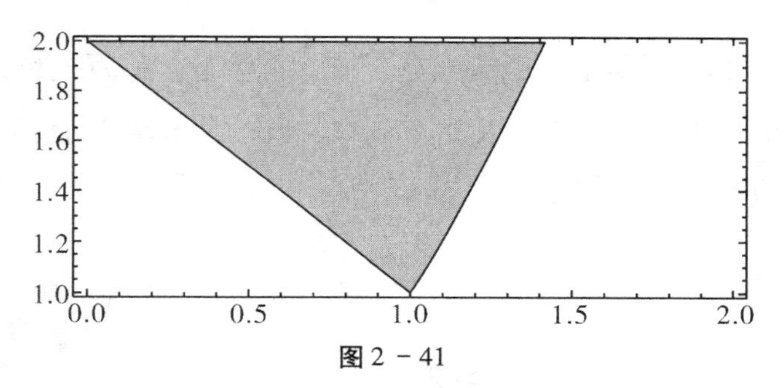

图 2 - 41

由图 2 - 41 知 $D=\{(x,y)\mid 2-y\leqslant x\leqslant\sqrt{y}, 1\leqslant y\leqslant 2\}$. 输入命令

*Integrate*[x * y^2, {y,1,2}, {x,2 - y, *Sqrt*[y]}]

输出 $\dfrac{193}{120}$

输入命令

*NIntegrate*[x * y^2, {y,1,2}, {x,2 - y, *Sqrt*[y]}]

输出 1.60833.

**例 5** 计算由曲面 $z=x^2+2y^2, z=6-2x^2-y^2$ 所围成的立体的体积.

**解** 先作出立体的图形及其在 $xoy$ 平面的投影. 输入命令

*RegionPlot3D*[x^2 + 2y^2 <= z <= 6 - 2x^2 - y^2, {x, - 2,2}, {y, - 2,2}, {z,0,6}]

*RegionPlot3D*[x^2 + 2y^2 <= z <= 6 - 2x^2 - y^2, {x, - *Sqrt*[2],*Sqrt*[2]}, {y, - Sqrt[2],Sqrt[2]},{z,0,6}]

RegionPlot[x^2 + y^2 < = 2,{x, - Sqrt[2],Sqrt[2]},{y, - Sqrt[2],Sqrt[2]}]

输出图形如图 2 - 42 所示：

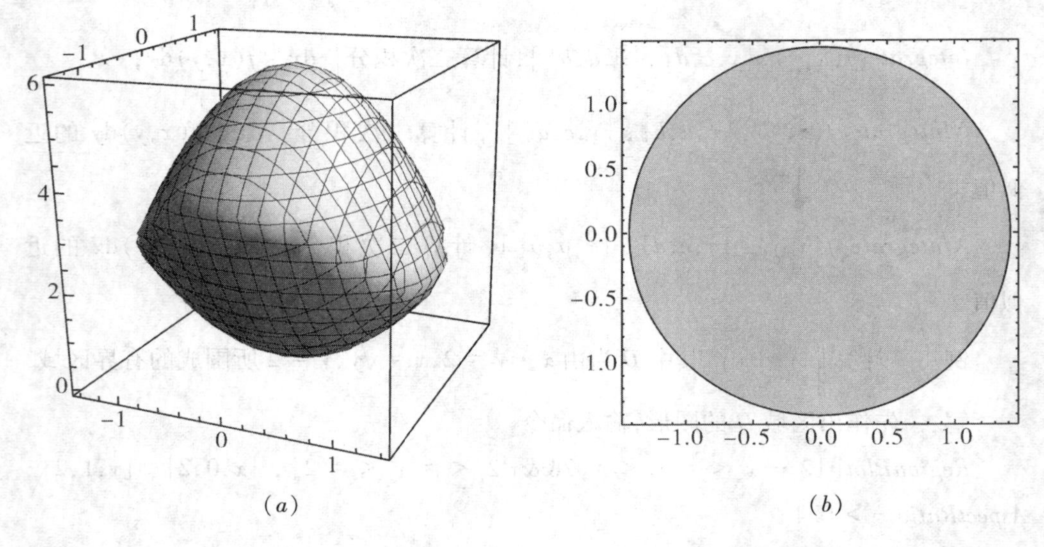


图 2 - 42

$D = \{(x,y) \mid -\sqrt{2-x^2} \leqslant y \leqslant \sqrt{2-x^2}, -\sqrt{2} \leqslant x \leqslant \sqrt{2}\}$,输入命令

Integrate[6 - 2x^2 - y^2 - x^2 - 2y^2, {x, - Sqrt[2],Sqrt[2]}, {y, - Sqrt[2 - x^2],Sqrt[2 - x^2]}]

输出 $6\pi$.

## 习题 2 - 4

用 Mathematica 计算下列二重积分：

1. $\iint\limits_D \frac{x^2}{y^2} d\sigma$,其中 $D$ 是由直线 $x = 2, y = x$ 及曲线 $xy = 1$ 所围成的闭区域；

2. $\iint\limits_D \sqrt{\frac{1-x^2-y^2}{1+x^2+y^2}} d\sigma$,其中 $D$ 是由圆周 $x^2 + y^2 = 1$ 及坐标轴所围成的在第一象限内的闭区域；

3. $\iint\limits_D (x^2 + y^2) d\sigma$,其中 $D$ 是由直线 $y = x, y = x + 2, y = 2, y = 6$ 所围成的闭区域；

4. $\iint\limits_D x\sqrt{y} d\sigma$,其中 $D$ 是由抛物线 $y = x^2$ 与 $y = \sqrt{x}$ 所围成的区域；

5. $\iint\limits_D (x^2+y^2-x)\,d\sigma$,其中 $D$ 是由 $y=2$ 与 $y=x$ 及 $y=2x$ 所围成的区域;

6. $\iint\limits_D \cos(x+y)\,d\sigma$,其中 $D$ 是由 $x=0,y=\pi,y=x$ 所围成的区域.

## 习题二

### 第一部分　判断是非题

1. 二重积分在本质上是无穷项和式的极限.(　　)

2. 设积分区域 $D$ 是由 $|x|=1,|y|=1$ 所围成,则 $\iint\limits_D(-x^2-y^2)\,d\sigma$.(　　)

3. 当 $f(x,y)>0$ 时,$\iint\limits_D f(x,y)\,d\sigma$ 在几何上是以区域 $D$ 为底,以曲面 $z=f(x,y)$ 为顶的曲顶柱体的体积.(　　)

4. $f(x,y)=1$,则 $\iint\limits_D f(x,y)\,d\sigma$ 等于区域 $D$ 的面积.(　　)

5. 当函数 $f(x,y)$ 在有界闭区域 $D$ 上有界且只有有限个间断点时,$\iint\limits_D f(x,y)\,d\sigma$ 存在.(　　)

6. 设 $f(x,y)$ 与 $g(x,y)$ 在区域 $D$ 上可积,则当 $\iint\limits_D f(x,y)\,d\sigma \leqslant \iint\limits_D g(x,y)\,d\sigma$ 时,恒有 $f(x,y)\leqslant g(x,y)$.(　　)

7. 设 $f(x,y)$ 在闭矩形区域 $D$ 上连续,区域 $D=\{(x,y)\mid a\leqslant x\leqslant b,c\leqslant y\leqslant d\}$,则 $\iint\limits_D f(x,y)\,d\sigma=\int_a^b\left[\int_c^d f(x,y)\,dy\right]dx=\int_c^d\left[\int_a^b f(x,y)\,dx\right]dy$.(　　)

8. $\int_0^1\left[\int_x^{\sqrt{x}} f(x,y)\,dy\right]dx=\int_0^1\left[\int_y^{y^2} f(x,y)\,dx\right]dy$.(　　)

9. 二重积分 $\iint\limits_D \frac{\sin x}{x}\,dx\,dy$(其中 $D$ 是由 $y=x^2$ 和 $y=x$ 所围成的区域)只能化为先对 $y$ 积分再对 $x$ 积分的累次积分才能计算出来.(　　)

10. 对于 $I=\iint\limits_D f(x,y)\,dx\,dy$,若区域 $D$ 关于 $x$ 轴及 $y$ 轴对称,且被积函数 $f(x,y)$ 是 $x$ 及 $y$ 的偶函数,则 $I=\iint\limits_D f(x,y)\,dx\,dy=4\iint\limits_{D_1} f(x,y)\,dx\,dy$,其中 $D_1$ 表示区域 $D$ 位于第一象限的部分.(　　)

11. 对于 $I=\iint\limits_D f(x,y)\,dx\,dy$,若区域 $D$ 关于 $x$ 轴及 $y$ 轴对称,且被积函数 $f(x,y)$ 是 $x$ 及 $y$ 的奇函数,则原二重积分 $I=0$.(　　)

12. 对于 $I=\iint_D f(x,y)\mathrm{d}x\mathrm{d}y$,若区域 $D$ 关于 $x$ 轴对称,且被积函数 $f(x,y)$ 是关于 $y$ 的偶函数,则 $I=\iint_D f(x,y)\mathrm{d}x\mathrm{d}y=2\iint_{D_1} f(x,y)\mathrm{d}x\mathrm{d}y$,其中 $D_1$ 表示区域 $D$ 位于 $x$ 轴上方的部分.(　　)

13. 对于 $I=\iint_D f(x,y)\mathrm{d}x\mathrm{d}y$,若区域 $D$ 关于 $y$ 轴对称,且被积函数 $f(x,y)$ 是关于 $x$ 的偶函数,则 $I=\iint_D f(x,y)\mathrm{d}x\mathrm{d}y=2\iint_{D_1} f(x,y)\mathrm{d}x\mathrm{d}y$,其中 $D_1$ 表示区域 $D$ 位于 $y$ 轴右方的部分.(　　)

14. 对于 $I=\iint_D f(x,y)\mathrm{d}x\mathrm{d}y$,若区域 $D$ 关于 $x$ 轴对称,且被积函数 $f(x,y)$ 是关于 $y$ 的奇函数,则 $I=0$.(　　)

15. 对于 $I=\iint_D f(x,y)\mathrm{d}x\mathrm{d}y$,若区域 $D$ 关于 $y$ 轴对称,且被积函数 $f(x,y)$ 是关于 $x$ 的奇函数,则 $I=0$.(　　)

16. 化二重积分为累次积分时,累次积分的下限必须小于上限.(　　)

17. 设有二重积分 $I=\iint_D f(x,y)\mathrm{d}x\mathrm{d}y$,其中 $D=\{(x,y)\mid x^2+y^2\leqslant 1,x\geqslant 0,y\geqslant 0\}$,将它化为累次积分为 $I=\int_0^{\sqrt{1-y^2}}\left[\int_0^{\sqrt{1-x^2}} f(x,y)\mathrm{d}y\right]\mathrm{d}x$.(　　)

18. 二重积分的结果只与被积函数有关,与积分区域和积分变量无关.(　　)

19. 变换二重积分的积分次序只需将原式中除被积函数以外的变量互换即可.(　　)

20. $\int_0^1\left[\int_0^{\sqrt{1-x^2}} f(x,y)\mathrm{d}y\right]\mathrm{d}x=\int_0^1\left[\int_0^{\sqrt{1-y^2}} f(x,y)\mathrm{d}x\right]\mathrm{d}y$.(　　)

21. $\iint_D (x+y)^2\mathrm{d}\sigma\leqslant\iint_D (x+y)^3\mathrm{d}\sigma$,其中 $D=\{(x,y)\mid (x-2)^2+(y-1)^2\leqslant 2\}$.(　　)

22. 如果 $f(x,y)=g(x)h(y)$ 可积,且区域 $D=\{(x,y)\mid a\leqslant x\leqslant b,c\leqslant y\leqslant d\}$,则 $\iint_D f(x,y)\mathrm{d}x\mathrm{d}y=\left[\int_a^b g(x)\mathrm{d}x\right]\cdot\left[\int_c^d h(y)\mathrm{d}y\right]$.(　　)

23. 设 $k$ 是常数,$kf(x,y)$ 在区域 $D$ 上可积分,则 $\iint_D kf(x,y)\mathrm{d}x\mathrm{d}y=k\iint_D f(x,y)\mathrm{d}x\mathrm{d}y$.(　　)

24. 设 $f(x,y)$ 与 $g(x,y)$ 在区域 $D$ 上可积,则 $f(x,y)+g(x,y)$ 在区域 $D$ 上也可积,且

$$\iint_D [f(x,y)+g(x,y)]\mathrm{d}\sigma=\iint_D f(x,y)\mathrm{d}\sigma+\iint_D g(x,y)\mathrm{d}\sigma.\text{(　　)}$$

25. 设$f(x,y)$与$g(x,y)$在区域$D$上可积,则$f(x,y)-g(x,y)$在区域$D$上也可积,且

$$\iint_D [f(x,y)-g(x,y)]\mathrm{d}\sigma = \iint_D f(x,y)\mathrm{d}\sigma - \iint_D g(x,y)\mathrm{d}\sigma.\ (\quad)$$

26. 若$D=D_1\cup D_2$,且$D_1$与$D_2$无公共内点,则$\iint_D f(x,y)\mathrm{d}x\mathrm{d}y=\iint_{D_1} f(x,y)\mathrm{d}x\mathrm{d}y+\iint_{D_2} f(x,y)\mathrm{d}x\mathrm{d}y$. (　　)

27. 若$f(x,y)\leqslant g(x,y)$在区域$D$上恒成立,则$\iint_D f(x,y)\mathrm{d}\sigma\leqslant\iint_D g(x,y)\mathrm{d}\sigma$. (　　)

28. 若$f(x,y)$在区域$D$上可积,则$\left|\iint_D f(x,y)\mathrm{d}\sigma\right|\leqslant\iint_D |f(x,y)|\mathrm{d}\sigma$. (　　)

29. 设$f(x,y)$在有界闭区域$D$上连续,$\sigma$表示区域$D$的面积,$m$是$f(x,y)$在区域$D$上的最小值,$M$是$f(x,y)$在区域$D$上的最大值,则$m\sigma\leqslant\iint_D f(x,y)\mathrm{d}\sigma\leqslant M\sigma$. (　　)

30. 设$f(x,y)$在有界闭区域$D$上连续,$\sigma$表示区域$D$的面积,则至少存在一点$(\xi,\eta)\in D$,使得$\iint_D f(x,y)\mathrm{d}\sigma=f(\xi,\eta)\sigma$. (　　)

31. 若$D=\{(x,y)\mid a\leqslant x\leqslant b,\varphi_1(x)\leqslant y\leqslant\varphi_2(x)\}$,则$\iint_D f(x,y)\mathrm{d}x\mathrm{d}y=\int_a^b\mathrm{d}x\int_{\varphi_1(x)}^{\varphi_2(x)}f(x,y)\mathrm{d}y$. (　　)

32. 若$D=\{(x,y)\mid a\leqslant x\leqslant b,\varphi_1(x)\leqslant y\leqslant\varphi_2(x)\}$,则$\iint_D f(x,y)\mathrm{d}x\mathrm{d}y=\int_{\varphi_1(x)}^{\varphi_2(x)}f(x,y)\mathrm{d}y\int_a^b\mathrm{d}x$. (　　)

33. 若$D=\{(x,y)\mid \varphi_1(y)\leqslant x\leqslant\varphi_2(y),c\leqslant y\leqslant d\}$,则$\iint_D f(x,y)\mathrm{d}x\mathrm{d}y=\int_c^d\mathrm{d}y\int_{\varphi_1(y)}^{\varphi_2(y)}f(x,y)\mathrm{d}x$. (　　)

34. 若$D=\{(x,y)\mid \varphi_1(y)\leqslant x\leqslant\varphi_2(y),c\leqslant y\leqslant d\}$,则$\iint_D f(x,y)\mathrm{d}x\mathrm{d}y=\int_{\varphi_1(y)}^{\varphi_2(y)}f(x,y)\mathrm{d}x\int_c^d\mathrm{d}x$. (　　)

35. 在极坐标系下,如果极点是积分区域$D$的内点,且区域$D$由连续曲线$r=\varphi(\theta)$围成,则$\iint_D f(x,y)\mathrm{d}\sigma=\int_0^{2\pi}\mathrm{d}\theta\int_0^{\varphi(\theta)}f(r\cos\theta,r\sin\theta)r\mathrm{d}r$. (　　)

36. 在极坐标系下,如果极点是积分区域$D$的边界点,且区域$D$由射线$\theta=\alpha,\theta=\beta(\alpha<\beta)$和连续曲线$r=\varphi(\theta)$围成,则$\iint_D f(x,y)\mathrm{d}\sigma=\int_\alpha^\beta\mathrm{d}\theta\int_0^{\varphi(\theta)}f(r\cos\theta,r\sin\theta)r\mathrm{d}r$.

(　　)

37. 在极坐标系下,如果极点是积分区域 $D$ 的外点,且区域 $D$ 由射线 $\theta = \alpha, \theta = \beta(\alpha < \beta)$ 和连续曲线 $r = \varphi_1(\theta), r = \varphi_2(\theta)(\varphi_1(\theta) < \varphi_2(\theta))$ 围成,则 $\iint\limits_D f(x,y)\mathrm{d}\sigma = \int_\alpha^\beta \mathrm{d}\theta \int_{\varphi_1(\theta)}^{\varphi_2(\theta)} f(r\cos\theta, r\sin\theta) r\mathrm{d}r$. (　　)

38. 若 $D$ 是由曲线 $x^2 + y^2 = 2ax(a > 0)$ 所围成的平面区域,则在极坐标系下 $D$ 可以表示为 $D = \{(r,\theta) \mid -\frac{\pi}{2} \leqslant \theta \leqslant \frac{\pi}{2}, 0 \leqslant r \leqslant 2a\cos\theta\}$. (　　)

39. 若 $D$ 是由曲线 $x^2 + y^2 = 2ax(a > 0)$ 所围成的平面区域,则在极坐标系下 $D$ 可以表示为 $D = \{(r,\theta) \mid -\frac{\pi}{2} \leqslant \theta \leqslant \frac{\pi}{2}, 0 \leqslant r \leqslant a\}$. (　　)

40. 若 $D = \{(x,y) \mid x^2 + y^2 \leqslant 1\}, D_1 = \{(x,y) \mid x^2 + y^2 \leqslant 1, x \geqslant 0, y \geqslant 0\}$,则 $\iint\limits_D \sqrt{1 - x^2 - y^2}\mathrm{d}x\mathrm{d}y = 4\iint\limits_{D_1} \sqrt{1 - x^2 - y^2}\mathrm{d}x\mathrm{d}y$. (　　)

41. 若 $D = \{(x,y) \mid x^2 + y^2 \leqslant 1\}, D_1 = \{(x,y) \mid x^2 + y^2 \leqslant 1, x \geqslant 0, y \geqslant 0\}$,则 $\iint\limits_D xy\mathrm{d}x\mathrm{d}y = 4\iint\limits_{D_1} xy\mathrm{d}x\mathrm{d}y$. (　　)

42. 计算二重积分 $\iint\limits_D f(x,y)\mathrm{d}x\mathrm{d}y$ 时,采用先对 $y$ 后对 $x$ 积分或先对 $x$ 后对 $y$ 积分的方法都“积”不出来,则 $\iint\limits_D f(x,y)\mathrm{d}x\mathrm{d}y$ 不能用初等函数表示积分值. (　　)

## 第二部分　单项选择题

1. 若二重积分 $\iint\limits_D f(x,y)\mathrm{d}x\mathrm{d}y$ 存在,则其值仅与(　　)有关.

(A) 区域 $D$ 的分划方法
(B) 每个小区域 $D_k$ 中点 $(x_k, y_k)$ 的取法
(C) 积分区域 $D$ 和被积函数 $f(x,y)$
(D) 积分区域 $D$、区域 $D$ 的分划方法、每个小区域 $D_k$ 中点 $(x_k, y_k)$ 的取法和被积函数 $f(x,y)$

2. 函数 $f(x,y)$ 在 $D$ 上可积的充分条件是(　　).

(A) $f(x,y)$ 在区域 $D$ 上有界　　(B) $f(x,y)$ 在区域 $D$ 上可求偏导
(C) $f(x,y)$ 在区域 $D$ 上有极值　　(D) $f(x,y)$ 在有界闭区域 $D$ 上连续

3. 设 $f(x,y) \geqslant 0$ 且 $f(x,y) \neq 1$,则二重积分 $\iint\limits_D f(x,y)\mathrm{d}x\mathrm{d}y$ 的几何意义是(　　).

(A) 以有界闭区域 $D$ 为底,曲面 $z = f(x,y)$ 为顶的曲顶柱体的体积
(B) 以有界闭区域 $D$ 为底,曲面 $z = f(x,y)$ 为顶的曲顶柱体的体积的负值
(C) 有界闭区域 $D$ 的面积　　(D) 有界闭区域 $D$ 的面积的负值

4. 若$f(x,y)=1$，$\sigma$代表区域$D$的面积，则$\iint\limits_D f(x,y)\mathrm{d}x\mathrm{d}y$等于(　　).

(A)1　　(B)$\sigma$

(C)$D$　　(D)$f(x,y)$

5. 设$D=\{(x,y)\mid 0\leqslant x\leqslant 2,1\leqslant y\leqslant 3\}$，则$\iint\limits_D f(x,y)\mathrm{d}x\mathrm{d}y=$(　　).

(A) $\int_0^2(2x+3y)\mathrm{d}x\times\int_1^3(2x+3y)\mathrm{d}y$

(B) $\int_0^2(2x+3y)\mathrm{d}x+\int_1^3(2x+3y)\mathrm{d}y$

(C) $\int_0^2 1\cdot\mathrm{d}x\times\int_1^3(2x+3y)\mathrm{d}y$

(D) $\int_0^2[\int_1^3(2x+3y)\mathrm{d}y]\mathrm{d}x$

6. 设$D=\{(x,y)\mid 0\leqslant x\leqslant 2,1\leqslant y\leqslant 2\}$，则$\iint\limits_D x^2y\mathrm{d}x\mathrm{d}y$不等于(　　).

(A) $\int_0^2[\int_1^2 x^2y\mathrm{d}y]\mathrm{d}x$　　(B) $\int_1^2[\int_0^2 x^2y\mathrm{d}x]\mathrm{d}y$

(C) $\int_0^2 y\mathrm{d}x\times\int_1^2 x^2\mathrm{d}y$　　(D) $\int_0^2 x^2\mathrm{d}x\times\int_1^2 y\mathrm{d}y$

7. 设$f(x,y)=4$，$D=\{(x,y)\mid 2\leqslant x\leqslant 3,2\leqslant y\leqslant x\}$，则$\iint\limits_D f(x,y)\mathrm{d}x\mathrm{d}y=$(　　).

(A)4　　(B)2

(C)8　　(D)3

8. 设$f(x,y)=4x+2y$，$D=\{(x,y)\mid 1\leqslant x\leqslant 2,x\leqslant y\leqslant x^2\}$，则$\iint\limits_D f(x,y)\mathrm{d}x\mathrm{d}y$化为累次积分形式为(　　).

(A) $\int_x^{x^2}[\int_1^2(4x+2y)\mathrm{d}x]\mathrm{d}y$　　(B) $\int_1^2[\int_x^{x^2}(4x+2y)\mathrm{d}y]\mathrm{d}x$

(C) $\int_1^2 4x\mathrm{d}x+\int_x^{x^2}2y\mathrm{d}y$　　(D) $\int_1^2 4x\mathrm{d}x\times\int_x^{x^2}2y\mathrm{d}y$

9. 设$\iint\limits_D f(x,y)\mathrm{d}x\mathrm{d}y$，其中积分区域$D$是由$x=y^2$和$y=x$围成，该二重积分化为累次积分的积分上下限是(　　).

(A)$0\leqslant x\leqslant 1,0\leqslant y\leqslant 1$　　(B)$0\leqslant x\leqslant 1,\sqrt{x}\leqslant y\leqslant x$

(C)$y\leqslant x\leqslant y^2,0\leqslant y\leqslant 1$　　(D)$0\leqslant x\leqslant 1,x\leqslant y\leqslant\sqrt{x}$

10. 指出图2－43中可直接看成$X$－型区域的是(　　).

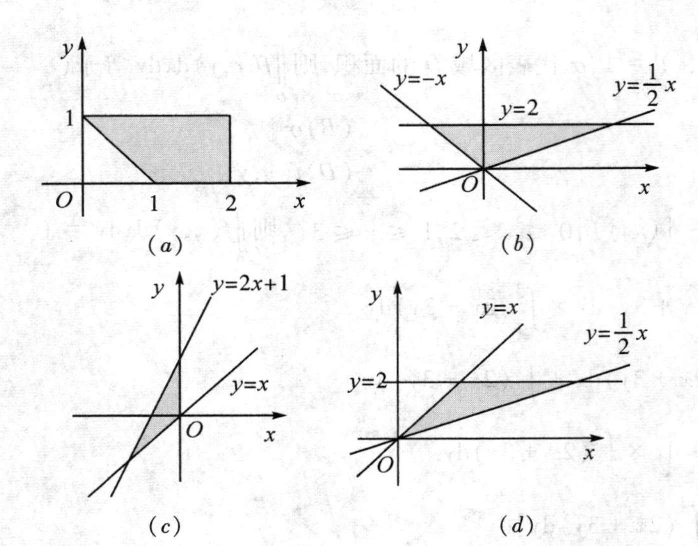


图 2－43

11. $\int_0^2 dx \int_{x^2}^{\sqrt{8x}} f(x,y)dy = (\quad)$.

(A) $\int_{x^2}^{\sqrt{8x}} dy \int_0^2 f(x,y)dx$　　(B) $\int_0^2 dy \int_{x^2}^{\sqrt{8x}} f(x,y)dx$

(C) $\int_0^2 dy \int_{\frac{y^2}{8}}^{\sqrt{y}} f(x,y)dx$　　(D) $\int_0^2 dx \int_{\frac{y^2}{8}}^{\sqrt{y}} f(x,y)dy$

12. $\int_{-\sqrt{2}}^{\sqrt{2}} dx \int_{x^2}^{4-x^2} f(x,y)dy = (\quad)$.

(A) $\int_{-\sqrt{2}}^{\sqrt{2}} dy \int_{x^2}^{4-x^2} f(x,y)dx$

(B) $\int_{x^2}^{4-x^2} dy \int_{-\sqrt{2}}^{\sqrt{2}} f(x,y)dx$

(C) $\int_0^4 dy \int_{-\sqrt{y}}^{\sqrt{4-y}} f(x,y)dx$

(D) $\int_0^2 dy \int_{-\sqrt{y}}^{\sqrt{y}} f(x,y)dx + \int_2^4 dy \int_{-\sqrt{4-y}}^{\sqrt{4-y}} f(x,y)dx$

13. $\int_0^1 dy \int_y^1 e^{-x^2} dx = (\quad)$.

(A) $\int_0^1 dx \int_0^x e^{-x^2} dy$　　(B) $\int_y^1 dx \int_0^1 e^{-x^2} dy$

(C) $\int_0^1 dx \int_y^1 e^{-x^2} dy$　　(D) $\int_0^1 dx \int_x^1 e^{-x^2} dy$

14. 设 $D = \{(x,y) \mid -2 \leqslant x \leqslant 2, 0 \leqslant y \leqslant 2\}$，则 $\iint\limits_D xy^2 dxdy$ 等于（　　）.

(A)1　　(B)2

(C)3　　(D)0

15. 设$D=\{(x,y)\,|\,1\leqslant x^2+y^2\leqslant 4, x\geqslant 0, y\geqslant 0\}$,将$\iint\limits_D e^{-(x^2+y^2)}\mathrm{d}x\mathrm{d}y$化为极坐标系下累次积分的形式是(　　).

(A) $\int_0^{\frac{\pi}{2}}\mathrm{d}\theta\int_1^2 e^{-r^2}\cdot r\mathrm{d}r$　　(B) $\int_0^{\frac{\pi}{2}}\mathrm{d}\theta\int_1^2 e^{-r^2}\mathrm{d}r$

(C) $\int_0^{\pi}\mathrm{d}\theta\int_1^2 e^{-r^2}\cdot r\mathrm{d}r$　　(D) $\int_0^{\frac{\pi}{2}}\mathrm{d}\theta\int_0^2 e^{-r^2}\mathrm{d}r$

16. 设$D=\{(x,y)\,|\,x\leqslant x^2+y^2\leqslant 1, x\geqslant 0, y\geqslant 0\}$,将$\iint\limits_D\sqrt{x^2+y^2}\mathrm{d}x\mathrm{d}y$化为极坐标系下累次积分的形式是(　　).

(A) $\int_0^{\frac{\pi}{2}}\mathrm{d}\theta\int_0^1 r^2\mathrm{d}r$　　(B) $\int_0^{\frac{\pi}{2}}\mathrm{d}\theta\int_{\cos\theta}^1 r\mathrm{d}r$

(C) $\int_0^{\frac{\pi}{2}}\mathrm{d}\theta\int_{\cos\theta}^1 r^2\mathrm{d}r$　　(D) $\int_0^{\frac{\pi}{2}}\mathrm{d}\theta\int_0^1 r\mathrm{d}r$

17. 由$x=2, y=x, y=2-x$所围成的区域的面积等于(　　).

(A) $\int_1^2 x\mathrm{d}x$　　(B) $\int_1^2(2-x)\mathrm{d}x$

(C) $\int_1^2\mathrm{d}x\int_{2-x}^{x}1\cdot\mathrm{d}y$　　(D) $\int_1^2\mathrm{d}x\int_0^2 1\cdot\mathrm{d}y$

18. 求以$y=x, y=x^3(x<0)$围成的有界闭区域为底,以$f(x,y)=x,(x<0)$为顶围成的曲顶柱体的体积为(　　).

(A) $\int_{-1}^0\mathrm{d}x\int_x^{x^3}x\mathrm{d}y$　　(B) $-\int_{-1}^0\mathrm{d}x\int_x^{x^3}x\mathrm{d}y$

(C) $\int_{-1}^0\mathrm{d}x\int_{-1}^0 x\mathrm{d}y$　　(D) $-\int_{-1}^0\mathrm{d}x\int_{-1}^0 x\mathrm{d}y$

## 第三部分　多项选择题

1. 当$D$是由(　　)围成的区域时,$\iint\limits_D\mathrm{d}x\mathrm{d}y=1$.

(A) $x$轴,$y$轴及$2x+y-2=0$　　(B) $x=1, x=2$及$y=3, y=4$

(C) $|x|=\frac{1}{2}, |y|=\frac{1}{2}$　　(D) $|x+y|=1, |x-y|=1$

2. 设$D=\{(x,y)\,|\,x^2+y^2\leqslant 1\}$,则$\iint\limits_D\mathrm{d}x\mathrm{d}y=$(　　).

(A) $4\int_0^1\sqrt{1-x^2}\mathrm{d}x$　　(B) $2\int_0^1\mathrm{d}x\int_{-\sqrt{1-x^2}}^{\sqrt{1-x^2}}\mathrm{d}y$

(C) $\int_0^{2\pi}\mathrm{d}\theta\int_0^1 r\mathrm{d}r$　　(D) $4\int_0^{\frac{\pi}{2}}\cos^2 x\mathrm{d}x$

3. 设区域$D$是图2-44中阴影部分,则$D$的面积为(　　).

(A) $\int_a^b [\varphi(x) + f(x)] \mathrm{d}x$　　(B) $\int_b^a [f(x) - \varphi(x)] \mathrm{d}x$

(C) $\int_a^b \mathrm{d}y \int_{f(y)}^{\varphi(y)} \mathrm{d}x$　　(D) $\int_a^b \mathrm{d}x \int_{f(x)}^{\varphi(x)} \mathrm{d}y$

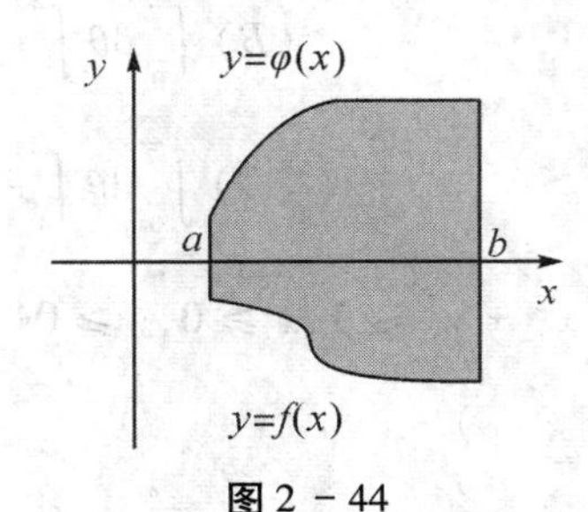


图 2 - 44

### 第四部分　计算与证明

1. 计算下列二重积分:

(1) $\iint\limits_D (2 - x - y) \mathrm{d}\sigma$,其中 $D$ 为圆心在原点,半径为 1 的右半圆;

(2) $\iint\limits_D x^2 y\cos(xy^2) \mathrm{d}x\mathrm{d}y$,其中 $D = \{(x,y) \mid 0 \leqslant x \leqslant \frac{\pi}{2}, 0 \leqslant y \leqslant 2\}$;

(3) $\iint\limits_D (1 + x) \sin y \mathrm{d}\sigma$,其中 $D$ 是顶点分别为 $(0,0)$,$(1,0)$,$(1,2)$ 和 $(0,1)$ 的梯形闭区域;

(4) $\iint\limits_D (x^2 - y^2) \mathrm{d}\sigma$,其中 $D = \{(x,y) \mid 0 \leqslant x \leqslant \pi, 0 \leqslant y \leqslant \sin x\}$;

(5) $\iint\limits_D \sqrt{R^2 - x^2 - y^2} \mathrm{d}\sigma$,其中 $D$ 是圆周 $x^2 + y^2 = Rx$ 所围成的闭区域;

(6) $\iint\limits_D (y^2 + 3x - 6y + 9) \mathrm{d}\sigma$,其中 $D = \{(x,y) \mid x^2 + y^2 \leqslant R\}$;

(7) $\iint\limits_D |\cos(x + y)| \mathrm{d}x\mathrm{d}y$,其中 $D = \{(x,y) \mid 0 \leqslant x \leqslant \frac{\pi}{2}, 0 \leqslant y \leqslant \frac{\pi}{2}\}$;

(8) $\iint\limits_D \frac{\sin x}{x} \mathrm{d}x\mathrm{d}y$,其中 $D$ 是由直线 $y = x$ 及抛物线 $y = x^2$ 围成的闭区域.

2. 计算下列累次积分:

(1) $\int_{\frac{1}{4}}^{\frac{1}{2}} \mathrm{d}y \int_{\frac{1}{2}}^{1} e^{\frac{y}{x}} \mathrm{d}x + \int_{\frac{1}{4}}^{1} \mathrm{d}y \int_{y}^{\sqrt{y}} e^{\frac{y}{x}} \mathrm{d}x$;

(2) $\int_1^5 \mathrm{d}y \int_5^y \frac{1}{y\ln x} \mathrm{d}x$;

(3) $\int_{-a}^{a} \mathrm{d}x \int_0^{\sqrt{a^2 - x^2}} [(x - a)^2 + y^2] \mathrm{d}y, (a > 0)$;

3. 交换下列二重积分的次序：

(1) $\int_0^4 dy \int_{-\sqrt{y-4}}^{\frac{1}{2}(y-4)} f(x,y)\,dx$；

(2) $\int_0^1 dy \int_0^{2y} f(x,y)\,dx + \int_1^3 dy \int_0^{3-y} f(x,y)\,dx$；

(3) $\int_0^1 dx \int_{\sqrt{x}}^{1+\sqrt{1-x^2}} f(x,y)\,dy$.

4. 证明：

$$\int_0^a dy \int_0^y e^{m(a-x)} f(x)\,dx = \int_0^a (a-x) e^{m(a-x)} f(x)\,dx.$$

5. 把积分 $\iint\limits_D f(x,y)\,dxdy$ 化为极坐标形式的二次积分，其中 $D = \{(x,y) \mid x^2 \leqslant y \leqslant 1,\ -1 \leqslant x \leqslant 1\}$.

6. 直立(非圆形)柱体以 $xoy$ 平面内的区域 $D$ 为底面，上方以抛物面 $z = x^2 + y^2$ 为界. 柱体的体积为 $V = \int_0^1 dy \int_0^y (x^2 + y^2)\,dx + \int_1^2 dy \int_0^{2-y} (x^2 + y^2)\,dx$. 画出底部区域 $D$ 的草图，并且把柱体体积表示成用相反次序的累次积分. 然后计算柱体的体积.

7. 如果 $f(x,y) = \dfrac{10000e^y}{1 + \frac{|x|}{2}}$ 代表 $xoy$ 平面上某种细菌的“种群密度”，其中 $x$ 和 $y$ 以厘米为度量单位，求细菌在矩形 $-5 \leqslant x \leqslant 5,\ -2 \leqslant y \leqslant 0$ 内的种群总数.

8. 求由曲面 $z = 4 - x^2 - y$ 从第一卦限切出立体的体积.

9. 求由柱面 $z = 12 - 3y^2$ 和平面 $x + y = 2$ 从第一卦限切出的楔形体的体积.

10. 求函数 $f(x,y) = \sqrt{4 - x^2}$ 在由射线 $\theta = \dfrac{\pi}{6}$ 和 $\theta = \dfrac{\pi}{2}$ 从圆盘 $x^2 + y^2 \leqslant 4$ 切出的较小扇形区域上的积分.

11. 在 $xoy$ 内什么区域 $D$ 能使积分 $\iint\limits_D (4 - x^2 - 2y^2)\,d\sigma$ 达到最小值?提出答案的理由.

# 第三章　无穷级数

无穷级数概念的起源是很早的. 在我国,魏晋时代的刘徽已经具有初步的无穷级数的概念并用来计算近似圆的面积了. 无穷级数的理论是在生产实践中和科学技术发展的推动下,逐渐形成和完备起来的. 无穷级数的理论是丰富的,应用是多方面的,它大大开拓了应用微积分解决各种问题的范围.

## 第一节　常数项级数的概念与性质

### 一、常数项级数的概念

无穷级数的初步思想实际上已经蕴含在初等数学的无限循环小数概念里了,比如,将$\frac{1}{3}$化为小数时,就出现无限循环小数

$$\frac{1}{3}=0.\dot{3}.$$

现在把$0.\dot{3}$分析解剖一下,看看从中能得到什么启示.

$$0.3=\frac{3}{10},$$

$$0.33=0.3+0.03=\frac{3}{10}+\frac{3}{100}=\frac{3}{10}+\frac{3}{10^2},$$

$$0.333=0.3+0.03+0.003=\frac{3}{10}+\frac{3}{100}+\frac{3}{1000}=\frac{3}{10}+\frac{3}{10^2}+\frac{3}{10^3},$$

……

一般可以得到如下一个表达式:

$$0.\overbrace{33\cdots3}^{n位}=\frac{3}{10}+\frac{3}{10^2}+\frac{3}{10^3}+\cdots+\frac{3}{10^n}.$$

容易看出,如果让$n\to+\infty$,那么我们就得到

$$0.\dot{3}=\frac{3}{10}+\frac{3}{10^2}+\frac{3}{10^3}+\cdots+\frac{3}{10^n}+\cdots,$$

或

$$\frac{1}{3}=\frac{3}{10}+\frac{3}{10^2}+\frac{3}{10^3}+\cdots+\frac{3}{10^n}+\cdots.$$

这样，$\frac{1}{3}$ 这个有限的数就被表示成无穷多个数相加的形式. 从这个例子可以看出：

（1）无穷多个数相加后可能得到一个有限的确定的常数，从而，无穷多个数相加在一定条件下是有意义的；

（2）一个有限量有可能用无限的形式表达出来.

再来看一个具体的例子，用圆的内接正多边形的面积逼近圆的面积（见图 3－1）.

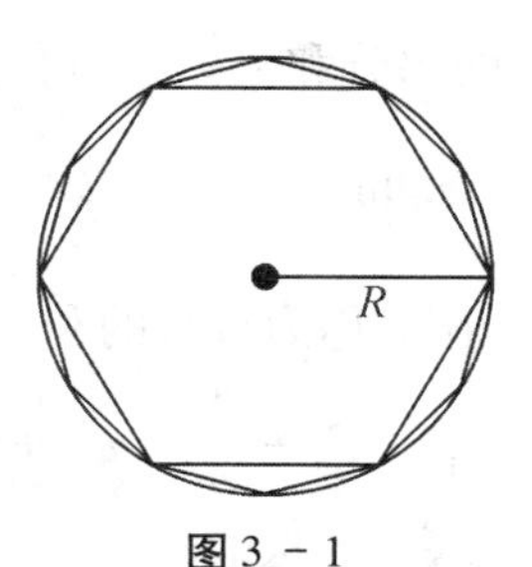


图 3－1

如图 3－1 所示. 作圆的内接正六边形，算出这六边形的面积 $a_1$，它是圆面积 $A$ 的一个粗糙的近似值. 为了比较准确地计算出 $A$ 的值，我们以这个正六边形的每一边为底分别作一个顶点在圆周上的等腰三角形，算出这六个等腰三角形的面积之和 $a_2$，那么 $a_1+a_2$（即内接正十二边形的面积）就是 $A$ 的一个较好的近似值. 同样地，在这正十二边形的每一边上分别作一个顶点在圆周上的等腰三角形，算出这十二个等腰三角形的面积之和 $a_3$，那么 $a_1+a_2+a_3$（即内接正二十四边形的面积）是 $A$ 的一个更好的近似值. 如此继续下去，内接正 $3\times 2^n$ 边形的面积就逐步逼近圆面积，即

$$A \approx a_1+a_2+\cdots+a_n.$$

如果内接正多边形的边数无限增多，即 $n$ 无限增大，则和 $a_1+a_2+\cdots+a_n$ 的极限就是所要求的圆面积 $A$. 这时和式中的项数无限增多，于是出现了无穷多个数量依次相加的数学式子.

一般地，如果给定一个数列

$$u_1, u_2, \cdots, u_n, \cdots,$$

则由这个数列构成的表达式

$$u_1+u_2+\cdots+u_n+\cdots \tag{3-1}$$

叫（常数项）无穷级数，简称（常数项）级数，记为 $\sum\limits_{n=1}^{\infty} u_n$，即

$$\sum_{n=1}^{\infty} u_n = u_1+u_2+\cdots+u_n+\cdots,$$

其中第 $n$ 项 $u_n$ 称为级数的一般项.

上述级数的定义只是一个形式上的定义，怎样理解无穷级数中无穷多个数量相加呢?联系上面关于计算圆的面积的例子，我们可以从有限项的和出发，观察它们的

变化趋势,由此来理解无穷多个数量相加的含义.

作(常数项)级数(3－1)式的前 $n$ 项的和

$$s_n = u_1 + u_2 + \cdots + u_n \tag{3-2}$$

$s_n$ 称为级数(3－1)式的部分和.当 $n$ 依次取1,2,3,…时,它们构成一个新的数列:

$$s_1 = u_1, s_2 = u_1 + u_2, s_3 = u_1 + u_2 + u_3, \cdots, s_n = u_1 + u_2 + \cdots + u_n, \cdots,$$

根据这个数列有没有极限,我们引进无穷级数(3－1)式的收敛与发散的概念.

**定义3.1**　如果级数 $\sum_{n=1}^{\infty} u_n$ 的部分和数列 $\{s_n\}$ 有极限 $s$,即

$$\lim_{n\to\infty} s_n = s,$$

则称无穷级数 $\sum_{n=1}^{\infty} u_n$ 收敛,这时极限 $s$ 称为级数的和,并写成

$$s = u_1 + u_2 + \cdots + u_n + \cdots$$

如果 $\{s_n\}$ 没有极限,则称无穷级数 $\sum_{n=1}^{\infty} u_n$ 发散.

显然,当级数收敛时,其部分和 $s_n$ 是级数的和 $s$ 的近似值,它们之间的差值

$$r_n = s - s_n = u_{n+1} + u_{n+2} + \cdots$$

称为级数的余项.用近似值 $s_n$ 代替和 $s$ 所产生的误差是这个余项的绝对值,即误差是 $|r_n|$.

**例1**　无穷级数

$$\sum_{n=0}^{\infty} aq^n = a + aq + aq^2 + \cdots + aq^n + \cdots \tag{3-3}$$

称为几何级数(也叫等比级数),其中 $a \neq 0$.试讨论级数(3－3)式的敛散性.

**解**　如果 $q \neq 1$,则部分和

$$s_n = a + aq + aq^2 + \cdots + aq^{n-1} = \frac{a - aq^n}{1 - q} = \frac{a}{1 - q} - \frac{aq^n}{1 - q}.$$

当 $|q| < 1$ 时,由于 $\lim_{n\to\infty} q^n = 0$,从而 $\lim_{n\to\infty} s_n = \frac{a}{1 - q}$,因此这时级数 $\sum_{n=0}^{\infty} aq^n$ 收敛,其和为 $\frac{a}{1-q}$.当 $|q| > 1$ 时,由于 $\lim_{n\to\infty} q^n = \infty$,从而 $\lim_{n\to\infty} s_n = \infty$,这时级数 $\sum_{n=0}^{\infty} aq^n$ 发散.

如果 $|q| = 1$,则当 $q = 1$ 时,$s_n = na \to \infty$,因此级数 $\sum_{n=0}^{\infty} aq^n$ 发散;当 $q = -1$ 时,级数 $\sum_{n=0}^{\infty} aq^n$ 成为

$$a - a + a - a + \cdots,$$

显然,$s_n$ 随着 $n$ 为奇数或偶数而等于 $a$ 或零,从而 $s_n$ 的极限不存在,这时级数 $\sum_{n=0}^{\infty} aq^n$ 也发散.

综合上述结果,我们得到:如果 $|q|<1$,则级数 $\sum_{n=0}^{\infty} aq^n$ 收敛,其和为 $\frac{a}{1-q}$;如果 $|q|\geqslant 1$,则级数 $\sum_{n=0}^{\infty} aq^n$ 发散.

**例 2** 判定级数 $\frac{1}{1\times 2}+\frac{1}{2\times 3}+\cdots+\frac{1}{n\times(n+1)}+\cdots$ 的敛散性.

**解** 因为

$$s_n=\frac{1}{1\times 2}+\frac{1}{2\times 3}+\cdots+\frac{1}{n\times(n+1)}$$

$$=(1-\frac{1}{2})+(\frac{1}{2}-\frac{1}{3})+\cdots+(\frac{1}{n}-\frac{1}{n+1})=1-\frac{1}{n+1}$$

所以,$\lim\limits_{n\to\infty}s_n=\lim\limits_{n\to\infty}(1-\frac{1}{n+1})=1$,从而级数收敛于1.

**例 3** 判定级数 $\frac{1}{2}+\frac{3}{2^2}+\frac{5}{2^3}+\cdots+\frac{2n-1}{2^n}+\cdots$ 的敛散性.

**解** 因为 $s_n=\frac{1}{2}+\frac{3}{2^2}+\frac{5}{2^3}+\cdots+\frac{2n-1}{2^n}$,$\frac{1}{2}s_n=\frac{1}{2^2}+\frac{3}{2^3}+\frac{5}{2^4}+\cdots+\frac{2n-1}{2^{n+1}}$,所以

$$\frac{1}{2}s_n=s_n-\frac{1}{2}s_n=\frac{1}{2}+\frac{2}{2^2}+\frac{2}{2^3}+\cdots+\frac{2}{2^n}-\frac{2n-1}{2^{n+1}}$$

$$=\frac{1}{2}-\frac{2n-1}{2^{n+1}}+(\frac{1}{2}+\frac{1}{2^2}+\cdots+\frac{1}{2^{n-1}}),$$

于是,

$$s_n=1-\frac{2n-1}{2^n}+(1+\frac{1}{2}+\cdots+\frac{1}{2^{n-2}})=1-\frac{2n-1}{2^n}+\frac{1-(\frac{1}{2})^{n-1}}{1-\frac{1}{2}}$$

$$=1-\frac{2n-1}{2^n}+2[1-(\frac{1}{2})^{n-1}],$$

$\lim\limits_{n\to\infty}s_n=\lim\limits_{n\to\infty}\left(1-\frac{2n-1}{2^n}+2[1-(\frac{1}{2})^{n-1}]\right)=3$,所以

级数 $\frac{1}{2}+\frac{3}{2^2}+\frac{5}{2^3}+\cdots+\frac{2n-1}{2^n}+\cdots$ 收敛于3.

**例 4** 证明调和级数 $\sum_{n=1}^{\infty}\frac{1}{n}$ 是发散级数.

**证明** 用反证法. 假设级数 $\sum_{n=1}^{\infty}\frac{1}{n}$ 是收敛的,部分和为 $s_n$,则 $\lim\limits_{n\to\infty}s_n=s$;从而 $\lim\limits_{n\to\infty}s_{2n}=s$,即应有:$\lim\limits_{n\to\infty}(s_{2n}-s_n)=s-s=0$. 但

$$s_{2n}-s_n=\frac{1}{n+1}+\frac{1}{n+2}+\cdots+\frac{1}{n+n}>\frac{1}{2n}+\frac{1}{2n}+\cdots+\frac{1}{2n}=\frac{1}{2},$$

矛盾,所以调和级数 $\sum_{n=1}^{\infty}\frac{1}{n}$ 发散.

## 二、收敛级数的基本性质

根据无穷级数收敛、发散以及和的概念,可以得出收敛级数的几个基本性质.

**性质 1　如果级数 $\sum_{n=1}^{\infty} u_n$ 的和为 $s$,则它的各项同乘以一个常数 $k$ 所得级数 $\sum_{n=1}^{\infty} ku_n$ 也收敛,且其和为 $ks$.**

**证明**　设级数 $\sum_{n=1}^{\infty} u_n$ 与级数 $\sum_{n=1}^{\infty} ku_n$ 的部分和分别为 $s_n$ 与 $s_n'$,则

$$s_n' = ku_1 + ku_2 + \cdots ku_n = ks_n$$

于是

$$\lim_{n\to\infty} s_n' = \lim_{n\to\infty} ks_n = k\lim_{n\to\infty} s_n = ks.$$

这就表明级数 $\sum_{n=1}^{\infty} ku_n$ 收敛,且和为 $ks$.

**事实上,级数的每一项同乘一个不为零的常数后,它的敛散性不会改变.**

**性质 2　如果级数 $\sum_{n=1}^{\infty} u_n$、$\sum_{n=1}^{\infty} v_n$ 分别收敛于和 $s^u$、$s^v$,则级数 $\sum_{n=1}^{\infty}(u_n \pm v_n)$ 也收敛,且其和为 $s^u \pm s^v$.**

**证明**　设级数 $\sum_{n=1}^{\infty} u_n$、$\sum_{n=1}^{\infty} v_n$ 的部分和分别为 $s_n^u$、$S_n^v$,则级数 $\sum_{n=1}^{\infty}(u_n \pm v_n)$ 的部分和

$$\begin{aligned} s_n &= (u_1 \pm v_1) + (u_2 \pm v_2) + \cdots + (u_n \pm v_n) \\ &= (u_1 + u_2 + \cdots + u_n) \pm (v_1 + v_2 + \cdots + v_n) = s_n \pm \sigma_n, \end{aligned}$$

于是　$\lim_{n\to\infty} s_n = \lim_{n\to\infty}(s_n^u \pm s_n^v) = s^u \pm s^v.$

这就表明级数 $\sum_{n=1}^{\infty}(u_n \pm v_n)$ 收敛,且其和为 $s^u \pm s^v$.

性质 2 也说成:**两个收敛级数可以逐项相加与逐项相减.**

**性质 3　在级数中去掉、加上或改变有限项,不会改变级数的敛散性.**

**证明**　我们只需证明“在级数的前面部分去掉或加上有限项,不会改变级数的敛散性”,因为其他情形(即在级数中任意去掉、加上或改变有限项的情形)都可以看成在级数的前面部分先去掉有限项,然后再加上有限项的结果.

设将级数

$$u_1 + u_2 + \cdots + u_k + u_{k+1} + \cdots + u_{k+n} + \cdots$$

的前 $k$ 项去掉,则得级数

$$u_{k+1} + u_{k+2} + \cdots + u_{k+n} + \cdots.$$

于是新得的级数的部分和为

$$s_n' = u_{k+1} + u_{k+2} + \cdots + u_{k+n} = s_{k+n} - s_k,$$

其中 $s_{k+n}$ 是原来级数的前 $k+n$ 项的和. 因为 $s_k$ 是常数,所以当 $n\to\infty$ 时,$s_n'$ 与 $s_{k+n}$ 或

者同时具有极限,或者同时没有极限.

类似地,可以证明在级数的前面加上有限项,不会改变级数的敛散性.

**性质 4　如果级数 $\sum_{n=1}^{\infty} u_n$ 收敛,则对级数的项任意加括号后所成的级数**

$$(u_1 + \cdots + u_{n_1}) + (u_{n_1+1} + \cdots + u_{n_2}) + \cdots + (u_{n_{k-1}+1} + \cdots + u_{n_k}) + \cdots \tag{3-4}$$

**仍收敛,且其和不变.**

**证明**　设级数 $\sum_{n=1}^{\infty} u_n$(相应于前 $n$ 项)的部分和为 $s_n$,加括号后所成的级数(3-4)式(相应于前 $k$ 项)的部分和为 $A_k$,则

$A_1 = u_1 + \cdots + u_{n_1} = s_{n_1}$,

$A_2 = (u_1 + \cdots + u_{n_1}) + (u_{n_1+1} + \cdots + u_{n_2}) = s_{n_2}$,

……

$A_k = (u_1 + \cdots + u_{n_1}) + (u_{n_1+1} + \cdots + u_{n_2}) + \cdots + (u_{n_{k+1}+1} + \cdots + u_{n_k}) = s_{n_k}$

……

可见,数列$\{A_k\}$是数列$\{s_n\}$的一个子数列. 由数列$\{s_n\}$的收敛性以及收敛数列与其子数列的关系可知,数列$\{A_k\}$必定收敛,且有

$$\lim_{k\to\infty} A_k = \lim_{n\to\infty} s_n,$$

即加括号后所成的级数收敛,且其和不变.

**注意**　如果加括号后所成的级数收敛,则不能断定去括号后原来的级数也收敛. 例如,级数

$$(1-1) + (1-1) + \cdots$$

收敛于零,但级数

$$1 - 1 + 1 - 1 + \cdots$$

却是发散的.

**推论:如果对级数 $\sum_{n=1}^{\infty} u_n$ 的项任意加括号后所成的级数发散,则原来级数也发散.**

事实上,倘若原来级数收敛,则根据性质 4 知道,加括弧后的级数就应该收敛了.

**性质 5(级数收敛的必要条件)　如果级数 $\sum_{n=1}^{\infty} u_n$ 收敛,则它的一般项 $u_n$ 趋于零,即**

$$\lim_{n\to\infty} u_n = 0.$$

**证明**　设级数 $\sum_{n=1}^{\infty} u_n$ 的部分和为 $s_n$,且$\lim_{n\to\infty} s_n = s$,则

$$\lim_{n\to\infty} u_n = \lim_{n\to\infty}(s_n - s_{n-1}) = \lim_{n\to\infty} s_n - \lim_{n\to\infty} s_{n-1} = s - s = 0.$$

由性质5可知,如果级数的一般项不趋于零,则该级数必定发散. 例如,级数

$$\frac{1}{2}-\frac{2}{3}+\frac{3}{4}-\cdots+(-1)^{n-1}\frac{n}{n+1}+\cdots,$$

它的一般项 $u_n=(-1)^{n-1}\frac{n}{n+1}$ 当 $n\to\infty$ 时不趋于零,因此这级数是发散的.

**注意**　级数的一般项趋于零并不是级数收敛的充分条件. 有些级数虽然一般项趋于零,但仍然是发散的. 例如,调和级数 $\sum_{n=1}^{\infty}\frac{1}{n}$, $\lim_{n\to\infty}\frac{1}{n}=0$,但我们在前面已经证明调和级数 $\sum_{n=1}^{\infty}\frac{1}{n}$ 是发散的.

**例5**　求级数 $\sum_{n=1}^{\infty}\left(\frac{1}{2^n}+\frac{3}{n(n+1)}\right)$ 的和.

**解**　根据等比级数的结论,知 $\sum_{n=1}^{\infty}\frac{1}{2^n}=\frac{\frac{1}{2}}{1-\frac{1}{2}}=1$.

而由例2,知 $\sum_{n=1}^{\infty}\frac{1}{n(n+1)}=1$,所以

$$\sum_{n=1}^{\infty}\left(\frac{1}{2^n}+\frac{1}{n(n+1)}\right)=\sum_{n=1}^{\infty}\frac{1}{2^n}+\sum_{n=1}^{\infty}\frac{3}{n(n+1)}=4.$$

**例6**　设级数 $\sum_{n=1}^{\infty}u_n$ 收敛, $\sum_{n=1}^{\infty}v_n$ 发散,证明:级数 $\sum_{n=1}^{\infty}(u_n+v_n)$ 发散.

**证明**　用反证法. 已知 $\sum_{n=1}^{\infty}u_n$ 收敛,假定 $\sum_{n=1}^{\infty}(u_n+v_n)$ 收敛,由 $v_n=(u_n+v_n)-u_n$ 与级数性质得知 $\sum_{n=1}^{\infty}v_n$ 收敛,这与题设矛盾,所以级数 $\sum_{n=1}^{\infty}(u_n+v_n)$ 发散.

**例7**　判别级数 $\frac{1}{2}+\frac{1}{10}+\frac{1}{2^2}+\frac{1}{2\times10}+\cdots+\frac{1}{2^n}+\frac{1}{10n}+\cdots$ 是否收敛.

**解**　将所给级数每相邻两项加括号得到新级数 $\sum_{n=1}^{\infty}(\frac{1}{2^n}+\frac{1}{10n})$.

因为 $\sum_{n=1}^{\infty}\frac{1}{2^n}$ 收敛,而级数 $\sum_{n=1}^{\infty}\frac{1}{10n}=\frac{1}{10}\sum_{n=1}^{\infty}\frac{1}{n}$ 发散,所以级数 $\sum_{n=1}^{\infty}(\frac{1}{2^n}+\frac{1}{10n})$ 发散,根据性质4之推论,去括号后的级数 $\frac{1}{2}+\frac{1}{10}+\frac{1}{2^2}+\frac{1}{2\times10}+\cdots+\frac{1}{2^n}+\frac{1}{10n}+\cdots$ 也发散.

**例8**　判别级数 $\sum_{n=1}^{\infty}\sin\frac{n}{2}$ 是否收敛.

**解**　因为 $\lim_{n\to\infty}\sin\frac{n}{2}$ 不存在,所以级数 $\sum_{n=1}^{\infty}\sin\frac{n}{2}$ 发散.

## 习题3－1

1. 写出下列级数的前5项：

(1) $\sum_{n=1}^{\infty} \frac{(-1)^{n+1}}{2^n - 1}$；

(2) $\sum_{n=1}^{\infty} \frac{3}{(2n+1)2^{2n+1}}$；

(3) $\sum_{n=1}^{\infty} \frac{(-1)^n + 1}{n}$；

(4) $\sum_{n=1}^{\infty} \frac{1 \cdot 4 \cdot 7 \cdot \cdots \cdot (3n+1)}{2 \cdot 7 \cdot 12 \cdot \cdots \cdot (5n+2)}$；

(5) $\sum_{n=1}^{\infty} \frac{1+n}{1+n^2}$；

(6) $\sum_{n=1}^{\infty} \frac{1 \cdot 3 \cdot \cdots \cdot (2n-1)}{2 \cdot 4 \cdot \cdots \cdot (2n)}$；

(7) $\sum_{n=1}^{\infty} \frac{(-1)^{n-1}}{5^n}$；

(8) $\sum_{n=1}^{\infty} \frac{n!}{n^n}$.

2. 写出下列级数的一般项：

(1) $\frac{2}{1} - \frac{3}{2} + \frac{4}{3} - \frac{5}{4} + \frac{6}{5} - \cdots$；

(2) $1 + \frac{1 \cdot 2}{2^2} + \frac{1 \cdot 2 \cdot 3}{3^2} + \frac{1 \cdot 2 \cdot 3 \cdot 4}{4^2} + \cdots$；

(3) $\frac{\sqrt{x}}{2} + \frac{x}{2 \cdot 4} + \frac{x\sqrt{x}}{2 \cdot 4 \cdot 6} + \frac{x^2}{2 \cdot 4 \cdot 6 \cdot 8} + \cdots$；

(4) $\frac{a^2}{3} - \frac{a^3}{5} + \frac{a^4}{7} - \frac{a^5}{9} + \cdots$.

3. 根据级数收敛与发散的定义，判别下列级数的敛散性：

(1) $2 + 2 + \cdots + 2 + \cdots$；

(2) $\frac{1}{1 \cdot 4} + \frac{1}{2 \cdot 5} + \cdots + \frac{1}{n(n+3)} + \cdots$；

(3) $\sum_{n=1}^{\infty} (\sqrt{n+1} - \sqrt{n})$.

4. 判别下列级数的敛散性：

(1) $1 + \ln 2 + \ln^2 2 + \ln^3 2 + \cdots$；

(2) $1 - \ln 3 + \ln^2 3 - \ln^3 3 + \cdots$；

(3) $\frac{1}{3} + \frac{1}{\sqrt{3}} + \frac{1}{\sqrt[3]{3}} + \cdots + \frac{1}{\sqrt[n]{3}} + \cdots$；

(4) $\left(\frac{1}{2} + \frac{1}{a}\right) + \left(\frac{1}{2^2} + \frac{1}{a^2}\right) + \cdots + \left(\frac{1}{2^n} + \frac{1}{a^n}\right) + \cdots$；

(5) $\left(\frac{1}{3} + \frac{1}{2}\right) + \left(\frac{1}{3^2} + \frac{1}{2 \times 2}\right) + \cdots + \left(\frac{1}{3^n} + \frac{1}{n \times 2}\right) + \cdots$；

(6) $-\frac{8}{9} + \frac{8^2}{9^2} - \frac{8^3}{9^3} + \cdots + (-1)^n \frac{8^n}{9^n} + \cdots$；

(7) $\sin\frac{\pi}{6}+\sin\frac{2\pi}{6}+\cdots+\sin\frac{n\pi}{6}+\cdots$;

(8) $\frac{3}{2}+\frac{3^2}{2^2}+\cdots+\frac{3^n}{2^n}+\cdots$.

## 第二节　正项级数敛散性的判别法

一般的常数项级数,它的各项可以是正数、负数或者零.现在我们来讨论各项都是正数或零的级数,这种级数称为正项级数.这种级数特别重要,其他级数的敛散性问题通常可归结为正项级数的敛散性问题.

设级数

$$u_1+u_2+\cdots+u_n+\cdots \tag{3-5}$$

是一个正项级数($u_n\geqslant 0$),它的部分和为$s_n$.显然,数列$\{s_n\}$是一个单调增加数列:

$$s_1\leqslant s_2\leqslant\cdots\leqslant s_n\leqslant\cdots.$$

如果数列$\{s_n\}$有界,即$s_n$总不大于某一常数$M$,根据单调有界的数列必有极限的准则,级数(3-5)式必收敛于和$s$,且$s_n\leqslant s\leqslant M$;反之,如果正项级数(3-5)式收敛于和$s$,即$\lim\limits_{n\to\infty}s_n=s$,根据有极限的数列是有界数列的性质可知,数列$\{s_n\}$有界.因此,我们得到如下重要的结论.

**定理1　正项级数$\sum\limits_{n=1}^{\infty}u_n$收敛的充分必要条件是:它的部分和数列$\{s_n\}$有界.**

由定理1可知,**如果正项级数$\sum\limits_{n=1}^{\infty}u_n$发散,则它的部分和数列$s_n\to+\infty(n\to\infty)$,即$\sum\limits_{n=1}^{\infty}u_n=+\infty$.**

根据定理1,可得关于正项级数的一个基本的审敛法.

**定理2(比较审敛法)　设$\sum\limits_{n=1}^{\infty}u_n$和$\sum\limits_{n=1}^{\infty}v_n$都是正项级数,且$u_n\leqslant v_n(n=1,2,\cdots)$.若级数$\sum\limits_{n=1}^{\infty}v_n$收敛,则级数$\sum\limits_{n=1}^{\infty}u_n$收敛;反之,若级数$\sum\limits_{n=1}^{\infty}u_n$发散,则级数$\sum\limits_{n=1}^{\infty}v_n$发散.**

**证明**　设级数$\sum\limits_{n=1}^{\infty}v_n$收敛于和$s$,则级数$\sum\limits_{n=1}^{\infty}u_n$的部分和

$$s_n=u_1+u_2+\cdots+u_n\leqslant v_1+v_2+\cdots+v_n\leqslant s\quad(n=1,2,\cdots),$$

即部分和数列$\{s_n\}$有界,由定理1知级数$\sum\limits_{n=1}^{\infty}u_n$收敛.

反之,设级数$\sum\limits_{n=1}^{\infty}u_n$发散,则级数$\sum\limits_{n=1}^{\infty}v_n$必发散.因为若级数$\sum\limits_{n=1}^{\infty}v_n$收敛,由上面已

证明的结论，将有级数 $\sum_{n=1}^{\infty} u_n$ 也收敛，与假设矛盾.

注意到级数的每一项同乘以不为零的常数 $k$，以及去掉级数前面部分的有限项不会影响级数的敛散性，我们可得如下推论：

**推论** 设 $\sum_{n=1}^{\infty} u_n$ 和 $\sum_{n=1}^{\infty} v_n$ 都是正项级数，如果级数 $\sum_{n=1}^{\infty} v_n$ 收敛，且存在自然数 $N$，使当 $n \geqslant N$ 时有 $u_n \leqslant kv_n (k > 0)$ 成立，则级数 $\sum_{n=1}^{\infty} u_n$ 收敛；如果级数 $\sum_{n=1}^{\infty} v_n$ 发散，且当 $n \geqslant N$ 时有 $u_n \geqslant kv_n (k > 0)$ 成立，则级数 $\sum_{n=1}^{\infty} u_n$ 发散.

**例 1** 讨论 $p$ 级数 $\sum_{n=1}^{\infty} \frac{1}{n^p} = 1 + \frac{1}{2^p} + \frac{1}{3^p} + \cdots + \frac{1}{n^p} + \cdots (p > 0)$ 的敛散性.

**解** 当 $p \leqslant 1$ 时，因为 $\frac{1}{n^p} \geqslant \frac{1}{n}$，而调和级数 $\sum_{n=1}^{\infty} \frac{1}{n}$ 发散，所以 $p$ 级数发散. 如图 3 - 2 所示.

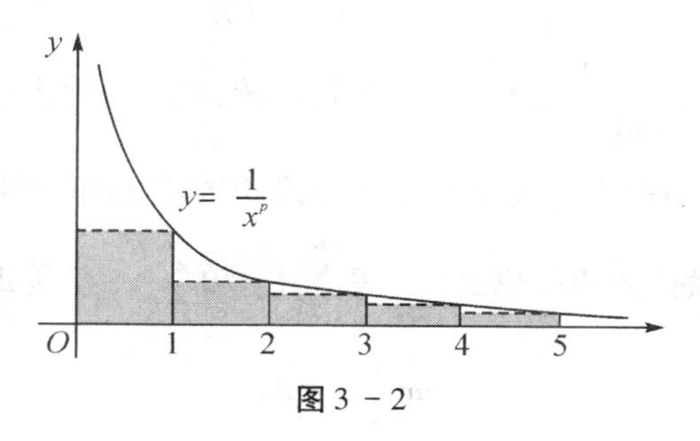


图 3 - 2

当 $p > 1$ 时，由图 3 - 2 可知，$\frac{1}{n^p} < \int_{n-1}^{n} \frac{dx}{x^p}$，

$$s_n = 1 + \frac{1}{2^p} + \frac{1}{3^p} + \cdots + \frac{1}{n^p} < 1 + \int_1^2 \frac{dx}{x^p} + \cdots + \int_{n-1}^{n} \frac{dx}{x^p}$$

$$= 1 + \int_1^n \frac{dx}{x^p} = 1 + \frac{1}{p-1}\left(1 - \frac{1}{n^{p-1}}\right) < 1 + \frac{1}{p-1},$$

即 $s_n$ 有界，所以 $p$ 级数收敛. 故

$$p\text{ 级数} \sum_{n=1}^{\infty} \frac{1}{n^p} \begin{cases} \text{当 } p > 1 \text{ 时收敛} \\ \text{当 } p \leqslant 1 \text{ 时发散} \end{cases}.$$

在使用比较审敛法时，几何级数和 $p$ 级数经常用来与需要判别敛散性的级数相比较.

**例 2** 判别级数 $\sum_{n=1}^{\infty} 2^n \sin \frac{\pi}{3^n}$ 的敛散性.

**解** 由于当 $x > 0$ 时，$0 < \sin x < x$，所以有

$$0 < 2^n \sin \frac{\pi}{3^n} < \pi \left(\frac{2}{3}\right)^n, n = 1,2,3,\cdots$$

而$\sum_{n=1}^{\infty}\pi\left(\frac{2}{3}\right)^{n}$是$q=\frac{2}{3}<1$的几何级数，故级数收敛. 于是，由比较审敛法可知，正项级数$\sum_{n=1}^{\infty}2^{n}\sin\frac{\pi}{3^{n}}$收敛.

在使用比较审敛法的时候，关键是找出一个合适的级数进行比较，而这个级数的敛散性已知或容易判断出来. 运用比较审敛法时要准确，简单地说，即若原级数的通项比一个收敛级数的通项还小，则原级数收敛；若原级数的通项比一个发散级数的通项还大，则原级数发散. 反过来，若原级数的通项比一个收敛级数的通项大或是比一个发散级数的通项小，则原级数的敛散性无法判定.

**例 3**　判别级数$\sum_{n=1}^{\infty}\frac{1}{\sqrt{n(n+1)}}$的敛散性.

**解**　由于$\frac{1}{\sqrt{n(n+1)}}>\frac{1}{n+1}$，而$\sum_{n=1}^{\infty}\frac{1}{n+1}$是由调和级数去掉了第一项得到的，因而发散，所以由比较审敛法可知，$\sum_{n=1}^{\infty}\frac{1}{\sqrt{n(n+1)}}$发散.

在例 3 中，如果用$\frac{1}{\sqrt{n(n+1)}}<\frac{1}{n}$进行比较，就无法得出结论.

很多时候直接比较通项的大小不方便，需要用到比较审敛法的极限形式.

**定理 3（比较审敛法的极限形式）　设$\sum_{n=1}^{\infty}u_n$和$\sum_{n=1}^{\infty}v_n$都是正项级数，如果**

$$\lim_{n\to\infty}\frac{u_n}{v_n}=l,$$

**那么**

**（1）若$0<l<+\infty$，则级数$\sum_{n=1}^{\infty}u_n$和$\sum_{n=1}^{\infty}v_n$同时收敛或同时发散；**

**（2）若$l=0$，且$\sum_{n=1}^{\infty}v_n$收敛，则$\sum_{n=1}^{\infty}u_n$收敛；**

**（3）若$l=+\infty$，且$\sum_{n=1}^{\infty}v_n$发散，则$\sum_{n=1}^{\infty}u_n$发散.**

**证明**　（1）由于$\lim_{n\to\infty}\frac{u_n}{v_n}=l$，且$0<l<+\infty$，故对于给定的$\varepsilon=\frac{l}{2}>0$，存在正整数$N$，使当$n>N$时，有$\left|\frac{u_n}{v_n}-l\right|<\varepsilon=\frac{l}{2}$成立，即

$$\frac{l}{2}<\frac{u_n}{v_n}<\frac{3l}{2}.$$

于是，当$n>N$时，有

$$\frac{l}{2}v_n<u_n<\frac{3l}{2}v_n.$$

于是由定理 2 的推论可知,级数 $\sum_{n=1}^{\infty} u_n$ 和 $\sum_{n=1}^{\infty} v_n$ 同时收敛或同时发散.

类似地可证(2) 和(3). 定理得证.

**例 4** 判别级数 $\sum_{n=1}^{\infty} \sin \frac{1}{n}$ 的敛散性.

**解** 因为 $\lim_{n\to\infty} \frac{\sin \frac{1}{n}}{\frac{1}{n}} = 1$,而 $\sum_{n=1}^{\infty} \frac{1}{n}$ 发散,所以由定理 3 知,$\sum_{n=1}^{\infty} \sin \frac{1}{n}$ 发散.

**例 5** 判别级数 $\sum_{n=1}^{\infty} \ln(1 + \frac{1}{n^2})$ 的敛散性.

**解** 因为 $\lim_{n\to\infty} \frac{\ln(1+\frac{1}{n^2})}{\frac{1}{n^2}} = \lim_{n\to\infty}\ln\left(1+\frac{1}{n^2}\right)^{n^2} = \ln e = 1$,而 $\sum_{n=1}^{\infty} \frac{1}{n^2}$ 是 $p = 2$ 的 $p$ 级数,所以收敛,由定理 3 知,$\sum_{n=1}^{\infty} \ln(1 + \frac{1}{n^2})$ 收敛.

**例 6** 判别级数 $\sum_{n=1}^{\infty} \frac{(n+a)^n}{n^{n+a}}$ 的敛散性.

**解** 记 $u_n = \frac{(n+a)^n}{n^{n+a}} = \frac{n^n\left(1+\frac{a}{n}\right)^n}{n^n n^a} = \frac{\left(1+\frac{a}{n}\right)^n}{n^a}$,采用比较法的极限形式,取 $v_n = \frac{1}{n^a}$,因 $\lim_{n\to\infty}\frac{u_n}{v_n} = \lim_{n\to\infty}\left(1+\frac{a}{n}\right)^n = e^a$,所以原级数与级数 $\sum_{n=1}^{\infty}\frac{1}{n^a}$ 具有相同的敛散性,从而知

当 $a > 1$ 时,级数 $\sum_{n=1}^{\infty} \frac{(n+a)^n}{n^{n+a}}$ 收敛;

当 $a \leqslant 1$ 时,级数 $\sum_{n=1}^{\infty} \frac{(n+a)^n}{n^{n+a}}$ 发散.

还有很多时候,不太容易找到一个进行比较的级数,我们有以下的判断方法.

**定理 4(比值审敛法,达朗贝尔判别法) 设 $\sum_{n=1}^{\infty} u_n$ 是正项级数,且**

$$\lim_{n\to\infty}\frac{u_{n+1}}{u_n} = \rho,$$

**(1) 若 $\rho < 1$,则级数收敛;**

**(2) 若 $\rho > 1$,则级数发散;**

**(3) 若 $\rho = 1$,则级数可能收敛也可能发散,需要用其他方法进行判别.**

证明略.

**例 7** 判别下列级数的敛散性:

(1) $\sum_{n=1}^{\infty} \frac{1}{n!}$;　　　　(2) $\sum_{n=1}^{\infty} \frac{n!}{10^n}$.

**解**　(1) 由于$\lim_{n\to\infty} \frac{u_{n+1}}{u_n} = \lim_{n\to\infty} \frac{\frac{1}{(n+1)!}}{\frac{1}{n!}} = \lim_{n\to\infty} \frac{1}{n+1} = 0$,故级数$\sum_{n=1}^{\infty} \frac{1}{n!}$收敛.

(2) 由于$\lim_{n\to\infty} \frac{u_{n+1}}{u_n} = \lim_{n\to\infty} \frac{(n+1)!}{10^{n+1}} \cdot \frac{10^n}{n!} = \lim_{n\to\infty} \frac{n+1}{10} = \infty$,故级数$\sum_{n=1}^{\infty} \frac{n!}{10^n}$发散.

**例 8**　判别级数$\sum_{n=1}^{\infty} \frac{n^2}{\left(2+\frac{1}{n}\right)^n}$的敛散性.

**解**　因为$\frac{n^2}{(2+\frac{1}{n})^n} < \frac{n^2}{2^n}$,而对于级数$\sum_{n=1}^{\infty} \frac{n^2}{2^n}$,由比值判别法,因$\lim_{n\to\infty} \frac{u_{n+1}}{u_n} =$ $\lim_{n\to\infty}\left[\frac{(n+1)^2}{2^{n+1}} \cdot \frac{2^n}{n^2}\right] = \lim_{n\to\infty} \frac{1}{2}(1+\frac{1}{n})^2 = \frac{1}{2} < 1$,所以级数$\sum_{n=1}^{\infty} \frac{n^2}{2^n}$收敛,从而原级数亦收敛.

**例 9**　判别级数$\sum_{n=1}^{\infty} \frac{n!a^n}{n^n}(a > 0)$的敛散性.

**解**　采用比值审敛法,由于

$$\lim_{n\to\infty} \frac{u_{n+1}}{u_n} = \lim_{n\to\infty}\left[\frac{a^{n+1}(n+1)!}{(n+1)^{n+1}} \cdot \frac{n^n}{a^n \cdot n!}\right] = \lim_{n\to\infty} \frac{a}{(1+\frac{1}{n})^n} = \frac{a}{e},$$

所以当$0 < a < e$时,原级数收敛;当$a > e$时,原级数发散;当$a = e$时,比值法失效,但此时注意到:

数列$x_n = \left(1+\frac{1}{n}\right)^n$严格单调增加,且$\left(1+\frac{1}{n}\right)^n < e$,于是$\frac{u_{n+1}}{u_n} = \frac{e}{x_n} > 1$,即$u_{n+1} > u_n$,故$u_n > u_1 = e$. 由此得到$\lim_{n\to\infty} u_n \neq 0$,所以当$a = e$时原级数发散.

**定理 5(根值审敛法,柯西判别法)　设$\sum_{n=1}^{\infty} u_n$是正项级数,且**

$$\lim_{n\to\infty} \sqrt[n]{u_n} = \rho,$$

**(1) 若$\rho < 1$,则级数收敛;**

**(2) 若$\rho > 1$,则级数发散;**

**(3) 若$\rho = 1$,则级数可能收敛也可能发散,需要用其他方法进行判定.**

证明略.

**例 10**　判别级数$\sum_{n=1}^{\infty} \left(1-\frac{1}{n}\right)^{n^2}$的敛散性.

**解**　一般项含有$n$次方,故可采用根值审敛法. 因为

$$\lim_{n\to\infty}\sqrt[n]{u_n}=\lim_{n\to\infty}\sqrt[n]{\left(1-\frac{1}{n}\right)^{n^2}}=\lim_{n\to\infty}\left(1-\frac{1}{n}\right)^n=\frac{1}{e}<1,$$

故级数 $\sum_{n=1}^{\infty}\left(1-\frac{1}{n}\right)^{n^2}$ 收敛.

**例 11** 判别级数 $\sum_{n=1}^{\infty}2^{-n-(-1)^n}$ 的敛散性.

**解** 因为

$$\lim_{n\to\infty}\sqrt[n]{u_n}=\lim_{n\to\infty}\sqrt[n]{2^{-n-(-1)^n}}=\lim_{n\to\infty}2^{-1-\frac{(-1)^n}{n}}=\frac{1}{2}<1,$$

由根值审敛法知,级数 $\sum_{n=1}^{\infty}2^{-n-(-1)^n}$ 收敛.

**例 12** 判别级数 $\sum_{n=1}^{\infty}\frac{2+(-1)^n}{2^n}$ 的敛散性.

**解** 因为 $\frac{2+(-1)^n}{2^n}\leqslant\frac{3}{2^n}$,而 $\lim_{n\to\infty}\sqrt[n]{\frac{3}{2^n}}=\frac{1}{2}$,所以级数 $\sum_{n=1}^{\infty}\frac{3}{2^n}$ 收敛,再由比较审敛法可知,级数 $\sum_{n=1}^{\infty}\frac{2+(-1)^n}{2^n}$ 收敛.

对于上述几种判别正项级数敛散性的常用方法,在实际应用中,通常按照如下顺序选择判别方法:第一,检查一般项是否收敛于零,若通项不收敛于零,则级数发散;否则,进行下面的步骤. 第二,考虑用级数收敛的性质进行判别. 第三,若通项中含有 $n!$ 或者 $n$ 的若干连乘积时考虑优先选择比值审敛法,若通项中含有 $n$ 次幂时,优先选择根值审敛法;第四,若不具备第三点所述特点,考虑用比较审敛法(用比较审敛法时,优先考虑其极限形式). 第五,如果前述方法都不能得出结论,则考虑用级数收敛的定义进行判别.

## 习题 3 - 2

1. 用比较审敛法或其极限形式判别下列级数的敛散性:

(1) $\sum_{n=1}^{\infty}\frac{1}{5n+1}$;

(2) $\sum_{n=1}^{\infty}\frac{1}{\sqrt[n]{n+1}}$;

(3) $\sum_{n=1}^{\infty}(\sqrt{n^5+2}-\sqrt{n^2})$;

(4) $\sum_{n=1}^{\infty}\frac{1+n}{1+n^3}$;

(5) $\sum_{n=1}^{\infty}\frac{1}{(n+1)(n+4)}$;

(6) $\sum_{n=1}^{\infty}\sin\frac{\pi}{2^n}$;

(7) $\sum_{n=1}^{\infty}\frac{1}{1+a^n},(a>0)$;

(8) $\sum_{n=1}^{\infty}\frac{\pi}{n}\tan\frac{\pi}{n}$;

(9) $\sum_{n=1}^{\infty}\frac{1}{n^2}\ln n$;　　(10) $\sum_{n=1}^{\infty}\tan\frac{\pi}{4n}$;

(11) $\sum_{n=1}^{\infty}\frac{1}{n\cdot\sqrt[n]{n}}$;　　(12) $\sum_{n=1}^{\infty}(1-\cos\frac{1}{n})$;

(13) $\sum_{n=2}^{\infty}\frac{1}{\sqrt{n}}\ln\frac{n+1}{n-1}$;　　(14) $\sum_{n=1}^{\infty}(\frac{1+n^2}{1+n^3})^2$.

2. 设$\frac{a_{n+1}}{a_n}\leqslant\frac{b_{n+1}}{b_n}$,$(a_n>0,b_n>0,n=1,2,\cdots)$,试证:

(1) 如果$\sum_{n=1}^{\infty}b_n$收敛,则$\sum_{n=1}^{\infty}a_n$收敛;

(2) 如果$\sum_{n=1}^{\infty}a_n$发散,则$\sum_{n=1}^{\infty}b_n$发散.

3. 证明下列结论:

(1) 若正项级数$\sum_{n=1}^{\infty}u_n$与$\sum_{n=1}^{\infty}v_n$都收敛,则级数$\sum_{n=1}^{\infty}\sqrt{u_nv_n}$收敛;

(2) 若$u_n\geqslant 0$,数列$\{nu_n\}$有界,则级数$\sum_{n=1}^{\infty}u_n^2$收敛;

(3) 若$\lim\limits_{n\to\infty}nu_n=u>0$,则级数$\sum_{n=1}^{\infty}u_n$发散.

4. 用比值审敛法判别下列级数的敛散性:

(1) $\sum_{n=1}^{\infty}\frac{n^2}{5^n}$;　　(2) $\sum_{n=1}^{\infty}\frac{3^n n!}{n^n}$;

(3) $\sum_{n=1}^{\infty}\frac{n!}{n^n}$;　　(4) $\sum_{n=1}^{\infty}\frac{n^k}{a^n}$,($a>1$,$k$为常数);

(5) $\sum_{n=1}^{\infty}n\tan\frac{\pi}{2^{n+1}}$;　　(6) $\sum_{n=1}^{\infty}\frac{1\cdot5\cdot9\cdot\cdots\cdot(4n-3)}{2\cdot5\cdot8\cdot\cdots\cdot(3n-1)}$;

(7) $\sum_{n=1}^{\infty}\frac{3^n}{n\cdot2^n}$;　　(8) $\sum_{n=1}^{\infty}\frac{(n+1)!}{2^n}$;

(9) $\sum_{n=1}^{\infty}\frac{3^n}{(2n+1)!}$;　　(10) $\sum_{n=1}^{\infty}\frac{1\cdot3\cdot5\cdot\cdots\cdot(2n-1)}{3^n n!}$;

(11) $\sum_{n=1}^{\infty}\frac{2^n}{\sqrt{n^n}}$;　　(12) $\sum_{n=1}^{\infty}\frac{1}{n^2}x^{2n}$;

(13) $\sum_{n=1}^{\infty}\frac{2n-1}{2^n}$;　　(14) $\sum_{n=1}^{\infty}\frac{n!}{10^n}$.

5. 用根值审敛法判别下列级数的敛散性:

(1) $\sum_{n=1}^{\infty}(\frac{n}{2n+1})^n$;　　(2) $\sum_{n=1}^{\infty}\frac{1}{[\ln(n+1)]^n}$;

(3) $\sum_{n=1}^{\infty}(\frac{n}{3n-1})^{2n-1}$;

(4) $\sum\limits_{n=1}^{\infty}\left(\frac{b}{a_n}\right)^n$，其中$\lim\limits_{n\to\infty}a_n=a$，$a_n,b,a$均为正数；

(5) $\sum\limits_{n=1}^{\infty}\frac{3^n}{\sqrt{n^n}}$；

(6) $\sum\limits_{n=1}^{\infty}\left(\frac{a^n}{n+1}\right)^n,(a>0)$；

(7) $\sum\limits_{n=1}^{\infty}\frac{n}{\left(1+\frac{1}{n}\right)^{n^2}}$；

(8) $\sum\limits_{n=1}^{\infty}\frac{1}{\left(2+\frac{1}{n}\right)^n}$；

(9) $\sum\limits_{n=1}^{\infty}\frac{1}{2^n}\left(1+\frac{1}{n}\right)^{n^2}$；

(10) $\sum\limits_{n=1}^{\infty}\left(\arcsin\frac{1}{n}\right)^n$.

## 第三节　任意项级数敛散性的判别法

### 一、交错级数及其审敛法

交错级数是一种特殊的任意项级数，它的各项是正负交错的，从而可以写成下面的形式：

$$u_1-u_2+u_3-u_4+\cdots+(-1)^{n-1}u_n+\cdots, \quad (3-6)$$

或

$$-u_1+u_2-u_3+u_4-\cdots+(-1)^nu_n+\cdots,$$

其中$u_1,u_2,\cdots$都是正数. 我们来证明关于交错级数的一个审敛法.

定理 1（莱布尼兹定理）如果交错级数$\sum\limits_{n=1}^{\infty}(-1)^{n-1}u_n$满足条件：

(1) $u_n\geqslant u_{n+1}(n=1,2,3,\cdots)$；

(2) $\lim\limits_{n\to\infty}u_n=0$，

则级数收敛，且其和$s\leqslant u_1$，其余项$r_n$的绝对值$|r_n|\leqslant u_{n+1}$.

**证明**　先证明前$2n$项的和$s_{2n}$的极限存在. 为此把$s_{2n}$写成两种形式：

$$s_{2n}=(u_1-u_2)+(u_3-u_4)+\cdots+(u_{2n-1}-u_{2n})$$

及

$$s_{2n}=u_1-(u_2-u_3)-(u_4-u_5)-\cdots-(u_{2n-2}-u_{2n-1})-u_{2n}$$

根据条件(1)知道，所有括弧中的差都是非负的. 由第一种形式可见数列$\{s_{2n}\}$是单调增加的，由第二种形式可见$s_{2n}<u_1$，于是，根据单调有界数列必有极限的准则知道，当$n$无限增大时，$s_{2n}$趋于一个极限$s$，并且$s$不大于$u_1$，即

$$\lim_{n\to\infty}s_{2n}=s\leqslant u_1.$$

再证明前$2n+1$项的和$s_{2n+1}$的极限也是$s$. 事实上，我们有

$$s_{2n+1}=s_{2n}+u_{2n+1}.$$

由条件(2)知$\lim\limits_{n\to\infty}u_{2n+1}=0$，因此

$$\lim_{n\to\infty}s_{2n+1}=\lim_{n\to\infty}(s_{2n}+u_{2n+1})=\lim_{n\to\infty}s_{2n}+\lim_{n\to\infty}u_{2n+1}=s.$$

由于级数的前偶数项的和与奇数项的和趋于同一极限 $s$,故级数 $\sum_{n=1}^{\infty}(-1)^{n-1}u_n$ 的部分和 $s_n$ 当 $n\to\infty$时具有极限 $s$. 这就证明了级数 $\sum_{n=1}^{\infty}(-1)^{n-1}u_n$ 收敛于和 $s$,且 $s\leqslant u_1$.

最后,不难看出余项 $r_n$ 可以写成

$$r_n=\pm(u_{n+1}-u_{n+2}+\cdots),$$

其绝对值　$|r_n|=u_{n+1}-u_{n+2}+\cdots$,

上式右端也是一个交错级数,它也满足收敛的两个条件,所以其和小于级数的第一项,也就是说

$$|r_n|\leqslant u_{n+1}.$$

证明完毕.

**例 1**　判断级数 $\sum_{n=1}^{\infty}\frac{(-1)^{n-1}}{n}$ 的敛散性.

**解**　不难验证:

(1) $\frac{1}{n}\geqslant\frac{1}{n+1}(n=1,2,3,\cdots)$,(2) $\lim_{n\to\infty}\frac{1}{n}=0$.

所以,由莱布尼兹定理知,级数 $\sum_{n=1}^{\infty}\frac{(-1)^{n-1}}{n}$ 收敛.

判别交错级数 $\sum_{n=1}^{\infty}(-1)^{n-1}f(n)$(其中 $f(n)>0$)的敛散性时,如果数列 $\{f(n)\}$ 单调减少不容易判断,可通过验证当 $x$ 充分大时 $f'(x)\leqslant0$,来判断当 $n$ 充分大时数列 $\{f(n)\}$ 的单调减少;如果直接求极限 $\lim_{n\to\infty}f(n)$ 有困难,亦可通过求 $\lim_{x\to+\infty}f(x)$(假定它存在)来求 $\lim_{n\to\infty}f(n)$.

**例 2**　判断 $\sum_{n=1}^{\infty}(-1)^{n-1}\frac{\ln n}{n}$ 的敛散性.

**解**　由于 $u_n=\frac{\ln n}{n}>0\ (n>1)$,所以 $\sum_{n=1}^{\infty}(-1)^{n-1}\frac{\ln n}{n}$ 是交错级数. 令 $f(x)=\frac{\ln x}{x}(x>3)$,有

$$f'(x)=\frac{1-\ln x}{x^2}<0(x>3),$$

即 $n>3$ 时,$\left\{\frac{\ln n}{n}\right\}$是递减数列,又利用洛必达法则有

$\lim_{x\to\infty}\frac{\ln n}{n}=\lim_{x\to+\infty}\frac{\ln x}{x}=\lim_{x\to+\infty}\frac{1}{x}=0$,则由莱布尼兹定理知该级数收敛.

## 二、绝对收敛与条件收敛

对于更一般的级数

$$u_1+u_2+\cdots+u_n+\cdots,$$

它的各项为任意实数. 如果级数 $\sum_{n=1}^{\infty}u_n$ 各项的绝对值所构成的正项级数 $\sum_{n=1}^{\infty}|u_n|$ 收敛,则称级数 $\sum_{n=1}^{\infty}u_n$ **绝对收敛**;如果级数 $\sum_{n=1}^{\infty}u_n$ 收敛,而级数 $\sum_{n=1}^{\infty}|u_n|$ 发散,则称级数 $\sum_{n=1}^{\infty}u_n$ **条件收敛**. 容易验证,级数 $\sum_{n=1}^{\infty}(-1)^{n-1}\frac{1}{n^2}$ 是绝对收敛级数,而级数 $\sum_{n=1}^{\infty}(-1)^{n-1}\frac{1}{n}$ 是条件收敛级数.

级数绝对收敛与级数收敛有以下重要关系:

**定理** **如果级数 $\sum_{n=1}^{\infty}u_n$ 绝对收敛,则级数 $\sum_{n=1}^{\infty}u_n$ 必定收敛.**

**证明** 设级数 $\sum_{n=1}^{\infty}|u_n|$ 收敛. 令

$$v_n=\frac{1}{2}(u_n+|u_n|)\ (n=1,2,\cdots).$$

显然 $v_n\geqslant 0$ 且 $v_n\leqslant|u_n|(n=1,2,\cdots)$. 由比较审敛法知道,级数 $\sum_{n=1}^{\infty}v_n$ 收敛,从而级数 $\sum_{n=1}^{\infty}2v_n$ 也收敛. 而 $u_n=2v_n-|u_n|$,由收敛级数的基本性质可知

$$\sum_{n=1}^{\infty}u_n=\sum_{n=1}^{\infty}2v_n-\sum_{n=1}^{\infty}|u_n|,$$

所以级数 $\sum_{n=1}^{\infty}u_n$ 收敛. 定理证毕.

该定理说明,对于一般的级数 $\sum_{n=1}^{\infty}u_n$,如果我们用正项级数的审敛法判定级数 $\sum_{n=1}^{\infty}|u_n|$ 收敛,则此级数收敛. 这就使得很多任意项级数的收敛性判别问题,转化成为正项级数的收敛性判别问题.

值得注意的是,该定理的逆定理并不成立. 例如,$\sum_{n=1}^{\infty}(-1)^{n-1}\frac{1}{n}$ 收敛,但 $\sum_{n=1}^{\infty}\left|(-1)^{n-1}\frac{1}{n}\right|=\sum_{n=1}^{\infty}\frac{1}{n}$ 却是发散的.

一般说来,如果级数 $\sum_{n=1}^{\infty}|u_n|$ 发散,我们不能断定级数 $\sum_{n=1}^{\infty}u_n$ 也发散. 但是,如果我们用比值审敛法或根值审敛法判定级数 $\sum_{n=1}^{\infty}|u_n|$ 发散,则我们可以断定级数 $\sum_{n=1}^{\infty}u_n$

必定发散. 这是因为上述两种审敛法判定级数$\sum_{n=1}^{\infty}|u_n|$发散的依据是$\lim_{n\to\infty}|u_n|\neq 0$,从而$\lim_{n\to\infty}u_n\neq 0$,因此级数$\sum_{n=1}^{\infty}u_n$也是发散的.

**例3**　判别级数$\sum_{n=1}^{\infty}\frac{(-1)^{n-1}}{n^p}(p>0)$的敛散性. 若收敛,进一步判断是绝对收敛还是条件收敛.

**解**　由$\sum_{n=1}^{\infty}\left|\frac{(-1)^{n-1}}{n^p}\right|=\sum_{n=1}^{\infty}\frac{1}{n^p}$,易见当$p>1$时,$\sum_{n=1}^{\infty}\frac{(-1)^{n-1}}{n^p}$绝对收敛,

当$0<p\leqslant 1$时,由莱布尼兹定理知$\sum_{n=1}^{\infty}\frac{(-1)^{n-1}}{n^p}$收敛,但$\sum_{n=1}^{\infty}\frac{1}{n^p}$发散,故$\sum_{n=1}^{\infty}\frac{(-1)^{n-1}}{n^p}$条件收敛.

**例4**　判别级数$\sum_{n=1}^{\infty}\frac{\sin n}{n^2}$的敛散性.

**解**　因为$\left|\frac{\sin n}{n^2}\right|\leqslant\frac{1}{n^2}$而$\sum_{n=1}^{\infty}\frac{1}{n^2}$收敛,所以$\sum_{n=1}^{\infty}\left|\frac{\sin n}{n^2}\right|$收敛,故由定理知原级数绝对收敛.

**例5**　判别级数$\sum_{n=1}^{\infty}(-1)^n\frac{1}{2^n}\left(1+\frac{1}{n}\right)^{n^2}$的敛散性. 若收敛,进一步判断是绝对收敛还是条件收敛.

**解**　由$|u_n|=\frac{1}{2^n}\left(1+\frac{1}{n}\right)^{n^2}$,有$\sqrt[n]{|u_n|}=\frac{1}{2}\left(1+\frac{1}{n}\right)^n\to\frac{1}{2}e(n\to\infty)$,而$\frac{1}{2}e>1$,可知$\lim_{n\to\infty}|u_n|\neq 0$,因此所给级数发散.

**例6**　判别级数$\sum_{n=1}^{\infty}(-1)^n\frac{n^{n+1}}{(n+1)!}$的敛散性. 若收敛,进一步判断是绝对收敛还是条件收敛.

**解**　这是一个交错级数,令$u_n=(-1)^n\frac{n^{n+1}}{(n+1)!}$,考察级数$\sum_{n=1}^{\infty}|u_n|$是否绝对收敛,采用比值审敛法:

$$\lim_{n\to\infty}\frac{|u_{n+1}|}{|u_n|}=\lim_{n\to\infty}\frac{(n+1)^{n+2}}{[(n+1)+1]!}\frac{(n+1)!}{n^{n+1}}=\lim_{n\to\infty}\left(\frac{n+1}{n}\right)^n\cdot\frac{(n+1)^2}{n(n+2)}=\lim_{n\to\infty}\left(1+\frac{1}{n}\right)^n=e>1,$$所以原级数非绝对收敛.

由$\lim_{n\to\infty}\frac{|u_{n+1}|}{|u_n|}>1$可知当$n$充分大时,有$|u_{n+1}|>|u_n|$,故$\lim_{n\to\infty}|u_n|\neq 0$,所以原级数发散.

**例 7** 判别级数 $\sum_{n=1}^{\infty}(-1)^{n-1}\frac{n}{n^2+1}$ 的敛散性. 若收敛,进一步判断是绝对收敛还是条件收敛.

**解** 因为 $\frac{|u_{n+1}|}{|u_n|}=\frac{n+1}{(n+1)^2+1}\cdot\frac{n^2+1}{n}=\frac{n^3+n^2+n+1}{n^3+2n^2+2n}\leqslant 1$,

即 $|u_{n+1}|\leqslant|u_n|(n=1,2,\cdots)$,且 $\lim_{n\to\infty}|u_n|=\lim_{n\to\infty}\frac{n}{n^2+1}=0$.

由交错级数审敛法,原级数收敛. 另一方面,$|u_n|=\frac{n}{n^2+1}\geqslant\frac{n}{n^2+n^2}=\frac{1}{2n}$,而 $\sum_{n=1}^{\infty}\frac{1}{2n}$ 发散,故 $\sum_{n=1}^{\infty}|u_n|=\sum_{n=1}^{\infty}\frac{n}{n^2+1}$ 发散. 于是级数 $\sum_{n=1}^{\infty}(-1)^{n-1}\frac{n}{n^2+1}$ 条件收敛.

**例 8** 判别级数 $\sum_{n=0}^{\infty}\frac{x^n}{n!}$ 的敛散性.

**解** 因为 $\lim_{n\to\infty}\frac{|u_{n+1}|}{|u_n|}=\lim_{n\to\infty}\frac{\frac{|x|^{n+1}}{(n+1)!}}{\frac{|x|^n}{n!}}=\lim_{n\to\infty}\frac{|x|}{n+1}=0$,所以,对任意 $x\in(-\infty,+\infty)$,级数 $\sum_{n=0}^{\infty}\frac{x^n}{n!}$ 绝对收敛.

**例 9** 判别级数 $\sum_{n=1}^{\infty}\frac{x^n}{n}$ 的敛散性.

**解** 因为 $\lim_{n\to\infty}\frac{|u_{n+1}|}{|u_n|}=\lim_{n\to\infty}\frac{\frac{|x|^{n+1}}{n+1}}{\frac{|x|^n}{n}}=\lim_{n\to\infty}\frac{n}{n+1}\cdot|x|=|x|$,所以,当 $|x|<1$ 时,级数 $\sum_{n=1}^{\infty}\frac{x^n}{n}$ 绝对收敛;当 $|x|>1$ 时,级数 $\sum_{n=1}^{\infty}\frac{x^n}{n}$ 发散;当 $x=1$ 时,级数 $\sum_{n=1}^{\infty}\frac{x^n}{n}$ 成为调和级数 $\sum_{n=1}^{\infty}\frac{1}{n}$,它是发散的;当 $x=-1$ 时,级数 $\sum_{n=1}^{\infty}\frac{x^n}{n}$ 成为交错级数 $\sum_{n=1}^{\infty}\frac{(-1)^n}{n}$,容易判断它是收敛的.

**例 10** 判别级数 $\sum_{n=1}^{\infty}nx^{n-1}$ 的敛散性.

**解** 因为 $\lim_{n\to\infty}\frac{|u_{n+1}|}{|u_n|}=\lim_{n\to\infty}\frac{(n+1)|x|^n}{n|x|^{n-1}}=\lim_{n\to\infty}\frac{n+1}{n}\cdot|x|=|x|$,所以,当 $|x|<1$ 时,级数 $\sum_{n=1}^{\infty}nx^{n-1}$ 绝对收敛;当 $|x|>1$ 时,级数 $\sum_{n=1}^{\infty}nx^{n-1}$ 发散;当 $x=1$ 时,级数 $\sum_{n=1}^{\infty}nx^{n-1}$ 成为 $\sum_{n=1}^{\infty}n$,它是发散的;当 $x=-1$ 时,级数 $\sum_{n=1}^{\infty}nx^{n-1}$ 成为 $\sum_{n=0}^{\infty}(-1)^{n-1}n$,它也是发散的.

一般地,判别任意项级数 $\sum_{n=1}^{\infty} u_n$ 的敛散性时,可先考虑正项级数 $\sum_{n=1}^{\infty} |u_n|$ 的敛散性,若级数 $\sum_{n=1}^{\infty} |u_n|$ 收敛, $\sum_{n=1}^{\infty} u_n$ 收敛且是绝对收敛;若 $\sum_{n=1}^{\infty} |u_n|$ 发散,且如果是按比值审敛法或根值审敛法判别的,则 $\sum_{n=1}^{\infty} u_n$ 的发散. 如果不是按比值审敛法或根值审敛法判别的,则还须再用其他方法判别 $\sum_{n=1}^{\infty} u_n$ 的敛散性,若 $\sum_{n=1}^{\infty} u_n$ 收敛则为条件收敛. 特别当 $\sum_{n=1}^{\infty} u_n$ 为交错级数时,可利用莱布尼兹定理判别其敛散性.

## 习题 3 - 3

判别下列级数的敛散性,如果收敛,指出是绝对收敛还是条件收敛:

(1) $\sum_{n=1}^{\infty} \frac{(-1)^{n-1}}{\ln(1+n)}$;　(2) $\sum_{n=1}^{\infty} \frac{1}{2^n}\sin\frac{n\pi}{7}$;

(3) $\sum_{n=1}^{\infty} \frac{n!}{n^n}\sin\frac{n\pi}{5}$;　(4) $\sum_{n=1}^{\infty} \frac{(-1)^{n-1}n^3}{2^n}$;

(5) $\sum_{n=1}^{\infty} \frac{(-1)^{n-1}}{n!}2^{n^2}$;　(6) $\sum_{n=1}^{\infty} (-1)^{n+1}\frac{n}{n+1}$;

(7) $\sum_{n=2}^{\infty} \frac{(-1)^n}{n-\ln n^n}$;　(8) $\sum_{n=2}^{\infty} \left(\frac{1}{\sqrt{n}-1}-\frac{1}{\sqrt{n}+1}\right)$;

(9) $\sum_{n=2}^{\infty} (-1)^n\sqrt{\frac{n(n+1)}{(n-1)(n+2)}}$;　(10) $\sum_{n=1}^{\infty} (-1)^{n-1}\frac{2+(-1)^n}{n^{\frac{5}{4}}}$;

(11) $\sum_{n=2}^{\infty} \frac{(-1)^n}{\sqrt{n}+(-1)^n}$;　(12) $\sum_{n=1}^{\infty} \left(\frac{1}{n}-e^{-n^2}\right)$;

(13) $\sum_{n=1}^{\infty} (-1)^n\frac{1}{\ln\left(1+\frac{1}{n}\right)}$;　(14) $\sum_{n=1}^{\infty} \left(\sin\frac{1}{n}\right)^{\frac{3}{2}}$;

(15) $\sum_{n=1}^{\infty} \frac{(-1)^{n-1}}{\ln(e^n+e^{-n})}$.

# 第四节　幂级数

### 一、函数项级数的概念

如果给定一个定义在区间 $I$ 上的函数序列

$$u_1(x), u_2(x), u_3(x), \cdots, u_n(x), \cdots,$$

则由这个函数序列构成的表达式

$$\sum_{n=1}^{\infty} u_n(x) = u_1(x) + u_2(x) + u_3(x) + \cdots + u_n(x) + \cdots \tag{3-7}$$

称为定义在区间 $I$ 上的**(函数项)无穷级数**，简称(函数项)级数.

对于每一个确定的值 $x_0 \in I$，函数项级数(3-7)式成为常数项级数

$$\sum_{n=1}^{\infty} u_n(x_0) = u_1(x_0) + u_2(x_0) + u_3(x_0) + \cdots + u_n(x_0) + \cdots \tag{3-8}$$

这个级数(3-8)式可能收敛也可能发散. 如果(3-8)式收敛，我们称点 $x_0$ 是函数项级数(3-7)式的收敛点；如果(3-8)式发散，我们称点 $x_0$ 是函数项级数(3-7)式的发散点. 函数项级数(3-7)式的所有收敛点的全体称为它的收敛域，所有发散点的全体称为它的发散域.

对于收敛域内的任意一个数 $x$，函数项级数的和是 $x$ 的函数 $s(x)$，通常称 $s(x)$ 为函数项级数的和函数，$s(x)$ 的定义域就是级数的收敛域，并写成

$$s(x) = \sum_{n=1}^{\infty} u_n(x) = u_1(x) + u_2(x) + u_3(x) + \cdots + u_n(x) + \cdots.$$

把函数项级数(3-7)式的前 $n$ 项的部分和记作 $s_n(x)$，则在收敛域上有

$$\lim_{n\to\infty} s_n(x) = s(x).$$

我们仍把 $r_n(x) = s(x) - s_n(x)$ 称为函数项级数的余项(当然，只有 $x$ 在收敛域上 $r_n(x)$ 才有意义)，于是有

$$\lim_{n\to\infty} r_n(x) = 0.$$

对于函数项级数 $\sum\limits_{n=1}^{\infty} u_n(x)$，如果 $\lim\limits_{n\to\infty} \dfrac{|u_{n+1}(x)|}{|u_n(x)|}$ 存在，则可以用比值法求其收敛域. 具体方法如下：

如果 $\lim\limits_{n\to\infty} \dfrac{|u_{n+1}(x)|}{|u_n(x)|} = \rho(x)$，则由比值审敛法：

(1) 当 $\rho(x) < 1$ 时，级数 $\sum\limits_{n=1}^{\infty} u_n(x)$ 绝对收敛；

(2) 当 $\rho(x) > 1$ 时，级数发散；

(3) 当 $\rho(x) = 1$ 时，将满足方程 $\rho(x) = 1$ 的 $x_0$ 代入 $\sum\limits_{n=1}^{\infty} u_n(x)$，判断相应的数项级数 $\sum\limits_{n=1}^{\infty} u_n(x_0)$ 的敛散性.

因此，通过求解不等式 $\rho(x) < 1$ 或 $\rho(x) > 1$，可得到级数 $\sum\limits_{n=1}^{\infty} u_n(x)$ 的收敛域和发散域.

**例 1**　求级数 $\sum\limits_{n=1}^{\infty} \dfrac{(-1)^{n-1}}{n(x-1)^n}$ 的收敛域.

**解**　因为 $\lim\limits_{n\to\infty}\dfrac{|u_{n+1}(x)|}{|u_n(x)|}=\lim\limits_{n\to\infty}\dfrac{\left|\dfrac{(-1)^n}{(n+1)(x-1)^{n+1}}\right|}{\left|\dfrac{(-1)^{n-1}}{n(x-1)^n}\right|}=\lim\limits_{n\to\infty}\dfrac{n}{n+1}\cdot\dfrac{1}{|x-1|}=\dfrac{1}{|x-1|}$

所以,当 $\dfrac{1}{|x-1|}<1$,即 $x<0$ 或 $x>2$ 时,级数 $\sum\limits_{n=1}^{\infty}\dfrac{(-1)^{n-1}}{n(x-1)^n}$ 绝对收敛,从而收敛;当 $\dfrac{1}{|x-1|}>1$,即 $0<x<2$ 时,级数 $\sum\limits_{n=1}^{\infty}\dfrac{(-1)^{n-1}}{n(x-1)^n}$ 发散;当 $\dfrac{1}{|x-1|}=1$,即 $x=0$ 或 $x=2$ 时,将 $x=0$ 代入原级数,级数变为 $\sum\limits_{n=1}^{\infty}\dfrac{-1}{n}$,发散,将 $x=2$ 代入原级数,级数变为 $\sum\limits_{n=1}^{\infty}\dfrac{(-1)^{n-1}}{n}$,收敛. 所以,原级数的收敛域为 $(-\infty,0)\cup[2,+\infty)$.

**二、幂级数的概念**

函数项级数中简单而常见的一类级数就是各项都是幂函数的函数项级数,即所谓幂级数,它的形式是

$$\sum_{n=0}^{\infty}a_n(x-x_0)^n=a_0+a_1(x-x_0)+a_2(x-x_0)^2+\cdots+a_n(x-x_0)^n+\cdots \tag{3-9}$$

或

$$\sum_{n=0}^{\infty}a_nx^n=a_0+a_1x+a_2x^2+\cdots+a_nx^n+\cdots \tag{3-10}$$

其中常数 $a_i(i=0,1,2,\cdots)$ 称为幂级数的系数. 如果作代换 $t=x-x_0$,幂级数(3-9)式就变成(3-10)式的形式,所以,下面只对幂级数(3-10)式进行讨论.

先看一个例子,考察幂级数

$$\sum_{n=0}^{\infty}x^n=1+x+x^2+\cdots+x^n+\cdots$$

的收敛性. 如果将 $x$ 看成常数,由几何级数的敛散性知,当 $|x|<1$ 时,$\sum\limits_{n=0}^{\infty}x^n$ 收敛且和为 $\dfrac{1}{1-x}$;当 $|x|\geqslant 1$ 时,$\sum\limits_{n=0}^{\infty}x^n$ 发散. 因此,$\sum\limits_{n=0}^{\infty}x^n$ 的收敛域是开区间 $(-1,1)$,发散域是 $(-\infty,-1]\cup[1,+\infty)$. 对于任意 $x\in(-1,1)$,有

$$\frac{1}{1-x}=1+x+x^2+\cdots+x^n+\cdots.$$

我们看到,这个幂级数的收敛域是一个区间. 事实上,这个结论对于一般的幂级数也是成立的. 我们有如下定理:

**定理 1(阿贝尔($Abel$)定理) 如果级数$\sum_{n=0}^{\infty} a_n x^n$当$x = x_0(x_0 \neq 0)$时收敛,则对适合不等式$|x| < |x_0|$的一切$x$,$\sum_{n=0}^{\infty} a_n x^n$都绝对收敛;反之,如果当$x = x_0$时级数$\sum_{n=0}^{\infty} a_n x^n$发散,则对适合不等式$|x| > |x_0|$的一切$x$,$\sum_{n=0}^{\infty} a_n x^n$都发散.**

**证明** 先设$x_0$是幂级数$\sum_{n=0}^{\infty} a_n x^n$的收敛点,即级数$\sum_{n=0}^{\infty} a_n x_0^n$收敛. 根据级数收敛的必要条件,这时有$\lim\limits_{n\to\infty} a_n x_0^n = 0$,于是存在一个正数$M$,使得

$$|a_n x_0^n| \leqslant M \quad (n = 0,1,2,\cdots).$$

又级数$\sum_{n=0}^{\infty} a_n x^n$的一般项的绝对值

$$|a_n x^n| = \left|a_n x_0{}^n \cdot \frac{x^n}{x_0{}^n}\right| = |a_n x_0{}^n| \cdot \left|\frac{x}{x_0}\right|^n \leqslant M\left|\frac{x}{x_0}\right|^n.$$

因为当$|x| < |x_0|$时,几何级数$\sum_{n=0}^{\infty} M\left|\frac{x}{x_0}\right|^n$收敛(因为$\left|\frac{x}{x_0}\right| < 1$),所以级数$\sum_{n=0}^{\infty} |a_n x^n|$收敛,级数$\sum_{n=0}^{\infty} a_n x^n$绝对收敛.

定理的第二部分可用反证法证明. 倘若幂级数当$x = x_0$时发散而有一点$x_1$适合$|x_1| > |x_0|$使级数收敛,则根据本定理的第一部分,级数当$x = x_0$时应收敛,这与所设矛盾. 定理得证.

设已给幂级数在数轴上既有收敛点(不仅是原点)也有发散点. 现在从原点沿数轴向右方走,最初只遇到收敛点,然后就只遇到发散点. 这两部分的界点可能是收敛点也可能是发散点. 从原点沿数轴向左方走情形也是如此. 两个界点$P_1$与$P_2$,在原点的两侧,且由定理 1 可以证明它们到原点的距离是一样的(如图 3 - 3 所示).

$P_1$ $P_2$
$-R$ $O$ $R$

图 3 - 3

从上面的几何说明,我们就得到重要的推论:

**推论** **如果幂级数$\sum_{n=0}^{\infty} a_n x^n$不是仅在$x = 0$一点收敛,也不是在整个数轴上都收敛,则必有一个完全确定的正数$R$存在,使得**

**(1) 当$|x| < R$时,幂级数绝对收敛;**

**(2) 当$|x| > R$时,幂级数发散;**

**(3) 当$|x| = R$时,幂级数可能收敛也可能发散.**

正数$R$通常称为幂级数$\sum_{n=0}^{\infty} a_n x^n$的**收敛半径**. 由幂级数在$|x| = R$处的收敛性就

可以决定它在区间$(-R,R)$、$[-R,R)$、$(-R,R]$或$[-R,R]$上收敛,这个区间称为幂级数$\sum_{n=0}^{\infty} a_n x^n$的**收敛区间**.

如果幂级数$\sum_{n=0}^{\infty} a_n x^n$只在$x=0$处收敛,这时收敛域只有一点$x=0$. 但为了方便起见,我们规定这时收敛半径$R=0$,并说收敛区间只有一点$x=0$;如果幂级数$\sum_{n=0}^{\infty} a_n x^n$对一切$x$都收敛,则规定收敛半径$R=+\infty$,这时收敛区间是$(-\infty,+\infty)$.

关于幂级数的收敛半径求法,有下面的定理:

**定理2** 对于幂级数$\sum_{n=0}^{\infty} a_n x^n$,如果$\lim_{n\to\infty}\left|\frac{a_{n+1}}{a_n}\right|=\rho$,则幂级数的收敛半径

$$R=\begin{cases}\frac{1}{\rho}, & 0<\rho<\infty \\ +\infty, & \rho=0 \\ 0, & \rho=+\infty\end{cases}.$$

**证明** 因为$\lim_{n\to\infty}\left|\frac{a_{n+1}}{a_n}\right|=\rho$,所以$\lim_{n\to\infty}\left|\frac{a_{n+1}x^{n+1}}{a_n x^n}\right|=\lim_{n\to\infty}\left|\frac{a_{n+1}}{a_n}\right|\cdot|x|=\rho|x|$,

(1) 如果$0<\rho<+\infty$,根据比值审敛法,则当$\rho|x|<1$即$|x|<\frac{1}{\rho}$时,幂级数$\sum_{n=0}^{\infty} a_n x^n$绝对收敛,从而收敛;当$\rho|x|>1$即$|x|>\frac{1}{\rho}$时,幂级数$\sum_{n=0}^{\infty} a_n x^n$发散. 于是收敛半径$R=\frac{1}{\rho}$.

(2) 如果$\rho=0$,则对于任何$x\neq 0$,有$\lim_{n\to\infty}\left|\frac{a_{n+1}x^{n+1}}{a_n x^n}\right|=\lim_{n\to\infty}\left|\frac{a_{n+1}}{a_n}\right|\cdot|x|=\rho|x|=0<1$,所以幂级数$\sum_{n=0}^{\infty} a_n x^n$绝对收敛,从而收敛. 于是$R=+\infty$.

(3) 如果$\rho=+\infty$,则对于除$x=0$外的其他一切$x$值,幂级数$\sum_{n=0}^{\infty} a_n x^n$必发散,因为对任何$x\neq 0$,有$\lim_{n\to\infty}\left|\frac{a_{n+1}x^{n+1}}{a_n x^n}\right|=\rho|x|=+\infty$. 于是$R=0$.

**定理3 对于幂级数$\sum_{n=0}^{\infty} a_n x^n$,如果$\lim_{n\to\infty}\sqrt[n]{|a_n|}=\rho$,则幂级数的收敛半径**

$$R=\begin{cases}\frac{1}{\rho}, & 0<\rho<\infty \\ +\infty, & \rho=0 \\ 0, & \rho=+\infty\end{cases}.$$

定理3由根式判别法可以证明,此处略.

**例 2** 求幂级数$\sum_{n=1}^{\infty}(-1)^{n-1}\frac{x^n}{n}$的收敛半径和收敛区间.

**解** $\rho=\lim_{n\to\infty}\left|\frac{a_{n+1}}{a_n}\right|=\lim_{n\to\infty}\frac{\frac{1}{n+1}}{\frac{1}{n}}=\lim_{n\to\infty}\frac{n}{n+1}=1$,所以收敛半径$R=1$.

当$x=1$时,幂级数成为$\sum_{n=1}^{\infty}\frac{(-1)^{n-1}}{n}$,该幂数收敛;当$x=-1$时,幂级数成为$\sum_{n=1}^{\infty}\frac{-1}{n}$,该幂级数发散.

从而所求收敛区间为$(-1,1]$.

**例 3** 求幂级数$\sum_{n=1}^{\infty}(-nx)^n$的收敛半径和收敛区间.

**解** 因为$\rho=\lim_{n\to\infty}\sqrt[n]{|a_n|}=\lim_{n\to\infty}n=+\infty$,故收敛半径$R=0$,即幂级数$\sum_{n=1}^{\infty}(-nx)^n$只在$x=0$处收敛.

**例 4** 求幂级数$\sum_{n=1}^{\infty}\frac{x^n}{n!}$的收敛半径和收敛区间.

**解** 因为$\rho=\lim_{n\to\infty}\left|\frac{a_{n+1}}{a_n}\right|=\lim_{n\to\infty}\frac{\frac{1}{(n+1)!}}{\frac{1}{n!}}=\lim_{n\to\infty}\frac{1}{n+1}=0$,所以收敛半径$R=+\infty$,收敛区间为$(-\infty,+\infty)$.

**例 5** 求幂级数$\sum_{n=1}^{\infty}(-1)^n\frac{2^n}{\sqrt{n}}\left(x-\frac{1}{2}\right)^n$的收敛半径和收敛区间.

**解** 令$t=x-\frac{1}{2}$,幂级数$\sum_{n=1}^{\infty}(-1)^n\frac{2^n}{\sqrt{n}}\left(x-\frac{1}{2}\right)^n$化为$\sum_{n=1}^{\infty}(-1)^n\frac{2^n}{\sqrt{n}}t^n$,因为$\rho=\lim_{n\to\infty}\left|\frac{a_{n+1}}{a_n}\right|=\lim_{n\to\infty}\frac{2^{n+1}}{\sqrt{n+1}}\cdot\frac{\sqrt{n}}{2^n}=2$,所以收敛半径$R=\frac{1}{2}$,收敛域为$|t|<\frac{1}{2}$,即$0<x<1$.

当$x=0$时,级数成为$\sum_{n=1}^{\infty}\frac{1}{\sqrt{n}}$,该幂级数发散;当$x=1$时,幂级数成为$\sum_{n=1}^{\infty}\frac{(-1)^n}{\sqrt{n}}$,该幂级数收敛.

从而所求收敛区间为$(0,1]$.

**例 6** 求幂级数$\sum_{n=1}^{\infty}\frac{x^{2n-1}}{2^n}$的收敛区间.

**解** 因级数$\sum_{n=1}^{\infty}\frac{x^{2n-1}}{2^n}$缺少偶数次幂,此时不能直接使用定理2求解. 可直接利用比值判别法：

$$\lim_{n\to\infty}\left|\frac{u_{n+1}(x)}{u_n(x)}\right| = \lim_{n\to\infty}\frac{x^{2n+1}}{2^{n+1}}\cdot\frac{2^n}{x^{2n-1}} = \frac{1}{2}|x|^2,$$

当$\frac{1}{2}|x^2|<1$即$|x|<\sqrt{2}$时，幂级数收敛；

当$\frac{1}{2}|x|^2>1$即$|x|>\sqrt{2}$时，幂级数发散，所以收敛半径$R=\sqrt{2}$；

当$x=\sqrt{2}$时，幂级数成为$\sum_{n=1}^{\infty}\frac{1}{\sqrt{2}}$，该幂级数发散；当$x=-\sqrt{2}$时，幂级数成为$\sum_{n=1}^{\infty}\frac{-1}{\sqrt{2}}$，该幂级数发散.

所以，收敛区间为$(-\sqrt{2},\sqrt{2})$.

**例7**　求函数项级数$\sum_{n=1}^{\infty}\frac{1}{n}\left(\frac{x-3}{x}\right)^n$的收敛域.

**解**　令$t=\frac{x-3}{x}$，原级数变为$\sum_{n=1}^{\infty}\frac{1}{n}t^n$，容易求得级数$\sum_{n=1}^{\infty}\frac{1}{n}t^n$的收敛域为$-1\leqslant t<1$，即

$$-1\leqslant\frac{x-3}{x}<1,$$

解此不等式得$x\geqslant\frac{3}{2}$，所以原级数的收敛域为$\left[\frac{3}{2},+\infty\right)$.

**三、幂级数的性质**

幂级数在其收敛域内收敛到一个初等函数，我们该怎么求出这个初等函数呢？前面看到，如果幂级数是几何级数，则利用几何级数的性质可得到和函数，对于一般的幂级数，没有现存的公式可用，但可以结合幂级数的性质，通过一些运算先把幂级数转变成几何级数，再进行相应的处理.

幂级数具有以下基本性质，证明从略.

**(1) 如果幂级数**

$$\sum_{n=0}^{\infty}a_nx^n=s_1(x)\ (x\in(-R_1,R_1)),\ \sum_{n=0}^{\infty}b_nx^n=s_2(x)\ (x\in(-R_2,R_2)),$$

**记$R=\min\{R_1,R_2\}$，则有**

$$\sum_{n=0}^{\infty}a_nx^n\pm\sum_{n=0}^{\infty}b_nx^n=\sum_{n=0}^{\infty}(a_n\pm b_n)x^n=s_1(x)\pm s_2(x)\ (x\in(-R,R)).$$

**(2) 如果幂级数$\sum_{n=0}^{\infty}a_nx^n$的收敛半径$R>0$，则它的和函数$s(x)$在收敛区间内是连续函数.**

**(3) 如果幂级数$\sum_{n=0}^{\infty}a_nx^n$的收敛半径$R>0$，则对于任意一点$x\in(-R,R)$，其和**

**函数 $s(x)$ 是可导的,且可以逐项求导:**

$$s'(x) = \left(\sum_{n=0}^{\infty} a_n x^n\right)' = \sum_{n=0}^{\infty} (a_n x^n)' = \sum_{n=0}^{\infty} n a_n x^{n-1}, x \in (-R,R).$$

**(4) 如果幂级数 $\sum_{n=0}^{\infty} a_n x^n$ 的收敛半径 $R>0$,则对于任意一点 $x \in (-R,R)$,其和函数 $s(x)$ 是可积的,且可以逐项积分:**

$$\int_0^x s(t)\,dt = \int_0^x \left[\sum_{n=0}^{\infty} a_n t^n\right] dt = \sum_{n=0}^{\infty} \int_0^x a_n t^n dt = \sum_{n=0}^{\infty} \frac{a_n}{n+1} x^{n+1}, x \in (-R,R).$$

利用幂级数的逐项求导和逐项积分,可以求幂级数的和函数,结合下面的例子,体会具体的做法.

**例 8** 求幂级数 $\sum_{n=1}^{\infty} (-1)^{n-1} \frac{x^n}{n}$ 的和函数.

**解** 由例 2 的结果知,幂级数 $\sum_{n=1}^{\infty} (-1)^{n-1} \frac{x^n}{n}$ 的收敛域为$(-1,1]$,设其和函数为 $s(x)$,即

$$s(x) = x - \frac{x^2}{2} + \frac{x^3}{3} - \frac{x^4}{4} + \cdots + (-1)^{n-1} \frac{x^n}{n} + \cdots,$$

显然 $s(0)=0$,且

$$s'(x) = 1 - x + x^2 + \cdots + (-1)^{n-1} x^{n-1} + \cdots = \frac{1}{1+x} \ (-1<x<1),$$

由积分公式 $\int_0^x s'(t)\,dt = s(x) - s(0)$,得

$$s(x) = s(0) + \int_0^x s'(t)\,dt = \int_0^x \frac{1}{1+t} dt = \ln(1+x),$$

因原幂级数在 $x=1$ 时收敛,所以

$$\sum_{n=1}^{\infty} (-1)^{n-1} \frac{x^n}{n} = \ln(1+x) \ (-1<x \leqslant 1).$$

**例 9** 求幂级数 $\sum_{n=0}^{\infty} (n+1)^2 x^n$ 的和函数.

**解** 因为 $\lim_{n\to\infty} \frac{|a_{n+1}|}{|a_n|} = \lim_{n\to\infty} \frac{(n+2)^2}{(n+1)^2} = 1$,故幂级数 $\sum_{n=0}^{\infty} (n+1)^2 x^n$ 的收敛半径 $R=1$,易见当 $x=\pm 1$ 时,幂级数发散,所以幂级数的收敛区间为$(-1,1)$,

设 $s(x) = \sum_{n=0}^{\infty} (n+1)^2 x^n (|x|<1)$,则

$$\int_0^x s(t)\,dt = \sum_{n=0}^{\infty} (n+1) x^{n+1} = x \sum_{n=0}^{\infty} (x^{n+1})' = x\left(\sum_{n=0}^{\infty} x^{n+1}\right)' = x\left(\frac{x}{1-x}\right)'$$

$$= \frac{x}{(1-x)^2},$$

在上式两端求导,得所求和函数

$$s(x)=\frac{1+x}{(1-x)^3}\ (|x|<1).$$

**例 10**　求级数$\frac{1}{1\times 3}+\frac{1}{2\times 3^2}+\frac{1}{3\times 3^3}+\frac{1}{4\times 3^4}+\cdots+\frac{1}{n\times 3^3}+\cdots$的和.

**解**　所求级数的和是幂级数$\sum\limits_{n=1}^{\infty}\frac{x^n}{n}$当$x=\frac{1}{3}$时的和. 设

$$s(x)=\sum_{n=1}^{\infty}\frac{x^n}{n},x\in[-1,1)$$

逐项求导,得

$$s'(x)=\sum_{n=1}^{\infty}x^{n-1}=\frac{1}{1-x},x\in(-1,1)$$

两边积分,得

$$\int_0^x s'(t)\mathrm{d}t=\int_0^x\frac{1}{1-t}\mathrm{d}t=-\ln(1-x)$$

即$s(x)-s(0)=-\ln(1-x)$.

又因$s(0)=0$,所以$s(x)=-\ln(1-x)$

故所求原级数的和为

$$s\left(\frac{1}{3}\right)=-\ln\left(1-\frac{1}{3}\right)=\ln\frac{3}{2}.$$

**例 11**　求幂级数$\sum\limits_{n=1}^{\infty}\frac{(-1)^{n-1}}{n(2n-1)}x^{2n}$的和.

**解**　设$s(x)=\sum\limits_{n=1}^{\infty}\frac{(-1)^{n-1}}{n(2n-1)}x^{2n}(|x|<1)$,则

$$s'(x)=\left(\sum_{n=1}^{\infty}\frac{(-1)^{n-1}}{n(2n-1)}x^{2n}\right)'=\sum_{n=1}^{\infty}\frac{2\cdot(-1)^{n-1}}{2n-1}x^{2n-1},$$

$$s''(x)=\left(\sum_{n=1}^{\infty}\frac{2\cdot(-1)^{n-1}}{2n-1}x^{2n-1}\right)'=\sum_{n=1}^{\infty}2\cdot(-1)^{n-1}x^{2n-2}$$

$$=2-2x^2+2x^4-2x^6+\cdots=\frac{2}{1+x^2},(|x|<1)$$

将上式两端对$x$积分,得

$$s'(x)-s'(0)=\int_0^x s''(t)\mathrm{d}t=\int_0^x\frac{2}{1+t^2}\mathrm{d}t=2\arctan x.$$

由$s'(0)=0$,得$s'(x)=2\arctan x$,两端积分得

$$s(x)-s(0)=\int_0^x s'(t)\mathrm{d}t=2\int_0^x\arctan t\mathrm{d}t$$

$$=2\left[t\arctan t\big|_0^x-\int_0^x\frac{t}{1+t^2}\mathrm{d}t\right]$$

$$=2x\arctan x-\ln(1+x^2)(|x|<1),$$

由$s(0)=0$,得

$$s(x)=2x\arctan x-\ln(1+x^2)$$

即 $\displaystyle\sum_{n=1}^{\infty}\frac{(-1)^{n-1}}{n(2n-1)}x^{2n}=2x\arctan x-\ln(1+x^2)$.

## 习题3－4

1. 求下列幂级数的收敛域:

(1) $\displaystyle\sum_{n=1}^{\infty}(-1)^n\frac{5}{\sqrt{n}}x^n$;

(2) $\displaystyle\sum_{n=1}^{\infty}\frac{(-1)^n}{n!}x^n$;

(3) $\displaystyle\sum_{n=0}^{\infty}n!x^n$;

(4) $\displaystyle\sum_{n=0}^{\infty}\frac{1}{3^n}x^{2n+1}$;

(5) $\displaystyle\sum_{n=1}^{\infty}\frac{(-1)^{n-1}}{n^2}(x-2)^n$;

(6) $\displaystyle\sum_{n=1}^{\infty}\frac{(-1)^n}{\sqrt{n}}x^n$;

(7) $\displaystyle\sum_{n=0}^{\infty}q^{n^2}x^n,(0<q<1)$;

(8) $\displaystyle\sum_{n=1}^{\infty}\frac{1}{1+n^2}(3x)^n$;

(9) $\displaystyle\sum_{n=0}^{\infty}5^nx^n$;

(10) $\displaystyle\sum_{n=1}^{\infty}\frac{(-1)^{n-1}}{n\cdot 3^n}\sqrt{x^n}$;

(11) $\displaystyle\sum_{n=1}^{\infty}\frac{2^n}{2n-2}x^{4n}$;

(12) $\displaystyle\sum_{n=1}^{\infty}\left[\left(\frac{n+1}{n!}\right)^nx\right]^n$;

(13) $\displaystyle\sum_{n=0}^{\infty}\frac{1}{(n+2)!}(x-1)^n$;

(14) $\displaystyle\sum_{n=1}^{\infty}\frac{3^n+(-2)^n}{n}(x+1)^n$;

(15) $\displaystyle\sum_{n=1}^{\infty}\frac{n^2}{x^n}$;

(16) $\displaystyle\sum_{n=1}^{\infty}\left[\frac{(-1)^n}{2^n}x^n+3^nx^n\right]$.

2. 求下列幂级数的收敛域,以及它们在收敛域内的和函数:

(1) $\displaystyle\sum_{n=1}^{\infty}n^2x^{n-1}$;

(2) $\displaystyle\sum_{n=0}^{\infty}(n+1)x^n$;

(3) $\displaystyle\sum_{n=0}^{\infty}\frac{1}{2^n}x^n$;

(4) $\displaystyle\sum_{n=1}^{\infty}\frac{1}{2n+1}x^{2n+1}$;

(5) $\displaystyle\sum_{n=1}^{\infty}\frac{2n+1}{n!}x^{2n}$;

(6) $\displaystyle\sum_{n=1}^{\infty}\left(\frac{1}{n}x^n-\frac{1}{n+1}x^{n+1}\right)$.

3. 求幂级数 $\displaystyle\sum_{n=1}^{\infty}n(n+1)x^n$ 在其收敛区间$(-1,1)$内的和函数,并求常数项幂级数 $\displaystyle\sum_{n=1}^{\infty}\frac{n(n+1)}{2^n}$ 的和.

4. 求幂级数 $\displaystyle\sum_{n=1}^{\infty}\frac{x^n}{n}$ 的和函数,并证明 $\displaystyle\ln 2=\sum_{n=1}^{\infty}\frac{1}{n\cdot 2^n}$.

5. 求幂级数 $\sum_{n=1}^{\infty}\frac{2n-1}{2^n}x^{2n-2}$ 的收敛区域以及和函数，并求常数项幂级数 $\sum_{n=1}^{\infty}\frac{2n-1}{2^n}$ 的和.

## *第五节　函数展开成幂级数

前面我们讨论了幂级数 $\sum_{n=0}^{\infty}a_nx^n$ 与 $\sum_{n=0}^{\infty}a_n(x-x_0)^n$ 的收敛域与其和函数的基本性质，以及利用基本性质如何在收敛域内求和函数. 本节讨论与此相反的问题：给定函数 $f(x)$ 后，能否在某区间将此函数表示为形如 $\sum_{n=0}^{\infty}a_nx^n$ 的幂级数，或者更一般的表示为形如 $\sum_{n=0}^{\infty}a_n(x-x_0)^n$ 的幂级数?将函数表示成幂级数，称为函数的幂级数展开，而该幂级数称为函数的幂级数展开式.

### 一、泰勒级数

具有什么性质的函数可以展开成幂级数?幂级数展开式的系数与函数有何种关系?下面的定理给出解答：

**定理 1　设函数 $f(x)$ 在点 $x=x_0$ 的某邻域内有任意阶导数，且 $f(x)$ 在 $x=x_0$ 处的幂级数展开式为**

$$f(x)=\sum_{n=0}^{\infty}a_n(x-x_0)^n,$$

**则有**

$$a_n=\frac{1}{n!}f^{(n)}(x_0),n=0,1,2,\cdots.$$

定理 1 说明了如何求函数幂级数展开式的系数，也说明了幂级数展开式的唯一性. 即一个函数在 $x=x_0$ 处不可能有两个不同的幂级数展开式. 于是，我们可引入如下的定义：

**定义 3.2**　设函数 $f(x)$ 在点 $x=x_0$ 处有任意阶导数，则称幂级数

$$\sum_{n=0}^{\infty}\frac{f^{(n)}(x_0)}{n!}(x-x_0)^n=f(x_0)+f'(x_0)(x-x_0)+\frac{1}{2!}f''(x_0)(x-x_0)^2+\cdots+\frac{1}{n!}f^{(n)}(x_0)(x-x_0)^n+\cdots$$

为函数 $f(x)$ 在点 $x=x_0$ 处的泰勒级数. 特别地，当取 $x_0=0$ 时，有

$$\sum_{n=0}^{\infty}\frac{f^{(n)}(0)}{n!}x^n=f(0)+f'(0)x+\frac{1}{2!}f''(0)x^2+\cdots+\frac{1}{n!}f^{(n)}(0)x^n+\cdots$$

称为函数$f(x)$的麦克劳林级数.

定理1与定义3.2表明,若函数$f(x)$在点$x=x_0$处能展开成幂级数,则其幂级数展开式必为泰勒级数;特别地,若函数$f(x)$在点$x=0$处能展开成幂级数,则其幂级数展开式必为麦克劳林级数.

显然$f(x)$在点$x=x_0$处的泰勒级数在$x=x_0$时收敛于$f(x_0)$,但除了$x=x_0$外,它是否一定收敛?如果它收敛,它是否一定收敛于$f(x)$?这些问题,我们有下列定理.

**定理2　设函数$f(x)$在点$x=x_0$的某邻域$U(x_0)$内有任意阶导数,则$f(x)$在该邻域内能展开成泰勒级数的充分必要条件是**

$$\lim_{n\to\infty}R_n(x)=\lim_{n\to\infty}\frac{f^{(n+1)}(\xi)}{(n+1)!}(x-x_0)^{n+1}=0,$$

**其中$\xi$是$x$与$x_0$之间的某个值,$x\in U(x_0)$.**

证明从略.

下面将具体讨论把函数$f(x)$展开成$x$的幂级数(麦克劳林级数)的方法.

## 二、函数展开成幂级数

要把函数$f(x)$展开成$x$的幂级数,可以按照下列步骤进行:

第一步,求出$f(x)$的各阶导数$f'(x),f''(x),\cdots,f^{(n)}(x),\cdots$,如果在$x=0$的某阶导数不存在,就停止进行.

第二步,求函数及其各阶导数在$x=0$处的值:

$$f(0),f'(0),f''(0),\cdots,f^{(n)}(0),\cdots$$

第三步,写出幂级数:

$$f(0)+f'(0)x+\frac{1}{2!}f''(0)x^2+\cdots+\frac{1}{n!}f^{(n)}(0)x^n+\cdots,$$

并求出收敛半径$R$.

第四步,考察当$x\in(-R,R)$时,极限$\lim\limits_{n\to\infty}R_n(x)=\lim\limits_{n\to\infty}\frac{f^{(n+1)}(\xi)}{(n+1)!}(x-x_0)^{n+1}$是否为零(其中$\xi$在0与$x$之间).如果为零,则函数$f(x)$在区间$(-R,R)$内的幂级数展开式为

$$f(x)=f(0)+f'(0)x+\frac{1}{2!}f''(0)x^2+\cdots+\frac{1}{n!}f^{(n)}(0)x^n+\cdots\quad(x\in(-R,R)).$$

**例1**　将函数$f(x)=e^x$展开成$x$的幂级数.

**解**　由$f^{(n)}(x)=e^x$,得$f^{(n)}(0)=1(n=0,1,2,\cdots)$,于是$f(x)$的麦克劳林级数为

$$1+x+\frac{1}{2!}x^2+\cdots+\frac{1}{n!}x^n+\cdots,$$

该级数的收敛半径为$R=+\infty$,对于任何有限的数$x$、$\xi$($\xi$介于0与$x$之间),有

$$R_n(x)=\left|\frac{e^{\xi}}{(n+1)!}x^{n+1}\right|<e^{|x|}\cdot\frac{|x|^{n+1}}{(n+1)!}.$$

因 $e^{|x|}$ 有限，而 $\frac{|x|^{n+1}}{(n+1)!}$ 是级数 $\sum\limits_{n=0}^{\infty}\frac{|x|^{n+1}}{(n+1)!}$ 的一般项，所以 $e^{|x|}\cdot\frac{|x|^{n+1}}{(n+1)!}\to 0$ $(n\to\infty)$，

即有 $\lim\limits_{n\to\infty}R_n(x)=0$，于是 $e^x=1+x+\frac{1}{2!}x^2+\cdots+\frac{1}{n!}x^n+\cdots, x\in(-\infty,+\infty)$.

**例 2**　将函数 $f(x)=\sin x$ 展开成 $x$ 的幂级数.

**解**　$f^{(n)}(x)=\sin\left(x+\frac{n\pi}{2}\right)\ (n=0,1,2,\cdots)$，

$f^{(n)}(0)$ 顺序循环地取 $0,1,0,-1,\cdots(n=0,1,2,\cdots)$，于是 $f(x)$ 的麦克劳林级数为

$$x-\frac{1}{3!}x^3+\frac{1}{5}x^5-\cdots+(-1)^n\frac{x^{2n+1}}{(2n+1)!}+\cdots,$$

该级数的收敛半径为 $R=+\infty$，对于任何有限的数 $x$、$\xi$（$\xi$ 介于 0 与 $x$ 之间），有

$$|R_n(x)|=\left|\frac{\sin\left[\xi+\frac{(n+1)\pi}{2}\right]}{(n+1)!}x^{n+1}\right|<\frac{|x|^{n+1}}{(n+1)!}$$

则有　$|R_n(x)|<\frac{|x|^{n+1}}{(n+1)!}\to 0(n\to\infty)$，

于是　$\sin x=x-\frac{1}{3!}x^3+\cdots+(-1)^n\frac{x^{2n+1}}{(2n+1)!}+\cdots, x\in(-\infty,+\infty)$.

**例 3**　将函数 $f(x)=\cos x$ 展开成 $x$ 的幂级数.

**解**　利用幂级数的运算性质，由 $\sin x$ 的展开式

$$\sin x=x-\frac{x^3}{3!}+\frac{x^5}{5!}-\cdots+(-1)^n\frac{x^{2n+1}}{(2n+1)!}+\cdots, x\in(-\infty,+\infty)$$

逐项求导得

$$\cos x=1-\frac{x^2}{2!}+\frac{x^4}{4!}-\cdots+(-1)^n\frac{x^{2n}}{(2n)!}+\cdots, x\in(-\infty,+\infty)$$

**例 4**　将函数 $f(x)=\ln(1+x)$ 展开成 $x$ 的幂级数.

**解**　因为 $f'(x)=\frac{1}{1+x}$，而

$\frac{1}{1+x}=1-x+x^2-x^3+\cdots+(-1)^nx^n+\cdots, x\in(-1,1)$ 在上式两端从 0 到 $x$ 逐项积分，得

$$\ln(1+x)=x-\frac{x^2}{2!}+\frac{x^3}{3!}-\cdots+(-1)^n\frac{x^{n+1}}{n+1}+\cdots, x\in(-1,1]$$

上式对 $x=1$ 也成立. 因为上式右端的幂级数当 $x=1$ 时收敛，而上式左端的函数 $\ln(1+x)$ 在 $x=1$ 处有定义且连续.

**例 5** 将函数$f(x)=(1+x)^{\alpha}(\alpha\in R)$展开成$x$的幂级数.

**解** $f'(x)=\alpha(1+x)^{\alpha-1}$,

$f''(x)=\alpha(\alpha-1)(1+x)^{\alpha-2},\cdots$,

$f^{(n)}(x)=\alpha(\alpha-1)(\alpha-2)\cdots(\alpha-n+1)(1+x)^{\alpha-n},\cdots$,

所以$f(0)=1$, $f'(0)=\alpha$, $f''(0)=\alpha(\alpha-1),\cdots,f^{(n)}(0)=\alpha(\alpha-1)\cdots(\alpha-n+1),\cdots$,于是$f(x)$的麦克劳林级数为

$$1+\alpha x+\frac{\alpha(\alpha-1)}{2!}x^2+\cdots+\frac{\alpha(\alpha-1)\cdots(\alpha-n+1)}{n!}x^n+\cdots \tag{3-11}$$

该级数相邻两项的系数之比的绝对值$\left|\frac{a_{n+1}}{a_n}\right|=\left|\frac{\alpha-n}{n+1}\right|\to 1\ (n\to\infty)$,

因此,该级数的收敛半径$R=1$,收域区间为$(-1,1)$.

设级数(3-11)式的和函数为$s(x)$,则可求得$s(x)=(1+x)^{\alpha}$, $x\in(-1,1)$.

即 $$(1+x)^{\alpha}=1+\alpha x+\cdots+\frac{\alpha(\alpha-1)\cdots(\alpha-n+1)}{n!}x^n+\cdots\quad x\in(-1,1) \tag{3-12}$$

在区间的端点$x=\pm1$处,展开公式(3-12)是否成立要看$\alpha$的取值而定.

可证明:当$a\leqslant-1$时,收敛域为$(-1,1)$;当$-1<a<0$时,收敛域为$(-1,1]$;当$a>0$时,收敛域为$[-1,1]$.

公式(3-12)称为二项展开式.

特别地,当$\alpha$为正整数时,级数成为$x$的$\alpha$次多项式,它就是初等代数中的二项式定理.

例如,对应$\alpha=\frac{1}{2}$、$\alpha=-\frac{1}{2}$的二项展开式分别为

$$\sqrt{1+x}=1+\frac{1}{2}x-\frac{1}{2\cdot4}x^2+\frac{1\cdot3}{2\cdot4\cdot6}x^3+\cdots,x\in[-1,1];$$

$$\frac{1}{\sqrt{1+x}}=1-\frac{1}{2}x+\frac{1\cdot3}{2\cdot4}x^2-\frac{1\cdot3\cdot5}{2\cdot4\cdot6}x^3+\cdots,x\in(-1,1].$$

**例 6** 将函数$\sin x$展开成$(x-\frac{\pi}{4})$的幂级数.

**解** $\sin x=\sin[\frac{\pi}{4}+(x-\frac{\pi}{4})]$

$=\sin\frac{\pi}{4}\cos(x-\frac{\pi}{4})+\cos\frac{\pi}{4}\sin(x-\frac{\pi}{4})$

$=\frac{1}{\sqrt{2}}[\cos(x-\frac{\pi}{4})+\sin(x-\frac{\pi}{4})]$

$=\frac{1}{\sqrt{2}}[1-\frac{(x-\frac{\pi}{4})^2}{2!}+\frac{(x-\frac{\pi}{4})^4}{4!}-\cdots+(x-\frac{\pi}{4})-\frac{(x-\frac{\pi}{4})^3}{3!}+\frac{(x-\frac{\pi}{4})^5}{5!}-\cdots$

$$= \frac{1}{\sqrt{2}}\left[1 + (x - \pi/4) - \frac{(x - \pi/4)^2}{2!} - \frac{(x - \pi/4)^3}{3!} + \cdots\right], (-\infty < x < +\infty).$$

## 习题 3－5

1. 将下列函数展开成 $x$ 的幂级数. 并求收敛域：

(1) $f(x) = \sin^2 x$；　(2) $f(x) = \frac{x}{\sqrt{1 + x^2}}$；

(3) $f(x) = x^3 e^{-x}$；　(4) $f(x) = 3^x$；

(5) $f(x) = \frac{e^x + e^{-x}}{2}$；　(6) $f(x) = \frac{x^2}{\sqrt{1 - x^2}}$；

(7) $f(x) = \int_0^x e^{-t^2} dt$；　(8) $f(x) = \frac{1}{x}\ln(1 + x)$；

(9) $f(x) = \ln(4 - 3x - x^2)$；　(10) $f(x) = \sin(x + a)$；

(11) $f(x) = \frac{1}{(x - 1)(x - 2)}$；　(12) $f(x) = \frac{x}{(1 - x)(1 - 2x)}$.

2. 将下列函数展开成 $(x - 1)$ 的幂级数：

(1) $f(x) = e^x$；　(2) $f(x) = \ln x$.

3. 将 $f(x) = \cos x$ 展开成 $(x + \frac{\pi}{3})$ 的幂级数.

4. 将 $f(x) = \frac{1}{x^2 - 3x + 2}$ 展开成 $(x + 4)$ 的幂级数.

# 第六节　Mathematica 在无穷级数中的应用

## 一、判断级数敛散性的命令

*Sum*[$u_n$, {*n*, *s*, *m*}]，求 $\sum_{n=s}^{m} u_n$，当 $m$ 取 *Infinity* 时，求 $\sum_{n=s}^{\infty} u_n$.

*Limit*[$S_n$, *n* → *Infinity*, *Direction* → 1]，求 $S_n$ 的极限.

**例 1**　(1) 观察级数 $\sum_{n=1}^{\infty} \frac{1}{n^2}$ 的部分和序列的变化趋势.

(2) 观察级数 $\sum_{n=1}^{\infty} \frac{1}{n}$ 的部分和序列的变化趋势.

输入命令

```
s[n_] = Sum[1/k^2, {k,1,n}];data = Table[s[n], {n,100}];
```

```
ListPlot[data];
N[Sum[1/k^2,{k,1,Infinity}]]
N[Sum[1/k^2,{k,1,Infinity}],40]
```

则输出(1)中级数部分和的变化趋势图如3－4所示.

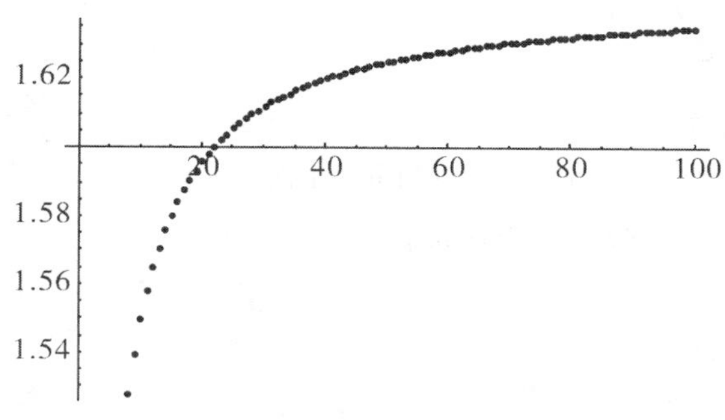


图3－4

级数的近似值为1.64493.

输入命令

```
s[n_] = Sum[1/k,{k,1,n}];data = Table[s[n],{n,50}];
ListPlot[data,PlotStyle -> PointSize[0.02]];
```

则输出(2)中级数部分和的的变化趋势如图3－5所示.

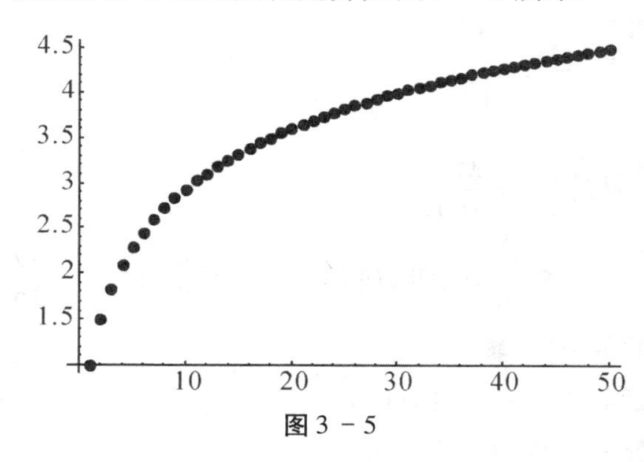


图3－5

**例2** 求$\sum_{n=1}^{\infty}\frac{1}{4n^2+8n+3}$的值.

输入命令

```
Sum[1/(4n^2 + 8n + 3),{n,1,Infinity}]
```

得到和

$$\frac{1}{6}$$

**例3** 设$a_n=\frac{10^n}{n!}$,求$\sum_{n=1}^{\infty}a_n$.

输入命令

```
Sum[10^n/(n!),{n,1,Infinity}]
```

输出

$-1+e^{10}$

**例 4**　求 $\sum_{n=0}^{\infty}\frac{4^{2n}(x-3)^n}{n+1}$ 的收敛域与和函数.

输入命令

```
Clear[a];
a[n_] = 4^(2n)*(x-3)^n/(n+1);
p1 = a[n+1]/a[n]//Simplify
```

则输出

$\frac{16(1+n)(-3+x)}{2+n}$

再输入命令

```
p2 = Limit[p1,n->Infinity]
```

则输出

$16(-3+x)$

这里对 a[n+1] 和 a[n] 都没有加绝对值. 因此上式的绝对值小于1时,幂级数收敛,大于1时发散. 为了求出收敛区间的端点,输入命令

```
y1 = Solve[p2==1,x]
y2 = Solve[p2==-1,x]
```

则输出

$\left\{\left\{x\to\frac{49}{16}\right\}\right\}$与$\left\{\left\{x\to\frac{47}{16}\right\}\right\}$

由此可知,当$\frac{47}{16}<x<\frac{49}{16}$时,级数收敛,当$x<\frac{47}{16}$或$x>\frac{49}{16}$时,级数发散.

为了判断端点的敛散性,输入命令

```
Simplify[a[n]/.x->(49/16)]
```

则输出右端点处幂级数的一般项为

$\frac{1}{n+1}$

因此,在端点 $x=\frac{49}{16}$ 处,级数发散. 再输入命令

```
Simplify[a[n]/.x->(47/16)]
```

则输出左端点处幂级数的一般项为

$\frac{(-1)^n}{n+1}$

因此,在端点 $x=\frac{47}{16}$ 处,级数收敛.

也可以在收敛域内求得这个级数的和函数. 输入命令

```
Sum[4^(2n) * (x - 3)^n/(n + 1), {n,0,Infinity}]
```

则输出

$$-\frac{\log[49-16x]}{16(-3+x)}.$$

## 二、将函数展开成幂级数的命令

*Series*[*f*[*x*], {*x*, *x*0, *n*}], 它将 $f(x)$ 展开成关于 $x-x_0$ 的幂级数. 幂级数的最高次幂为 $(x-x_0)^n$, 余项用 $(x-x_0)^{n+1}$ 表示.

**例 5** 求 $\cos x$ 的 10 阶麦克劳林展开式.

输入命令

```
Series[Cos[x], {x,0,10}]
```

则输出

$$1-\frac{x^2}{2}+\frac{x^4}{24}-\frac{x^6}{720}+\frac{x^8}{40320}-\frac{x^{10}}{3628800}+0[x]^{11}$$

**例 6** 求 $\ln x$ 在 $x=1$ 处的 10 阶泰勒展开式.

输入命令

```
Series[Log[x], {x,1,10}]
```

则输出

$$(x-1)-\frac{1}{2}(x-1)^2+\frac{1}{3}(x-1)^3-\frac{1}{4}(x-1)^4+\frac{1}{5}(x-1)^5$$
$$-\frac{1}{6}(x-1)^6+\frac{1}{7}(x-1)^7-\frac{1}{8}(x-1)^8-\frac{1}{9}(x-1)^9-\frac{1}{10}(x-1)^{10}$$
$$+O[x-1]^{11}$$

# 习题 3－6

用 *Mathematica* 软件求解:

1. 求级数 $\sum\limits_{n=1}^{\infty}(-1)^{n+1}\frac{1}{n}$ 的和.
2. 求 $f(x)=\cos x$ 的 4 次麦克劳林展开式.
3. 求 $f(x)=e^x$ 的 5 次麦克劳林展开式.
4. 求 $f(x)=\sin x$ 在 $x=\frac{\pi}{4}$ 处的泰勒展开式.
5. 求 $f(x)=\ln(x+\sqrt{1+x^2})$ 的幂级数展开式.
6. 求 $f(x)=e^{-\frac{x2}{2}}$ 的幂级数展开式.

# 习题三

## 第一部分　判断是非题

1. 若$\sum_{n=1}^{\infty} u_n$收敛,则级数$\sum_{n=1}^{\infty} |u_n|$一定收敛.(　　)

2. 若级数$\sum_{n=1}^{\infty} u_n$发散,$\sum_{n=1}^{\infty} v_n$收敛,则$\sum_{n=1}^{\infty}(u_n - v_n)$必收敛.(　　)

3. 收敛级数去括号后所形成的级数不一定收敛.(　　)

4. 对于正项级数$\sum_{n=1}^{\infty} u_n$,若$\lim_{n\to\infty}\frac{u_{n+1}}{u_n} = 1$,则级数$\sum_{n=1}^{\infty} u_n$可能收敛也可能发散.(　　)

5. 级数$\sum_{n=1}^{\infty}\left(\frac{\ln n}{n}\right)^n$发散.(　　)

6. 级数$\sum_{n=1}^{\infty}(-1)^{n+1}\frac{1}{n}$收敛.(　　)

7. 幂级数$\sum_{n=1}^{\infty} 2^n x^{2n-1}$的收敛半径为$\frac{\sqrt{2}}{2}$.(　　)

8. 幂级数$\sum_{n=0}^{\infty}\frac{x^n}{n+1}$在收敛区间$(-1,1)$内的和函数$S(x) = -\frac{1}{x}\ln(1-x)$.(　　)

9. 级数$\sum_{n=1}^{\infty}\frac{\sin n}{n^2}$绝对收敛.(　　)

10. 级数$\sum_{n=1}^{\infty}\frac{1}{\sqrt{n(n+1)}}$是发散的.(　　)

11. 当$p \leqslant 1$时,级数$\sum_{n=1}^{\infty}\frac{1}{n^p}$发散.(　　)

12. 绝对收敛的级数一定收敛,收敛的级数未必绝对收敛.(　)

13. 对任意实数$x$,有$\lim_{n\to\infty}\frac{x^n}{n!} = 0$.(　　)

14. 幂级数$\sum_{n=0}^{\infty}\frac{x^n}{(n+1)!}$的收敛半径为0.(　　)

15. 若级数$\sum_{n=1}^{\infty} a_n^2$与$\sum_{n=1}^{\infty} b_n^2$都收敛,则$\sum_{n=1}^{\infty}(a_n + b_n)^2$也收敛.(　　)

16. 级数$\sum_{n=1}^{\infty}\frac{4^n}{n\cdot 3^n}$收敛.(　　)

17. 级数$\sum_{n=1}^{\infty}\frac{1}{\sqrt{n(n^2+1)}}$发散.(　　)

18. 幂级数逐项求导后,收敛半径不变,收敛域也不变.(　　)

19. 设$\sum_{n=1}^{\infty}b_n$与$\sum_{n=1}^{\infty}c_n$都收敛,且$b_n\leqslant a_n\leqslant c_n(n=1,2,3,\cdots)$,则$\sum_{n=1}^{\infty}a_n$也收敛.(　　)

20. 设正项级数$\sum_{n=1}^{\infty}a_n$收敛,则$\sum_{n=1}^{\infty}a_n^2$也收敛;反之,也成立.(　　)

21. 如果级数$\sum_{k=1}^{\infty}u_k$的前$2n$项之和$s_{2n}=\sum_{k=1}^{2n}u_k$的极限存在,则级数$\sum_{k=1}^{\infty}u_k$收敛.(　　)

22. 若级数$\sum_{n=1}^{\infty}u_n$收敛,则级数$\sum_{n=1}^{\infty}\frac{1}{u_n}$必发散.(　　)

23. 若级数$\sum_{n=1}^{\infty}u_n$发散,则级数$\sum_{n=1}^{\infty}\frac{1}{u_n}$必收敛.(　　)

24. 设有级数$\sum_{n=1}^{\infty}2^n(\sqrt{n+1}-\sqrt{n})x^{2n}$,因为$\lim_{n\to\infty}\left|\frac{a_{n+1}}{a_n}\right|=\lim_{n\to\infty}\frac{2^{n+1}(\sqrt{n+2}-\sqrt{n+1})}{2^n(\sqrt{n+1}-\sqrt{n})}=2$,所以该级数的收敛半径$R=\frac{1}{2}$.(　　)

25. 若$\sum_{n=1}^{\infty}u_n$发散,则必有$\lim_{n\to\infty}u_n\neq 0$.(　　)

26. 若$\lim_{n\to\infty}u_n=0$,则$\sum_{n=1}^{\infty}u_n$必收敛.(　　)

27. 若$\lim_{n\to\infty}u_n\neq 0$,则$\sum_{n=1}^{\infty}u_n$必发散.(　　)

28. 级数$\sum_{n=1}^{\infty}u_n$收敛的充分必要条件是前$n$项之和所构成的数列$\{s_n\}$有界.(　　)

29. 正项级数$\sum_{n=1}^{\infty}u_n$收敛的充分必要条件是前$n$项之和所构成的数列$\{s_n\}$有界.(　　)

30. 设$u_n\leqslant v_n(n=1,2,3,\cdots)$,若$\sum_{n=1}^{\infty}v_n$收敛,则$\sum_{n=1}^{\infty}u_n$也必收敛.(　　)

31. 设$\sum_{n=1}^{\infty}u_n$与$\sum_{n=1}^{\infty}v_n$都是正项级数,且$u_n\leqslant v_n(n=1,2,3,\cdots)$,若$\sum_{n=1}^{\infty}v_n$收敛,则$\sum_{n=1}^{\infty}u_n$也必收敛.(　　)

32. 若$u_n\geqslant 0,u_n\geqslant u_{n+1}(n=1,2,3,\cdots)$,且$\lim_{n\to\infty}u_n=0$,则$\sum_{n=1}^{\infty}u_n$必定收敛.

(　　)

33. 若交错级数$\sum_{n=1}^{\infty}(-1)^{n-1}u_n$满足$u_n \geqslant u_{n+1}(n=1,2,3,\cdots)$，且$\lim_{n\to\infty}u_n=0$，则$\sum_{n=1}^{\infty}(-1)^{n-1}u_n$收敛.(　　)

34. 若$\sum_{n=1}^{\infty}|u_n|$收敛，则$\sum_{n=1}^{\infty}u_n$必收敛.(　　)

35. 若$\sum_{n=1}^{\infty}u_n$收敛，则$\sum_{n=1}^{\infty}u_n^2$必收敛.(　　)

36. 若$\sum_{n=1}^{\infty}u_n^2$收敛，则$\sum_{n=1}^{\infty}u_n$必收敛.(　　)

37. 若$\sum_{n=1}^{\infty}u_n$收敛，$\sum_{n=1}^{\infty}v_n$发散，则$\sum_{n=1}^{\infty}(u_n+v_n)$必发散.(　　)

38. 若$\sum_{n=1}^{\infty}u_n$与$\sum_{n=1}^{\infty}v_n$都发散，则$\sum_{n=1}^{\infty}(u_n+v_n)$必发散.(　　)

39. 若$\sum_{n=1}^{\infty}u_n$收敛，$\sum_{n=1}^{\infty}v_n$都发散，则$\sum_{n=1}^{\infty}u_nv_n$必发散.(　　)

40. 若$\sum_{n=1}^{\infty}u_n$与$\sum_{n=1}^{\infty}v_n$都发散，则$\sum_{n=1}^{\infty}u_nv_n$必发散.(　　)

41. 若$\sum_{n=1}^{\infty}u_n$收敛，且$\lim_{n\to\infty}\frac{v_n}{u_n}=1$，则$\sum_{n=1}^{\infty}v_n$必收敛.(　　)

42. 若$\sum_{n=1}^{\infty}u_n$与$\sum_{n=1}^{\infty}v_n$都是正项级数，则当$\sum_{n=1}^{\infty}u_n$收敛，且$\lim_{n\to\infty}\frac{v_n}{u_n}=1$时，必有$\sum_{n=1}^{\infty}v_n$收敛.(　　)

43. 若$\sum_{n=1}^{\infty}u_n$收敛，则必有$\lim_{n\to\infty}\frac{|u_{n+1}|}{|u_n|}=r<1$.(　　)

44. 若$\lim_{n\to\infty}\frac{|u_{n+1}|}{|u_n|}=r<1$，则$\sum_{n=1}^{\infty}u_n$收敛.(　　)

45. 若$\sum_{n=1}^{\infty}u_n$收敛，则必有$\lim_{n\to\infty}\sqrt[n]{|u_n|}=r<1$.(　　)

46. 若$\lim_{n\to\infty}\sqrt[n]{|u_n|}=r<1$，则$\sum_{n=1}^{\infty}u_n$收敛.(　　)

47. 若加括号后的级数发散，则原级数必发散.(　　)

48. 若$\sum_{n=1}^{\infty}u_n$发散，则加括号后所得新级数亦发散.(　　)

49. 若$\sum_{n=1}^{\infty}|u_n|$发散，则$\sum_{n=1}^{\infty}u_n$必发散.(　　)

50. 若级数$\sum_{n=1}^{\infty}u_n$发散，$\sum_{n=1}^{\infty}v_n$收敛，则$\sum_{n=1}^{\infty}(u_n-v_n)$必发散.(　　)

51. 若$\sum\limits_{n=1}^{\infty}u_n$收敛，则$\lim\limits_{n\to\infty}u_n=0$.（　　）

52. 设级数$\sum\limits_{n=1}^{\infty}u_n$的部分和$s_n=u_1+u_2+\cdots+u_n$，如果部分和数列$\{s_n\}$收敛，则$\sum\limits_{n=1}^{\infty}u_n$收敛.（　　）

53. 设$k$为任意非零常数，则级数$\sum\limits_{n=1}^{\infty}u_n$与级数$\sum\limits_{n=1}^{\infty}ku_n$同时收敛或同时发散.（　　）

54. 在级数中去掉有限项后得到的级数与原级数有相同的敛散性.（　　）

55. 在级数中添加有限项后得到的级数与原级数有相同的敛散性.（　　）

56. 在级数中改变有限项后得到的级数与原级数有相同的敛散性.（　　）

57. 若级数$\sum\limits_{n=1}^{\infty}u_n$收敛于和$s$，$k$为任意非零常数，则级数$\sum\limits_{n=1}^{\infty}ku_n$收敛于和$ks$.（　　）

58. 若级数$\sum\limits_{n=1}^{\infty}u_n$收敛于和$s$，$\sum\limits_{n=1}^{\infty}v_n$收敛于和$\sigma$，则数$\sum\limits_{n=1}^{\infty}(u_n+v_n)$收敛于和$s+\sigma$.（　　）

59. 若级数$\sum\limits_{n=1}^{\infty}u_n$收敛于和$s$，$\sum\limits_{n=1}^{\infty}v_n$收敛于和$\sigma$，则数$\sum\limits_{n=1}^{\infty}(u_n-v_n)$收敛于和$s-\sigma$.（　　）

60. 若级数$\sum\limits_{n=1}^{\infty}u_n$收敛于和$s$，则对级数的项任意加括号后所得的新级数仍然收敛于和$s$.（　　）

61. 设$\sum\limits_{n=1}^{\infty}u_n$与$\sum\limits_{n=1}^{\infty}v_n$都是正项级数，且$u_n\leqslant v_n(n=1,2,3,\cdots)$，若$\sum\limits_{n=1}^{\infty}u_n$收敛，则$\sum\limits_{n=1}^{\infty}v_n$也必收敛.（　　）

62. 设$\sum\limits_{n=1}^{\infty}u_n$与$\sum\limits_{n=1}^{\infty}v_n$都是正项级数，若$\sum\limits_{n=1}^{\infty}v_n$收敛，且存在正整数$N$，使得当$n>N$时有$u_n\leqslant kv_n(k>0)$，则$\sum\limits_{n=1}^{\infty}u_n$收敛.（　　）

63. 设$\sum\limits_{n=1}^{\infty}u_n$与$\sum\limits_{n=1}^{\infty}v_n$都是正项级数，若$\sum\limits_{n=1}^{\infty}v_n$发散，且存在正整数$N$，使得当$n>N$时有$u_n\geqslant kv_n(k>0)$，则$\sum\limits_{n=1}^{\infty}u_n$发散.（　　）

64. 设$\sum\limits_{n=1}^{\infty}u_n$是正项级数，若有$p>1$，使$u_n\leqslant\dfrac{1}{n^p}(n=1,2,3,\cdots)$，则$\sum\limits_{n=1}^{\infty}u_n$收敛.（　　）

65. 设$\sum_{n=1}^{\infty} u_n$是正项级数,若$u_n > \frac{1}{n}(n = 1,2,3,\cdots)$,则$\sum_{n=1}^{\infty} u_n$发散.(　　)

66. 设$\sum_{n=1}^{\infty} u_n$与$\sum_{n=1}^{\infty} v_n$都是正项级数,若$\lim_{n\to\infty}\frac{u_n}{v_n} = l(0 < l < +\infty)$,则$\sum_{n=1}^{\infty} u_n$与$\sum_{n=1}^{\infty} v_n$同时收敛或同时发散.(　　)

67. 对于正项级数$\sum_{n=1}^{\infty} u_n$,若$\lim_{n\to\infty}\frac{u_{n+1}}{u_n} > 1$,则级数$\sum_{n=1}^{\infty} u_n$发散.(　　)

68. 对于正项级数$\sum_{n=1}^{\infty} u_n$,若$\lim_{n\to\infty}\frac{u_{n+1}}{u_n} < 1$,则级数$\sum_{n=1}^{\infty} u_n$收敛.(　　)

69. 对于正项级数$\sum_{n=1}^{\infty} u_n$,若$\lim_{n\to\infty}\frac{u_{n+1}}{u_n} = +\infty$,则级数$\sum_{n=1}^{\infty} u_n$发散.(　　)

70. 对于正项级数$\sum_{n=1}^{\infty} u_n$,若$\lim_{n\to\infty}\sqrt[n]{u_n} > 1$,则级数$\sum_{n=1}^{\infty} u_n$发散.(　　)

71. 对于正项级数$\sum_{n=1}^{\infty} u_n$,若$\lim_{n\to\infty}\sqrt[n]{u_n} < 1$,则级数$\sum_{n=1}^{\infty} u_n$收敛.(　　)

72. 对于正项级数$\sum_{n=1}^{\infty} u_n$,若$\lim_{n\to\infty}\sqrt[n]{u_n} = +\infty$,则级数$\sum_{n=1}^{\infty} u_n$发散.(　　)

73. 对于正项级数$\sum_{n=1}^{\infty} u_n$,若$\lim_{n\to\infty}\sqrt[n]{u_n} = 1$,则级数$\sum_{n=1}^{\infty} u_n$可能收敛也可能发散.(　　)

74. 设幂级数$\sum_{n=1}^{\infty} a_n x^n$的收敛半径为$R(R > 0)$,则其和函数$s(x)$在区间$(-R,R)$内连续.(　　)

75. 设幂级数$\sum_{n=1}^{\infty} a_n x^n$的收敛半径为$R(R > 0)$,则其和函数$s(x)$在区间$(-R,R)$内可导.(　　)

76. 设幂级数$\sum_{n=1}^{\infty} a_n x^n$的收敛半径为$R(R > 0)$,则其和函数$s(x)$在区间$(-R,R)$内可积.(　　)

## 第二部分　单项选择题

1. 若极限$\lim_{n\to\infty} u_n \neq 0$,则级数$\sum_{n=1}^{\infty} u_n$(　　).

(A) 收敛　　(B) 发散

(C) 条件收敛　　(D) 绝对收敛.

2. 如果级数$\sum_{n=1}^{\infty} u_n$发散,$k$是不为零的常数,则级数$\sum_{n=1}^{\infty} ku_n$(　　).

(A) 发散　　(B) 可能收敛

(C) 收敛　　(D) 无界

3. 若级数$\sum_{n=1}^{\infty} u_n$收敛,$s_n$是它前$n$项部分和,则该级数的和$s=$(　　).

(A)$s_n$　　(B)$u_n$

(C)$\lim\limits_{n\to\infty} u_n$　　(D)$\lim\limits_{n\to\infty} s_n$

4. 级数$1+\frac{1}{2^2}+\frac{1}{3^2}+\frac{1}{4^2}+\cdots$是(　　).

(A) 幂级数　　(B) 调和级数

(C)$p$－级数　　(D) 等比级数

5. 在下列级数中,发散的是(　　)

(A)$\sum_{n=1}^{\infty} \frac{1}{\sqrt{n^3}}$　　(B)$0.01+\sqrt{0.01}+\sqrt[3]{0.01}+\cdots$

(C)$\frac{1}{2}+\frac{1}{4}+\frac{1}{8}+\cdots$　　(D)$\frac{3}{5}-(\frac{3}{5})^2+(\frac{3}{5})^3-(\frac{3}{5})^4+\cdots$

6. 如果级数$\sum_{n=1}^{\infty} u_n$收敛,且$u_n \neq 0(n=0,1,2,3,\cdots)$其和为$s$,则级数$\sum_{n=1}^{\infty} \frac{1}{u_n}$(　　).

(A) 收敛且其和为$\frac{1}{s}$　　(B) 收敛但其和不一定为$s$

(C) 发散　　(D) 敛散性不能判定

7. 下列级数发散的是(　　).

(A)$\sum_{n=1}^{\infty} (-1)^{n-1}\frac{1}{n}$　　(B)$\sum_{n=1}^{\infty} (-1)^{n-1}(\frac{1}{n}+\frac{1}{n+1})$

(C)$\sum_{n=1}^{\infty} (-1)^{n-1}\frac{1}{\sqrt{n}}$　　(D)$\sum_{n=1}^{\infty} (-\frac{1}{n})$

8. 设常数$a\neq 0$,几何级数$\sum_{n=1}^{\infty} aq^n$收敛,则$q$应满足(　　).

(A)$q<1$　　(B)$-1<q<1$

(C)$q\leqslant 1$　　(D)$q>1$

9. 若$p$满足条件(　　),则级数$\sum_{n=1}^{\infty} \frac{1}{n^{p-2}}$一定收敛.

(A)$p>0$　　(B)$p>3$

(C)$p<2$　　(D)$2<p<3$

10. 若级数$\sum_{n=1}^{\infty} \frac{1}{n^{p-2}}$发散,则有(　　).

(A)$p>2$　　(B)$p>3$

(C)$p\leqslant 3$　　(D)$p\leqslant 2$

11. 下列级数中绝对收敛的是(　　).

(A) $\sum_{n=2}^{\infty} \frac{(-1)^n}{n\sqrt{n}}$　　(B) $\sum_{n=2}^{\infty} (-1)^{n-1}\frac{1}{n}$

(C) $\sum_{n=1}^{\infty} \frac{(-1)^n}{\ln n}$　　(D) $\sum_{n=2}^{\infty} \frac{(-1)^{n-1}}{\sqrt[3]{n^2}}$

12. 下列级数中收敛的是(　　).

(A) $\sum_{n=1}^{\infty} \frac{1}{\ln(1+n)}$　　(B) $\sum_{n=1}^{\infty} \frac{(-1)^n}{\ln(1+n)}$

(C) $\sum_{n=1}^{\infty} (-1)^n \frac{n}{2n+1}$　　(D) $\sum_{n=1}^{\infty} \frac{n}{2n+1}$

13. 下列级数中条件收敛的是(　　).

(A) $\sum_{n=1}^{\infty} (-1)^n \left(\frac{2}{3}\right)^n$　　(B) $\sum_{n=1}^{\infty} \frac{(-1)^{n-1}}{\sqrt{n}}$

(C) $\sum_{n=1}^{\infty} (-1)^{n-1} \frac{n}{2n+1}$　　(D) $\sum_{n=1}^{\infty} (-1)^{n-1} \frac{1}{\sqrt{5n^3}}$

14. 如果级数 $\sum_{n=1}^{\infty} u_n$ 收敛,则下列结论不成立的是(　　).

(A) $\lim_{n\to\infty} u_n = 0$　　(B) $\sum_{n=1}^{\infty} |u_n|$收敛

(C) $\sum_{n=1}^{\infty} ku_n$($k$ 为常数)收敛　　(D) $\sum_{n=1}^{\infty} (2u_{2n-1} + u_{2n})$收敛

15. 关于级数 $\sum_{n=1}^{\infty} \frac{(-1)^{n-1}}{n^p}$ 收敛的正确答案是(　　).

(A) 当 $p > 1$ 时,条件收敛　　(B) 当 $0 < p < 1$ 时,条件收敛

(C) 当 $0 < p \leqslant 1$ 时,条件收敛　　(D) 当 $0 < p \leqslant 1$ 时,发散

16. 设幂级数 $\sum_{n=1}^{\infty} a_n x^n$ 在 $x = 2$ 处收敛,则在 $x = -1$ 处(　　).

(A) 绝对收敛　　(B) 发散

(C) 条件收敛　　(D) 敛散性不能判定

17. 设幂级数 $\sum_{n=1}^{\infty} a_n x^n$ 在 $x = x_0$ 处收敛,又极限 $\lim_{n\to\infty}\left|\frac{a_n}{a_{n+1}}\right| = R(R > 0)$,则(　　).

(A) $0 \leqslant x_0 \leqslant R$　　(B) $x_0 > R$

(C) $|x_0| \leqslant R$　　(D) $|x_0| > R$

18. 设幂级数 $\sum_{n=1}^{\infty} a_n x^n$ 的收敛半径为 $R(0 < R < +\infty)$,则幂级数 $\sum_{n=1}^{\infty} a_n \left(\frac{x}{2}\right)^n$ 的收敛半径为(　　).

(A) $\frac{R}{2}$　　(B) $2R$

(C) $R$　　　　(D) $\frac{2}{R}$

19. 幂级数$\sum_{n=1}^{\infty}\frac{3^n}{n+3}(x+3)^n$的收敛半径$R=$(　　).

(A)1　　　　(B)3

(C) $\frac{1}{3}$　　　　(D) $+\infty$

20. 函数$\ln(1+x)$的展开式$\ln(1+x)=\sum_{n=1}^{\infty}(-1)^{n-1}\frac{x^n}{n}$的收敛区间是(　　).

(A)$(-1,1)$　　　　(B)$[-1,1]$

(C)$[-1,1)$　　　　(D)$(-1,1]$

21. 若数项级数$\sum_{n=1}^{\infty}u_n$收敛,则(　　).

(A)$s_n=u_1+u_2+\cdots+u_n,\lim\limits_{n\to\infty}s_n=0$

(B)$s_n=u_1+u_2+\cdots+u_n,\lim\limits_{n\to\infty}s_n$存在

(C) $\lim\limits_{n\to\infty}u_n\neq 0$

(D) $\lim\limits_{n\to\infty}u_n$不存在

22. 若$\sum_{n=1}^{\infty}u_n$发散,则(　　).

(A) $\lim\limits_{n\to\infty}u_n=0$也可能$\lim\limits_{n\to\infty}u_n\neq 0$　　　　(B) $\lim\limits_{n\to\infty}u_n\neq 0$

(C) $\lim\limits_{n\to\infty}u_n=\infty$　　　　(D) $\lim\limits_{n\to\infty}u_n=0$

23. 正项级数$\sum_{n=1}^{\infty}u_n$与$\sum_{n=1}^{\infty}v_n$满足$u_n\leqslant v_n$,则(　　).

(A) 当$\sum_{n=1}^{\infty}u_n$收敛时,$\sum_{n=1}^{\infty}v_n$也收敛　　　　(B) 当$\sum_{n=1}^{\infty}v_n$收敛时,$\sum_{n=1}^{\infty}u_n$也收敛

(C) 当$\sum_{n=1}^{\infty}v_n$发散时,$\sum_{n=1}^{\infty}u_n$也发散　　　　(D) 当$\sum_{n=1}^{\infty}v_n$发散时,$\sum_{n=1}^{\infty}u_n$收敛

24. 对于正项级数$\sum_{n=1}^{\infty}u_n$,比值判别法是(　　).

(A) 若$\lim\limits_{n\to\infty}\frac{u_{n+1}}{u_n}=\rho,\rho<1$时,$\sum_{n=1}^{\infty}u_n$收敛

(B) 若$\lim\limits_{n\to\infty}\frac{u_n}{u_{n+1}}=\rho,\rho<1$时,$\sum_{n=1}^{\infty}u_n$收敛

(C) 若$\lim\limits_{n\to\infty}\frac{u_{n+1}}{u_n}=l,0<l<+\infty$时,$\sum_{n=1}^{\infty}u_n$收敛

(D) 若$\lim\limits_{n\to\infty}\frac{u_n}{u_{n+1}}=l,0<l<+\infty$时,$\sum_{n=1}^{\infty}u_n$收敛

25. 设$\sum_{n=1}^{\infty}(-1)^{n-1}u_n, u_n>0$,则该级数收敛的充分条件是(　　).

(A) $\lim_{n\to\infty}u_n=0$　　(B) $u_n<u_{n+1}$且$\lim_{n\to\infty}u_n=0$

(C) $u_n>u_{n+1}$　　(D) $u_n>u_{n+1}$且$\lim_{n\to\infty}u_n=0$

26. 下列级数中条件收敛的是(　　).

(A) $\sum_{n=1}^{\infty}(-1)^n\frac{n}{n+1}$　　(B) $\sum_{n=1}^{\infty}\frac{(-1)^n}{\sqrt{n}}$

(C) $\sum_{n=1}^{\infty}(-1)^n\frac{1}{n^2}$　　(D) $\sum_{n=1}^{\infty}(-1)^{n-1}\frac{1}{n^3}$

27. 若$\lim_{n\to\infty}u_n=0$,则级数$\sum_{n=1}^{\infty}u_n$(　　).

(A) 条件收敛　　(B) 一定收敛

(C) 一定发散　　(D) 可能收敛也可能发散

28. 设$q>0$,正项级数$\sum_{n=0}^{\infty}(n+1)(2q)^n$收敛,则由比值判别法可确定出(　　).

(A) $q<-2$　　(B) $q<\frac{1}{2}$

(C) $q\leqslant 2$　　(D) $q\leqslant\frac{1}{2}$

29. 下列无穷级数绝对收敛的是(　　).

(A) $\sum_{n=1}^{\infty}(-1)^{n-1}\frac{1}{n}$　　(B) $\sum_{n=1}^{\infty}(-1)^{n-1}\frac{1}{2^n}$

(C) $\sum_{n=1}^{\infty}(-1)^{n-1}n$　　(D) $\sum_{n=1}^{\infty}\sin\frac{n\pi}{3}$

30. 若$p$满足条件(　　),则级数$\sum_{n=1}^{\infty}\frac{1}{n^{p-1}}$一定收敛.

(A) $p>1$　　(B) $p<1$

(C) $p>2$　　(D) $1<p<2$

31. 在下列级数中发散的是(　　).

(A) $\sum_{n=1}^{\infty}\frac{3}{2^n}$　　(B) $\sum_{n=1}^{\infty}(-1)^{n-1}\frac{1}{\sqrt{n}}$

(C) $\sum_{n=1}^{\infty}\frac{n}{3n^2+1}$　　(D) $\sum_{n=1}^{\infty}\frac{1}{\sqrt[3]{n(n^3+1)}}$

32. 级数$\sum_{n=1}^{\infty}\frac{1}{1+a^n}$的敛散情况是(　　).

(A) 当$a>0$时,收敛　　(B) 当$0<a\leqslant 1$时,发散;当$a>1$时,收敛

(C) 当$a>0$时,发散　　(D) 当$0<a<1$时,收敛;当$a\geqslant 1$时,发散

33. 级数$\sum_{n=1}^{\infty}\frac{(-1)^{n+1}}{n^{p}}(p>0)$的敛散情况是(　　).

(A) 当$p>1$时,绝对收敛;$p<1$时,条件收敛

(B) 当$p<1$时,绝对收敛;$p\geqslant 1$时,条件收敛

(C) 当$p<1$时,发散;$p>1$时,收敛

(D) 当$p>1$时,绝对收敛;$p\leqslant 1$时,条件收敛

34. 级数$\sum_{n=1}^{\infty}\frac{2}{n^{2}}\sin\frac{\pi}{n}$的敛散情况是(　　).

(A) 此为交错级数,条件收敛

(B) $\lim\limits_{n\to\infty}\frac{2}{n^{2}}\sin\frac{\pi}{n}$不存在,所以此级数发散

(C) 此级数绝对收敛

(D) 此为正项级数,由比值法得$\rho>1$,故发散.

35. 幂级数$x-\frac{x^{3}}{3}+\frac{x^{5}}{5}-\frac{x^{7}}{7}+\cdots$的收敛区间是(　　).

(A) $[-1,1]$　　(B) $[-1,1)$

(C) $(-1,1]$　　(D) $(-1,1)$

36. 下列级数中收敛的是(　　).

(A) $a-\frac{a}{2}+\frac{a}{3}-\frac{a}{4}+\cdots(a\neq 0)$　　(B) $\frac{1}{3}+\frac{1}{6}+\frac{1}{9}+\frac{1}{12}+\cdots$

(C) $1+\frac{1}{2}+\frac{1}{3}+\frac{1}{4}+\cdots$　　(D) $\sum_{n=1}^{\infty}\frac{3^{n}+2^{n}}{3^{n}}$

37. 幂级数$x-\frac{x^{3}}{3}+\frac{x^{5}}{5}-\frac{x^{7}}{7}+\cdots$的和函数是(　　).

(A) $\ln(1+x)$　　(B) $\sin x$

(C) $\cos x$　　(D) $\arctan x$

38. 幂级数$\sum_{n=1}^{\infty}\frac{4^{n}x^{2n}}{n(n+1)}$的收敛半径是(　　).

(A) 4　　(B) $\frac{1}{4}$

(C) 2　　(D) $\frac{1}{2}$

39. 幂级数$\sum_{n=1}^{\infty}\frac{(2x+1)^{n}}{n}$的收敛区间是(　　).

(A) $(-1,1)$　　(B) $[-1,1]$

(C) $(0,1]$　　(D) $[-1,0)$

40. 设级数$\sum_{n=1}^{\infty}x(1-\sin x)^{n}$,则当(　　)时该级数收敛.

(A) $\sin x>0$　　(B) $\sin x<0$

(C) $\sin x=0$　　(D) $x$ 为任意一数

41. 级数 $\sum_{n=0}^{\infty}\frac{n+1}{n!}x^n$ 的和函数是(　　).

(A) $xe^x$　　(B) $e^x+1$

(C) $xe^x+e^x$　　(D) $2e^x$

42. 函数 $f(x)=\ln(3+x)$ 在 $x=0$ 点展开有幂级数是(　　).

(A) $\ln 3+\sum_{n=1}^{\infty}\frac{1}{3^n n}x^n(-\infty<x<\infty)$

(B) $\ln 3+\sum_{n=1}^{\infty}(-1)^{n-1}\frac{1}{3^n n}x^n(-\infty<x<\infty)$

(C) $\ln 3+\sum_{n=1}^{\infty}(-1)^{n}\frac{1}{3^n n}x^n(-3<x<3)$

(D) $\ln 3+\sum_{n=1}^{\infty}(-1)^{n-1}\frac{1}{3^n n}x^n(-3<x\leqslant 3)$

43. 函数 $f(x)=\frac{1}{3-x}$ 在 $x=1$ 处的幂级数展开式为(　　).

(A) $\sum_{n=0}^{\infty}(-1)^n 2^n(x-1)^n(-2<x<4)$

(B) $\sum_{n=0}^{\infty}\left(-\frac{1}{2}\right)^n(x-1)^n(-1<x<1)$

(C) $\sum_{n=0}^{\infty}2^{n+1}(x-1)^n(-3<x<1)$

(D) $\sum_{n=0}^{\infty}\frac{1}{2^{n+1}}(x-1)^n(-1<x<3)$

44. 下列级数中条件收敛的是(　　).

(A) $\sum_{n=1}^{\infty}(-1)^n\left(\frac{2}{3}\right)^n$　　(B) $\sum_{n=1}^{\infty}\frac{(-1)^{n-1}}{\sqrt{n}}$

(C) $\sum_{n=1}^{\infty}(-1)^{n-1}\frac{n}{\sqrt{2n^2+1}}$　　(D) $\sum_{n=1}^{\infty}(-1)^{n-1}\frac{1}{\sqrt{2n^3+4}}$

45. 下列级数中发散的是(　　).

(A) $\sum_{n=1}^{\infty}(-1)^{n-1}\frac{1}{\ln(n+1)}$　　(B) $\sum_{n=1}^{\infty}\frac{n}{3n-1}$

(C) $\sum_{n=1}^{\infty}(-1)^{n-1}\frac{1}{3^n}$　　(D) $\sum_{n=1}^{\infty}\frac{n}{\sqrt{3^n}}$

46. 幂级数 $\sum_{n=1}^{\infty}\frac{(x+1)^n}{n\cdot 2^n}$ 的收敛域是(　　).

(A) $[-3,1]$　　(B) $[-3,1)$

(C) $(-3,3)$　　(D) $(-3,3]$

47. 已知 $\sum_{n=0}^{\infty}(2n+1)x^{2n}$ 在 $(-1,1)$ 内收敛,则 $\sum_{n=0}^{\infty}(2n+1)\frac{1}{2^{n}}=$ (　　).

(A) $\sqrt{2}$　　(B) $-4$

(C) 6　　(D) 3

## 第三部分　多项选择题

1. 如果级数 $\sum_{n=1}^{\infty}u_n$ 收敛,那么级数(　　)也收敛.

(A) $\sum_{n=1}^{\infty}(u_n+100)$　　(B) $\sum_{n=1}^{\infty}u_{n+100}$

(C) $\sum_{n=1}^{\infty}100u_n$　　(D) $100+\sum_{n=1}^{\infty}u_n$

2. 设正项级数 $\sum_{n=1}^{\infty}u_n$ 收敛,则级数(　　)一定收敛.

(A) $\sum_{n=1}^{\infty}u_n^2$　　(B) $\sum_{n=1}^{\infty}\sqrt{u_n}$

(C) $\sum_{n=1}^{\infty}(-1)^n u_n$　　(D) $\sum_{n=1}^{\infty}\frac{1}{u_n}$

3. 设正项级数 $\sum_{n=1}^{\infty}u_n$ 收敛,则(　　).

(A) $\lim_{n\to\infty}u_n=0$　　(B) $\lim_{n\to\infty}\frac{u_{n+1}}{u_n}=\rho<1$

(C) $u_n<\frac{1}{n}$　　(D) $\lim_{n\to\infty}(u_{n+1}+u_{n+2}+\cdots)=0$

4. 设级数 $\sum_{n=1}^{\infty}(a_n+b_n)$ 收敛,则(　　).

(A) $\sum_{n=1}^{\infty}a_n$ 与 $\sum_{n=1}^{\infty}b_n$ 均收敛　　(B) $a_1+b_1+a_2+b_2+a_3+b_3+\cdots$ 收敛

(C) 数列$\{\sum_{k=1}^{n}(a_k+b_k)\}$有界　　(D) $\sum_{n=1}^{\infty}(a_n+b_n-1)$ 发散

5. 设级数 $\sum_{n=1}^{\infty}a_n^2$ 与 $\sum_{n=1}^{\infty}b_n^2$ 均收敛,则(　　).

(A) $\sum_{n=1}^{\infty}a_n$ 收敛　　(B) $\sum_{n=1}^{\infty}(a_nb_n)$ 绝对收敛

(C) $\sum_{n=1}^{\infty}(-1)^n a_n^2$ 条件收敛　　(D) $\sum_{n=1}^{\infty}(a_n+b_n)^2$ 收敛

6. 设 $C$ 为常数,则级数 $\sum_{n=1}^{\infty}(-1)^n(C+\frac{1}{n})$ (　　).

(A) 收敛　　　　　　　　　　　　(B) 发散

(C) 不绝对收敛　　　　　　　　　(D) 可能收敛也可能发散

7. 设级数$\frac{x}{1-x^2}+\frac{x^2}{1-x^4}+\frac{x^4}{1-x^8}+\frac{x^8}{1-x^{16}}+\cdots$,则有(　　).

(A) 当$|x|\neq 1$时,级数发散

(B) 当$|x|\neq 1$时,级数收敛,其和为$\frac{1}{1-x}$

(C) 当$|x|>1$时,级数收敛,其和为$\frac{1}{1-x}$

(D) 当$|x|<1$时,级数收敛,其和为$\frac{1}{1-x}-1$

**第四部分　证明与计算**

1. 判别级数$\sum_{n=1}^{\infty} n\sqrt{1-\cos\frac{\pi}{n}}$的敛散性.

2. 试证级数$\sum_{n=1}^{\infty}\frac{n}{(n+1)!}$的部分和$s_n=1-\frac{1}{(n+1)!}$,并求这级数的和.

3. 判别级数$\sum_{n=1}^{\infty}\frac{(-1)^{n+1}(2n+1)}{n(n+1)}$的敛散性.

4. 判别下列级数的敛散性:

(1) $\sum_{n=1}^{\infty}\frac{\sqrt[4]{n}}{\sqrt{n}+\sqrt[3]{n}}$;　　(2) $\sum_{n=1}^{\infty}\frac{a^n}{n^3}$,($a$是常数);

(3) $\sum_{n=1}^{\infty}\frac{n+(-1)^n}{n!}$;　　(4) $\sum_{n=1}^{\infty}(\ln 3)^{n-1}$;

(5) $\sum_{n=1}^{\infty}\frac{1}{\ln^{10} n}$;　　(6) $\sum_{n=1}^{\infty}\frac{a^n}{n^s}$,$(a>0,s>0)$;

(7) $\sum_{n=1}^{\infty}[1+(-1)^n]\frac{\sin\frac{1}{n}}{n}$;　　(8) $\sum_{n=1}^{\infty}\frac{2\cdot\sqrt[3]{n}}{(n+1)\sqrt{n}}$;

(9) $\sum_{n=1}^{\infty}(\sqrt[n]{a}-1)$,$(a\geqslant 1)$;　　(10) $\sum_{n=1}^{\infty}\frac{\sqrt{n}+\sin n}{n^2-n+1}$;

(11) $\sum_{n=1}^{\infty}\frac{2^{n-1}}{n^n}\cos^2\frac{n\pi}{4}$;　　(12) $\sum_{n=1}^{\infty}\frac{\left(\frac{1+n}{n}\right)^{n^2}}{3^n}$;

(13) $\sum_{n=1}^{\infty}\left(\frac{n}{3n-1}\right)^{2n-1}$.

5. 设正项级数$\sum_{n=1}^{\infty}u_n$和$\sum_{n=1}^{\infty}v_n$都收敛,证明级数$\sum_{n=1}^{\infty}(u_n+v_n)^2$也收敛.

6. 设级数$\sum_{n=1}^{\infty} u_n$收敛，且$\lim_{n\to\infty}\frac{u_n}{v_n}=1$，问级数$\sum_{n=1}^{\infty} v_n$是否也收敛?试说明理由.

7. 讨论下列级数的绝对收敛性与条件收敛性：

(1) $\sum_{n=1}^{\infty}(-1)^n\frac{1}{n^p}$;　　(2) $\sum_{n=1}^{\infty}(-1)^{n+1}\frac{\sin\frac{\pi}{n+1}}{\pi^{n+1}}$;

(3) $\sum_{n=1}^{\infty}(-1)^n\ln\frac{n+1}{n}$;　　(4) $\sum_{n=1}^{\infty}(-1)^n\frac{(n+1)!}{n^{n+1}}$;

(5) $\sum_{n=1}^{\infty}(-1)^{n-1}\frac{1}{\sqrt[n]{n}}$;　　(6) $\sum_{n=1}^{\infty}(-1)^{n-1}\frac{1}{2^n+\ln n}$;

(7) $\sum_{n=1}^{\infty}\frac{(-1)^{n+1}n!}{2^{n^2}}$;　　(8) $\sum_{n=1}^{\infty}(-1)^n\frac{\ln n}{n}$.

8. 求下列极限：

(1) $\lim_{n\to\infty}\frac{1}{n}\sum_{k=1}^{n}\frac{1}{3^k}\left(1+\frac{1}{k}\right)^{k^2}$;　　(2) $\lim_{n\to\infty}\left[2^{\frac{1}{3}}\cdot 4^{\frac{1}{9}}\cdot 8^{\frac{1}{27}}\cdot\cdots\cdot(2^n)^{\frac{1}{3^n}}\right]$.

9. 求级数$\sum_{n=1}^{\infty}\frac{x^n}{(1+x)(1+x^2)\cdots(1+x^n)}$$(x\neq -1)$的收敛域.

10. 求级数$\sum_{n=1}^{\infty}\frac{(n+x)^n}{n^{n+x}}$的收敛域.

11. 求下列幂级数的收敛区间：

(1) $\sum_{n=1}^{\infty}\frac{3^n+5^n}{n}x^n$;　　(2) $\sum_{n=1}^{\infty}\left(1+\frac{1}{n}\right)^{n^2}x^n$;

(3) $\sum_{n=1}^{\infty}n(x+1)^n$;　　(4) $\sum_{n=1}^{\infty}\frac{n}{2^n}x^{2n}$;

(5) $\sum_{n=1}^{\infty}(-1)^n\frac{x^n}{n(n+1)}$;　　(6) $\sum_{n=1}^{\infty}\frac{2^n}{n^2+1}x^n$;

(7) $\sum_{n=1}^{\infty}\frac{x^n}{n^n}$;　　(8) $\sum_{n=1}^{\infty}\left[\frac{(-1)^n}{n}+\frac{1}{4^n}\right]x^n$.

12. 求下列幂级数的和函数：

(1) $\sum_{n=1}^{\infty}\frac{2n-1}{2^n}x^{2n-1}$;　　(2) $\sum_{n=1}^{\infty}\frac{(-1)^{n-1}}{2n-1}x^{2n-1}$;

(3) $\sum_{n=1}^{\infty}n(x-1)^n$;　　(4) $\sum_{n=1}^{\infty}\frac{x^n}{n(n+1)}$;

(5) $\sum_{n=1}^{\infty}\frac{(-1)^{n-1}x^{2n}}{n(2n-1)}$;　　(6) $\sum_{n=1}^{\infty}\frac{n(n+1)}{2}x^{n-1}$.

13. 求下列数项级数的和：

(1) $\sum_{n=1}^{\infty}\frac{n^2}{n!}$;　　(2) $\sum_{n=1}^{\infty}(-1)^n\frac{n+1}{(2n+1)!}$;

(3) $\sum_{n=1}^{\infty} \frac{n^2 2^{n-1}}{3^n}$;　　　　(4) $\sum_{n=1}^{\infty} \frac{(-1)^{n-1} n}{(n+1)(n+2)}$.

14. 设幂级数 $\sum_{n=1}^{\infty} (\frac{1}{n} + \frac{3^n}{n^2}) x^n$.

(1) 求出幂级数的收敛域;

(2) 求和函数 $s(x)$ 的导数 $s'(x)$;

(3) 利用 $s'(x)$ 求 $s'(\frac{1}{4})$.

15. 将下列函数展开成幂级数:

(1) $\ln \frac{1+x}{1-x}$;　　　　(2) $\frac{1}{1+x-2x^2}$;

(3) $\ln(x+\sqrt{1+x^2})$;　　　　(4) $\frac{1}{(2-x)^2}$;

(5) $\arcsin x + \sqrt{1-x^2}$;　　　　(6) $\sin^2 x \cos x$.

# 第四章　常微分方程

函数是客观事物的内在联系在数量方面的反映，利用函数关系又可以对客观事物的规律性进行研究. 因此如何寻求函数关系，在实践中具有重要意义. 在许多问题中，往往不能直接找出所需要的函数关系，但可以列出含有要找的函数及其导数的关系式，这样的关系式就是微分方程. 微分方程建立以后，对它进行研究，找出未知函数来，这就是解微分方程. 本章主要介绍微分方程的一些基本概念和几种常用的微分方程的解法.

## 第一节　微分方程的基本概念

先看下面两个例子.

**例1**　求过点(1,3)且切线斜率为$2x$的曲线方程.

**解**　设所求的曲线方程是$y=f(x)$，则根据题意应满足下面的关系：

$$\begin{cases}\dfrac{\mathrm{d}y}{\mathrm{d}x}=2x\\ y\big|_{x=1}=3\end{cases}$$

先通过$\dfrac{\mathrm{d}y}{\mathrm{d}x}=2x$求一次不定积分，得到函数$y=x^2+c$（$c$为任意常数），再把条件$y\big|_{x=1}=3$代入这个函数，可得$c=2$，于是满足题设条件的曲线方程为

$$y=x^2+2.$$

**例2**　某种商品的需求量$Q$对价格$p$的弹性为$-1.5p$，已知该商品的最大需求量为800(即$p=0$时，$Q=800$)，求需求量$Q$与价格$p$的函数关系.

**解**　根据弹性的定义，有

$$\frac{p}{Q}\cdot Q'=-1.5p,$$

由题意，$Q\big|_{p=0}=800$.

解出满足上面两个式子的函数$Q$，就得到需求量与价格的函数关系.

**定义4.1**　含有未知函数的导数或微分的方程，称为微分方程.

未知函数为一元函数的微分方程，称为常微分方程. 如例1、例2中的方程都是常微分方程.

未知函数为多元函数,从而出现多元函数的偏导数的方程,称为偏微分方程.例如:

$$\frac{\partial^2 z}{\partial x^2}+\frac{\partial^2 z}{\partial y^2}=0,\frac{\partial z}{\partial x}+x\frac{\partial z}{\partial y}=y$$

就是偏微分方程.

本章简要介绍常微分方程的概念、某些简单常微分方程的解法.以后如非特别说明,本章所指的微分方程,都是指**常微分方程**.

微分方程中出现的各阶导数的最高阶数,称为微分方程的**阶**.例如,$y''=3x$ 是二阶微分方程,$(y')^3+y=x$ 是一阶微分方程.

**定义 4.2**　如果一个函数代入微分方程后,方程两端恒等,则称此函数为该微分方程的解.

例如,$y=x^2+c$,$y=x^2+2$ 都是方程$\frac{\mathrm{d}y}{\mathrm{d}x}=2x$ 的解.而

$$s=-\frac{1}{2}gt^2+c_1t+c_2,s=-\frac{1}{2}gt^2+2t+3$$

都是方程 $s''=-g$ 的解.

如果微分方程的解中含有任意取值的常数且相互独立的任意常数的个数等于微分方程的阶数,则此解称为微分方程的**通解**.不含任意常数的解,称为**特解**.

"相互独立的常数"是指在一个式子中无法通过运算合并成一个数的多个常数.如 $y=c_1x^2+c_2$ 中的 $c_1$ 与 $c_2$ 就是两个相互独立的常数,而 $y=x^2+t_1+t_2$ 中的 $t_1$ 与 $t_2$ 就不是相互独立的.

例如,$y=x^2+c$ 是$\frac{\mathrm{d}y}{\mathrm{d}x}=2x$ 的通解,而 $y=x^2+2$,$y=x^2-3$ 都是$\frac{\mathrm{d}y}{\mathrm{d}x}=2x$ 的特解.

值得注意的是,微分方程的通解不一定包括微分方程的所有解.例如,$\sqrt{y^2-1}=\arctan x+c$ 是方程 $yy'=\frac{\sqrt{y^2-1}}{1+x^2}$ 的通解,$y=\pm 1$ 也是该方程的解,但 $y=\pm 1$ 并不被通解 $\sqrt{y^2-1}=\arctan x+c$ 的包含.

另外,函数 $y=\sin x+c$(其中 $c$ 是任意常数)是微分方程 $y''+\sin x=0$ 的解,但既不是通解也不是特解.

为了得到合乎条件的特解,通常对微分方程附加一定的条件.如果这种附加条件是由系统在某一瞬间所处的状态给出的,则称这种条件为**初始条件**.如例1、例2中的条件.

我们把给定了初始条件的微分方程,称为**初值问题**.如例1、例2都是初值问题.

## 习题 4 - 1

1. 指出下列微分方程的阶：

(1) $\frac{dy}{dx}=4x^3-y$；　　(2) $\frac{dy}{dx}+x^2+\cos y=0$；

(3) $dy+3ydx=x^2dx$；　　(4) $(1+x^2)dy=(1-y^2)dx$；

(5) $y''+(y')^3+12xy=0$；　　(6) $xy'''+2y''+x^2y=0$；

(7) $x\frac{d^2y}{dx^2}-5\frac{dy}{dx}+3xy=\sin x$；　　(8) $(\frac{dy}{dx})^4=4x^3$.

2. 下列各题中的函数是否为所给方程的解?若是,它是通解还是特解?

(1) $x\frac{dy}{dx}=-2y, y=c_1x^{-2}$；

(2) $y''-2y'+y=0, y=x^2e^x$；

(3) $y''-\frac{2}{x}y'+\frac{2}{x^2}y=0, y=c_1x+c_2x^2$；

(4) $xdx+ydy=0, x^2+y^2=c^2$（$c$ 是实数）；

(5) $y''+y=0, y=3\sin x-4\cos x$；

(6) $y''-(\lambda_1+\lambda_2)y'+\lambda_1\lambda_2y=0, y=c_1e^{\lambda_1x}+c_2e^{\lambda_2x}$.

3. 写出由下列条件确定的曲线所满足的微分方程：

(1) 曲线在点$(x,y)$处的切线的斜率等于该点横坐标的平方；

(2) 曲线上点$P(x,y)$处的法线与$x$轴的交点为$Q$,且线段$PQ$被$y$轴平分.

# 第二节　一阶微分方程

一阶微分方程的一般形式是

$$F(x,y,y')=0. \tag{4-1}$$

一阶微分方程的通解含有一个任意常数,为了确定这个任意常数,必须给出一个初始条件. 通常都是给出$x=x_0$时未知函数对应的值$y=y_0$,记作

$$y(x_0)=y_0 \text{或} y|_{x=x_0}=y_0.$$

### 一、可分离变量微分方程

如果微分方程$F(x,y,y')=0$能化为

$$g(y)y=f(x)dx \tag{4-2}$$

的形式,则称方程(4-1)式为可分离变量的微分方程,称方程(4-2)式为变量已分

离的微分方程.

求解可分离变量的微分方程的方法称为分离变量法,具体做法为:

第一步,分离变量,即将微积分方程化为(4 - 2) 的形式;

第二步,在方程两边同时积分,得

$$\int g(y)\,\mathrm{d}y + c = \int f(x)\,\mathrm{d}x \tag{4-3}$$

其中$c$为任意常数,(4 - 3) 式就是(4 - 2) 式的通解的表达式. 注意,这里为了明显起见,将不定积分$\int f(x)\,\mathrm{d}x$看成$f(x)$ 的一个原函数,而将积分常数$c$(为任意常数) 单独写出来.

**例 1**　解微分方程

$$\frac{\mathrm{d}y}{\mathrm{d}x} = -\frac{y}{x}.$$

**解**　分离变量,得

$$\frac{\mathrm{d}y}{y} = -\frac{\mathrm{d}x}{x},$$

两边积分:

$$\int \frac{\mathrm{d}y}{y} = -\int \frac{\mathrm{d}x}{x},$$

得

$$\ln|y| = -\ln|x| + \ln|c|,$$

即　$xy = c$　或 $y = \frac{c}{x}$.

这就是所给微分方程的通解(注意这里将常数写成 $\ln|c|$ 是为了后面表达式简洁些).

**例 2**　解初值问题

$$\begin{cases} 3y^2\dfrac{\mathrm{d}y}{\mathrm{d}x} + x = 0 \\ y|_{x=0} = 5 \end{cases}.$$

**解**　分离变量,得

$$3y^2\mathrm{d}y = -x\mathrm{d}x,$$

两边积分:

$$\int 3y^2\mathrm{d}y = -\int x\mathrm{d}x,$$

得微分方程通解

$$y^3 = -\frac{x^2}{2} + c.$$

这就是所给微分方程的通解,称这样的解为隐式解.

代入初始条件 $y|_{x=0} = 5$,求出 $c = 125$. 所以,所给初值问题的解为

$$y^3 = -\frac{x^2}{2} + 125.$$

**例 3** 解微分方程

$$(y+1)^2\frac{dy}{dx} + x^3 = 0.$$

**解** 分离变量,得

$$(y+1)^2 dy = -x^3 dx,$$

两边积分:

$$\int (y+1)^2 dy = -\int x^3 dx,$$

得所给微分方程的通解

$$\frac{1}{3}(y+1)^3 = -\frac{1}{4}x^4 + c.$$

**例 4** 求微分方程 $dx + xydy = y^2dx + ydy$ 的通解.

**解** 先合并 $dx$ 及 $dy$ 的各项,得 $y(x-1)dy = (y^2-1)dx$,

设 $y^2 - 1 \neq 0, x - 1 \neq 0$,分离变量得$\frac{y}{y^2-1}dy = \frac{1}{x-1}dx$,

两端积分$\int \frac{y}{y^2-1}dy = \int \frac{1}{x-1}dx$,得$\frac{1}{2}\ln|y^2-1| = \ln|x-1| + \ln|C_1|$,

于是 $y^2 - 1 = \pm C_1^2(x-1)^2$,记 $c = \pm C_1^2$,则得到题设方程的通解为

$$y^2 - 1 = c(x-1)^2.$$

**注意** 在用分离变量法解可分离变量的微分方程$\frac{dy}{dx} = f(x)g(y)$ 的过程中,我们在假定 $g(y) \neq 0$ 的前提下,用它除方程两边,这样得到的通解不包含使 $g(y) = 0$ 的特解. 但是,有时如果我们扩大任意常数 $c$ 的取值范围,则其失去的解仍包含在通解中. 如在例 4 中,我们得到的通解中应该 $c \neq 0$,但这样方程就失去特解 $y = \pm 1$,而如果允许 $c = 0$,则 $y = \pm 1$ 仍包含在通解 $y^2 - 1 = c(x-1)^2$ 中.

## 二、齐次方程

形如

$$\frac{dy}{dx} = f\left(\frac{y}{x}\right) \tag{4-4}$$

的微分方程,称为齐次微分方程,简称齐次方程.

例如,$\frac{dy}{dx} = \frac{y^2}{xy - x^2}$ 可化为$\frac{dy}{dx} = \frac{\left(\frac{y}{x}\right)^2}{\frac{y}{x} - 1}$,

$(xy-y^2)\mathrm{d}x-(x^2-2xy)\mathrm{d}y=0$ 可化为$\dfrac{\mathrm{d}y}{\mathrm{d}x}=\dfrac{xy-y^2}{x^2-2xy}=\dfrac{\frac{y}{x}-(\frac{y}{x})^2}{1-2(\frac{y}{x})}$,

所以它们都是齐次微分方程.

对于齐次微分方程(4－4),作变换

$$u=\frac{y}{x} \tag{4-5}$$

即 $y=xu$,则有

$$\frac{\mathrm{d}y}{\mathrm{d}x}=x\frac{\mathrm{d}u}{\mathrm{d}x}+u \tag{4-6}$$

将(4－5)与(4－6)代入(4－4),得可分离变量的微分方程

$$x\frac{\mathrm{d}u}{\mathrm{d}x}=f(u)-u$$

即$\dfrac{\mathrm{d}u}{f(u)-u}=\dfrac{\mathrm{d}x}{x}$,它的通解为

$$\int\frac{du}{f(u)-u}=\ln|x|-\ln|c|,$$

或
$$x=ce^{\int\frac{\mathrm{d}u}{f(u)-u}} \tag{4-7}$$

求出积分$\displaystyle\int\frac{\mathrm{d}u}{f(u)-u}$后,将 $u$ 还原为$\dfrac{y}{x}$代入(4－7)就得到微分方程(4－4)的通解.

注意:若 $u^*$ 是方程 $f(u)-u=0$ 的解,则 $y=u^*\cdot x$ 也是原微分方程的解.

**例 5**　求解微分方程 $\dfrac{\mathrm{d}y}{\mathrm{d}x}=\dfrac{y}{x}+\tan\dfrac{y}{x}$ 满足初始条件$y|_{x=1}=\dfrac{\pi}{6}$的特解.

**解**　原方程为齐次方程,设 $u=\dfrac{y}{x}$,则$\dfrac{\mathrm{d}y}{\mathrm{d}x}=u+x\dfrac{\mathrm{d}u}{\mathrm{d}x}$,代入原方程得

$$u+x\frac{\mathrm{d}u}{\mathrm{d}x}=u+\tan u,$$

分离变量得 $\cot u\mathrm{d}u=\dfrac{1}{x}\mathrm{d}x$,

两边积分得 $\ln|\sin u|=\ln|x|+\ln|c|$,即 $\sin u=cx$,

将 $u=\dfrac{y}{x}$ 回代,则得到题设方程的通解为 $\sin\dfrac{y}{x}=cx$.

利用初始条件 $y|_{x=1}=\dfrac{\pi}{6}$,得到 $c=\dfrac{1}{2}$,

从而所求题设方程的特解为 $\sin\dfrac{y}{x}=\dfrac{1}{2}x$.

**例 6**　求解微分方程 $y^2+x^2\dfrac{\mathrm{d}y}{\mathrm{d}x}=xy\dfrac{\mathrm{d}y}{\mathrm{d}x}$.

**解** 原方程变形为$\frac{dy}{dx}=\frac{y^2}{xy-x^2}=\frac{\left(\frac{y}{x}\right)^2}{\frac{y}{x}-1}$

令$u=\frac{y}{x}$,则$y=ux,\frac{dy}{dx}=u+x\frac{du}{dx}$,故原方程变为$u+x\frac{du}{dx}=\frac{u^2}{u-1}$,即$x\frac{du}{dx}=\frac{u}{u-1}$.

分离变量得$(1-\frac{1}{u})du=\frac{dx}{x}$,两边积分得$u-\ln|u|+c=\ln|x|$或$\ln|xu|=u+c$.

回代$u=\frac{y}{x}$,便得所给方程的通解为 $\ln|y|=\frac{y}{x}+c$.

另:若$u=0$,则有$y=0$,显然$y=0$也是原微分方程的解.

**例7** 设商品$A$和商品$B$的售价分别为$P_1,P_2$,已知价格$P_1$与$P_2$相关,且价格$P_1$相对$P_2$的弹性为$\frac{P_2dP_1}{P_1dP_2}=\frac{P_2-P_1}{P_2+P_1}$,求$P_1$与$P_2$的函数关系式.

**解** 所给方程为齐次方程,整理得

$$\frac{dP_1}{dP_2}=\frac{1-\frac{P_1}{P_2}}{1+\frac{P_1}{P_2}}\cdot\frac{P_1}{P_2},$$

令$u=\frac{P_1}{P_2}$,则 $u+P_2\frac{du}{dP_2}=\frac{1-u}{1+u}\cdot u.$

分离变量,得

$$\left(-\frac{1}{u}-\frac{1}{u^2}\right)du=2\frac{dP_2}{P_2};$$

两边积分,得

$$\frac{1}{u}-\ln|u|=\ln(c_1P_2)^2$$

将$u=\frac{P_1}{P_2}$回代,则得到所求通解(即$P_1$与$P_2$的函数关系式)

$$e^{\frac{P_2}{P_1}}=cP_1P_2(c=c_1^2\text{为任意正常数}).$$

### 三、一阶线性微分方程及其解法

形如

$$y'+p(x)y=f(x) \tag{4-8}$$

的微分方程,称为一阶线性微分方程.

在(4-8)中,如果$f(x)\equiv0$,则变为

$$y' + p(x)y = 0, \tag{4-9}$$

称为一阶线性齐次方程. 而$f(x) \neq 0$时,(4-8) 式称为一阶线性非齐次方程. $f(x)$ 称为自由项.

一般地,我们把关于未知函数及其各阶导数的一次方程称为线性微分方程. 一个 $n$ 阶线性微分方程总可以写成如下形式:

$$y^{(n)} + p_1(x)y^{(n-1)} + p_2(x)y^{(n-2)} + \cdots + p_{n-1}(x)y' + p_n(x)y = f(x), \tag{4-10}$$

其中 $p_1(x), p_2(x), \cdots, p_n(x)$ 不全为零. 当$f(x) \equiv 0$ 时,方程(4-10) 变为

$$y^{(n)} + p_1(x)y^{(n-1)} + p_2(x)y^{(n-2)} + \cdots + p_{n-1}(x)y' + p_n(x)y = 0, \tag{4-11}$$

称为$n$阶线性齐次方程;而$f(x) \neq 0$时,方程(4-10) 称为$n$阶线性非齐次方程. $f(x)$ 称为自由项.

(1) 一阶线性齐次微分方程的通解

将 $y' + p(x)y = 0$ 分离变量后得

$$\frac{dy}{y} = -p(x)dx,$$

两边积分后得

$$\ln|y| = -\int p(x)dx + \ln|c|,$$

即　$y = ce^{-\int p(x)dx}$　($c$ 为任意常数)　(4-12)

(4-12) 式即为方程 $y' + p(x)y = 0$ 的通解.

(2) 一阶线性非齐次微分方程的通解

为了求出非齐次方程$y' + p(x)y = f(x)$ 的通解,可以采用以下方法:先求出其对应的齐次方程 $y' + p(x)y = 0$ 的通解$y = ce^{-\int p(x)dx}$,然后设$y' + p(x)y = f(x)$ 的通解具有如下形式

$$y = u(x)e^{-\int p(x)dx} \tag{4-13}$$

即将齐次方程 $y' + p(x)y = 0$ 的通解中的任意常数$c$,换为待定函数$u = u(x)$,再将$y = u(x)e^{-\int p(x)dx}$ 代入非齐次方程$y' + p(x)y = f(x)$,求出$u(x)$,从而求出方程$y' + p(x)y = f(x)$ 的通解. 这种方法称为**常数变易法**.

由(4-13) 式容易得到

$$\begin{aligned} y' &= u'(x)e^{-\int p(x)dx} + u(x)(e^{-\int p(x)dx})' \\ &= u'(x)e^{-\int p(x)dx} - u(x)p(x)e^{-\int p(x)dx} \end{aligned} \tag{4-14}$$

将(4-13) 式与(4-14) 式代入 $y' + p(x)y = f(x)$ 得

$$u'(x)e^{-\int p(x)dx} - u(x)p(x)e^{-\int p(x)dx} + p(x)u(x)e^{-\int p(x)dx} = f(x),$$

即　$u'(x) = f(x)e^{\int p(x)dx}$,积分后得

$$u(x) = \int f(x)e^{\int p(x)dx} + c,$$

其中$c$是任意常数,将$u(x)$ 代入(4-13) 式得

$$y = e^{-\int p(x)\mathrm{d}x}\left[\int f(x)e^{\int p(x)\mathrm{d}x} + c\right]. \tag{4-15}$$

(4 - 15) 式就是方程 $y' + p(x)y = f(x)$ 的通解.

概括起来,用常数变易法求解一阶线性非齐次方程 $y' + p(x)y = f(x)$ 通解的步骤如下:

(Ⅰ) 求对应于 $y' + p(x)y = f(x)$ 的齐次方程 $y' + p(x)y = 0$ 的通解

$$y = ce^{-\int p(x)\mathrm{d}x};$$

(Ⅱ) 设 $y = u(x)e^{-\int p(x)\mathrm{d}x}$,并求出 $y'$;

(Ⅲ) 将(Ⅱ)中的 $y$ 及 $y'$ 代入(4 - 8),解出

$$u(x) = \int f(x)e^{\int p(x)\mathrm{d}x} + c;$$

(Ⅳ) 将(Ⅲ)中求出的 $u(x)$ 代入(Ⅱ)中的 $y$ 的表达式,得到

$$y = e^{-\int p(x)\mathrm{d}x}\left[\int f(x)e^{\int p(x)\mathrm{d}x} + c\right]$$

即为所求 $y' + p(x)y = f(x)$ 的通解.

**例 8** 求方程 $\dfrac{\mathrm{d}y}{\mathrm{d}x} - \dfrac{2y}{x+1} = (x+1)^{\frac{5}{2}}$ 的通解.

**解** 这是一个非齐次线性方程. 先求对应齐次方程的通解.

由 $\dfrac{\mathrm{d}y}{\mathrm{d}x} - \dfrac{2}{x+1}y = 0$,得 $y = ce^{-\int -\frac{2}{x+1}\mathrm{d}x} = c(x+1)^2$,

用常数变易法,即令 $y = u(x)(x+1)^2$,代入所给非齐次方程得 $u' = (x+1)^{\frac{1}{2}}$,所以 $u(x) = \dfrac{2}{3}(x+1)^{\frac{3}{2}} + c$,回代即得所求方程的通解为

$$y = (x+1)^2\left[\frac{2}{3}(x+1)^{\frac{3}{2}} + c\right].$$

**例 9** 求下列微分方程满足所给初始条件的特解:

$$\begin{cases} x\ln x\mathrm{d}y + (y - \ln x)\mathrm{d}x = 0 \\ y|_{x=e} = 1 \end{cases}.$$

**解** 将方程标准化为 $y' + \dfrac{1}{x\ln x}y = \dfrac{1}{x}$. 于是

由 $y' + \dfrac{1}{x\ln x}y = 0$,得 $y = ce^{-\int \frac{1}{x\ln x}\mathrm{d}x} = \dfrac{c}{\ln x}$,

令 $y = \dfrac{u(x)}{\ln x}$,代入 $y' + \dfrac{1}{x\ln x}y = \dfrac{1}{x}$,得到 $\dfrac{u'(x)}{\ln x} = \dfrac{1}{x}$,所以 $u(x) = \dfrac{1}{2}\ln^2 x + c$,

原方程的通解为 $y = \dfrac{1}{\ln x}\left(\dfrac{1}{2}\ln^2 x + c\right)$.

由初始条件 $y|_{x=e} = 1$,得 $c = \dfrac{1}{2}$,故所求特解为 $y = \dfrac{1}{2}\left(\ln x + \dfrac{1}{\ln x}\right)$.

**例 10** 求方程 $y^3\mathrm{d}x + (2xy^2 - 1)\mathrm{d}y = 0$ 的通解.

**解**　当将 $y$ 看作 $x$ 的函数时,方程变为 $\frac{dy}{dx}=\frac{y^3}{1-2xy^2}$,这个方程不是一阶线性微分方程,不便求解. 如果将 $x$ 看作 $y$ 的函数,方程改写为

$$y^3\frac{dx}{dy}+2y^2x=1,$$

则为一阶线性微分方程,于是对应齐次方程为

$$y^3\frac{dx}{dy}+2y^2x=0$$

分离变量,并积分得 $\int\frac{dx}{x}=-\int\frac{2dy}{y}$,即 $x=\frac{c_1}{y^2}$,其中 $C_1$ 为任意常数,利用常数变易法,设题设方程的通解为 $x=\frac{u(y)}{y^2}$,代入原方程,得 $u'(y)=\frac{1}{y}$,

积分得　$u(y)=\ln|y|+c$,

故原方程的通解为 $x=\frac{1}{y^2}(\ln|y|+c)$,其中 $c$ 为任意常数.

**四、应用:指数增长模型**

方程

$$\frac{dP}{dt}=kP,k>0 \tag{4-16}$$

是无约束种群增长的基本模型. 无论是人口增长、细菌繁殖,还是永续复利投资都可用这种模型来描述. 忽略特殊的约束和促进因素,种群正常的繁衍速度与种群的大小成正比,而这正是方程 $\frac{dP}{dt}=kP$ 所表达的意思. 这个方程的解是

$$P(t)=ce^{kt}, \tag{4-17}$$

其中 $t$ 是时间. 当 $t=0$ 时为种群的初始值 $P(0)$,用 $P_0$ 表示. 于是有

$$P_0=P(0)=ce^{k\cdot 0}=c$$

因此,$c=P_0$,$P(t)$ 可表示为

$$P(t)=P_0e^{kt}.$$

它的图形如图 4-1 所示,图形说明,无约束增长将产生“种群激增”.

常数 $k$ 称为指数增长率,或简称为增长率. $k$ 不是种群大小的变化率,种群大小的变化率是

$$\frac{dP}{dt}=kP.$$

为了得到其变化率必须用常数乘 $P$. 因此,这两个“比率”是不同的. 像银行支付利率一样,如果利率是4% 或0.04,并不是说你在银行的存款余额 $P$ 每年以0.04元的比率在增长,而是每年以0.04$P$ 元的比率在增长. 因此我们以每年4% 而不是0.04元表示利率,还可以说利率为每年每元0.04元. 在永续复利情况下,利率是一个真正的

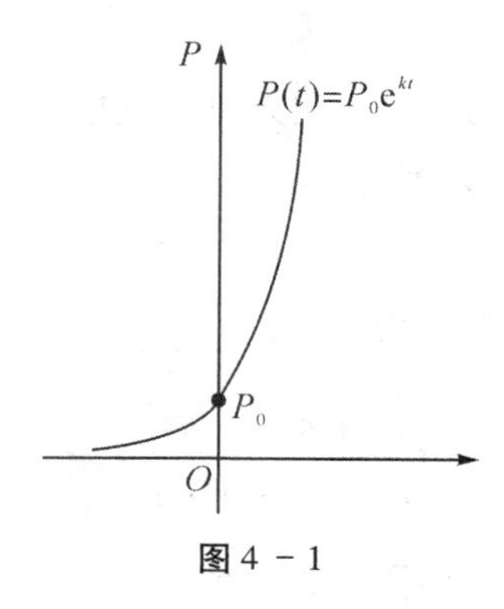


图 4－1

指数增长比率.

**例 11** （复利问题）假设投入资金 $P_0$ 到储蓄中，年永续复利率为 4%，即结存 $P$ 的增长率为 $\frac{dP}{dt}=0.04P$.

（1）求 $P(t)$.

（2）假设投资 100 万元，1 年后结存是多少？

（3）多长时间之后所投资的 100 万元能翻一番？

**解** （1）$P(t)=P_0e^{0.04t}$.

（2）$P(1)=100e^{0.04\times 1}=100e^{0.04}\approx 100\times 1.04081077\approx 104.081077$（万元）.

（3）求时间 $T$ 使得 $P(T)=200$ 万元. 数 $T$ 称为倍增时间.

由

$$200=100e^{0.04T}$$

即 $2=e^{0.04T}$，两边取自然对数得 $\ln 2=0.04T$，于是

$$T=\frac{\ln 2}{0.04}\approx\frac{0.693147}{0.04}\approx 17.33.$$

即 17.33 年后 100 万元才能翻一番.

由 $P(t)=P_0e^{kt}$ 可以知道，增长率 $k$ 与倍增时间 $T$ 的关系为

$$kT=\ln 2\approx 0.691347,$$

或

$$k=\frac{\ln 2}{T}\approx\frac{0.691347}{T},$$

$$T=\frac{\ln 2}{k}\approx\frac{0.691347}{k}.$$

设利率 $k=r\%$，则有

$$T=\frac{\ln 2}{k}\approx\frac{0.691347}{r\times 0.01}\approx\frac{70}{r}.$$

这就是 70 规则，是投资领域常用的一个规则，该规则以倍增时间 $T$ 与利率 $k$ 之间的关系为基础，为了估计经多长时间投资按给定的报酬率翻一番，只需用报酬率

除 70.

**例 12**　(人口增长问题)第六次全国人口普查显示,截至2010年年底,我国人口总数已经达到13.40亿,统计数据显示,过去10年我国人口的年增长率大约为0.6%.于是

$$\frac{dP}{dt}=0.006P,$$

其中 $t$ 是时间,单位是2010年以后的年数.

(1) 假设 $P_0=13.4, k=0.006$,求满足方程的函数.

(2) 预测2020年($t=10$)中国的人口数.

(3) 如果保持人口的年增长率为0.6%,多少年之后我国的人口是2010年的两倍?

**解**　(1) $P(t)=13.4e^{0.006t}$.

(2) $P(10)=13.4e^{0.006\times 10}=13.4e^{0.06}\approx 14.229$(亿).

(3) $T=\frac{\ln 2}{k}=\frac{\ln 2}{0.006}\approx 115.52$(年).

**例 13**　(可再生资源增长问题)某林区实行封山育林,现有木材10万立方米,如果在每一时刻 $t$ 木材的变化率与当时木材数成正比.假设10年时这片林区的木材为20万立方米.若规定,该片林区的木材量达到40万立方米时才能砍伐,问至少多少年后才能砍伐?

**解**　若时间 $t$ 以年为单位,假设任一时刻 $t$ 的木材数量为 $P(t)$ 立方米,由题意可知

$$\frac{dP}{dt}=kP\ (k\text{ 为比例常数}),$$

且 $P|_{t=0}=10, P|_{t=10}=20$.

该方程的通解为 $P=ce^{kt}$,将 $P|_{t=0}=10$ 代入,得 $c=10$,故 $P=10e^{kt}$,再将 $P|_{t=10}=20$ 代入,得 $k=\frac{\ln 2}{10}$,于是

$$P=10e^{0.1t\times\ln 2}=10\times 2^{0.1t},$$

要使 $P=40$,则 $t=20$.故至少要20年后才能砍伐.

**例 14**　(国民收入、储蓄与投资的关系问题)在宏观经济研究中,发现某地区国民收入 $y$、国民储蓄 $S$ 和投资 $I$ 均是时间 $t$ 的函数,且在任一时刻 $t$,储蓄 $S(t)$ 为国民收入 $y(t)$ 的 $\frac{1}{10}$ 倍,投资额 $I(t)$ 是国民收入增长率 $\frac{dy}{dt}$ 的 $\frac{1}{3}$ 倍.$t=0$ 时,国民收入为5(亿元).设在时刻 $t$ 的储蓄全部用于投资,试求国民收入函数.

**解**　由题意可知

$$S=\frac{1}{10}y, I=\frac{1}{3}\cdot\frac{dy}{dt},$$

由假设,时刻 $t$ 的储蓄全部用于投资,那么 $S = I$,于是有

$$\frac{1}{10}y = \frac{1}{3} \cdot \frac{dy}{dt},$$

解此微分方程得

$$y = ce^{\frac{3}{10}t},$$

由 $y|_{t=0} = 5$,得 $c = 5$. 故国民收入函数为

$$y = 5e^{\frac{3}{10}t}.$$

而储蓄函数与投资函数为

$$S = I = \frac{1}{2}e^{\frac{3}{10}t}.$$

**例 15** (净资产分析问题) 设某公司的净资产在营运过程中像银行的存款一样以年 5% 的连续复利产生利息而使总资产增长,同时还必须以每年 200 万人民币的数额连续地支付职工的工资.

(1) 列出描述公司净资产 $W$(以万元为单位) 的微分方程;

(2) 假设公司的初始净资产为 $W_0$(万元),求公司的净资产 $W(t)$;

(3) 描绘出当 $W_0$ 分别为 3000、4000 和 5000 时的解的曲线.

**解** 先对问题作一个直观分析.

首先看是否存在一个初值 $W_0$,使公司的净资产不变. 若存在这样的 $W_0$,则必始终有

利息盈取的速率 = 工资支付的速率

即

$$0.05W_0 = 200 \Rightarrow W_0 = 4000,$$

所以,如果净资产的初值 $W_0 = 4000$(万元) 时,利息与工资支出达到平衡,且净资产始终不变,即 4000(万元) 是一个平衡解.

但若 $W_0 > 4000$(万元),则利息盈取超过工资支出,净资产将会增长,利息也因此而增长得更快,从而净资产增长得越来越快.

若 $W_0 < 4000$(万元),则利息盈取赶不上工资的支出,公司的净资产将会减少,利息的盈取会减少,从而净资产减少的速率更快. 这样一来,公司的净资产最终减少到零,以致倒闭.

下面建立微分方程以精确地分析这一问题.

(1) 由以上分析有

净资产的增长速率 = 利息盈取的速率 − 工资支付速率

若 $W$ 以万元为单位,$t$ 以年为单位,则利息盈取的速率为每个 $0.05W$ 万元,而工资支付的速率为每年 200 万元,于是

$$\frac{dW}{dt} = 0.05W - 200,$$

即

$$\frac{dW}{dt} = 0.05(W - 4000), \tag{4-18}$$

这就是公司的净资产 $W$ 所满足的微分方程.

(2) 利用分离变量法求解微分方程(4 - 18) 得

$W = 4000 + ce^{0.05t}$,($c$ 为任意常数)

由 $W|_{t=0} = W_0$,得 $c = W_0 - 4000$,

故　$W = 4000 + (W_0 - 4000)e^{0.05t}$.

(3) 若 $W_0 = 4000$,则 $W = 4000$ 即为平衡解;

若 $W_0 = 5000$,则 $W = 4000 + 1000e^{0.05t}$;

若 $W_0 = 3000$,则 $W = 4000 - 1000e^{0.05t}$.

在 $W_0 = 3000$ 的情形,当 $t \approx 27.7$ 时,$W = 0$,这意味着该公司在28年后将破产.

图4-2给出了上述几个函数的曲线. $W = 4000$ 是一个平衡解. 可以看到,如果净资产在 $W_0$ 附近某值开始,但并不等于4000(万元),那么随着 $t$ 的增大,$W$ 将远离 $W_0$,故 $W = 4000$ 是一个不稳定的平衡点.

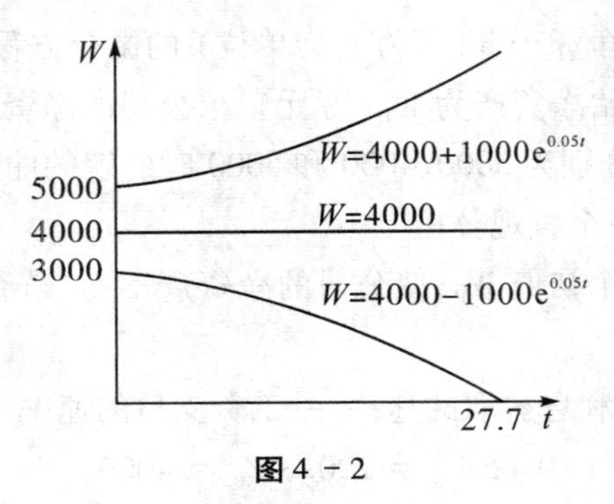


图4-2

**例16**　(有限销量增长问题) 假设某产品的销售量 $x(t)$ 是时间 $t$ 的可导函数,如果商品的销售量对时间的增速率 $\frac{dx}{dt}$ 与销售量 $x(t)$ 及销售量接近于饱和水平的程度 $N - x(t)$ 之积成正比($N$ 为饱和水平,比例常数为 $k > 0$),且当 $t = 0$ 时,$x = \frac{N}{4}$.

(1) 求销售量 $x(t)$;

(2) 求 $x(t)$ 的增长最快的时刻 $T$.

**解**　(1) 由题意可知

$$\frac{dx}{dt} = kx(N - x),(k > 0) \tag{4-19}$$

分离变量,得

$$\frac{dx}{x(N - x)} = k dt$$

两边积分,得

$$\frac{x}{N - x} = ce^{kt}$$

所以,有

$$x(t)=\frac{Nce^{Nkt}}{ce^{Nkt}+1}=\frac{N}{1+Be^{-Nkt}} \tag{4-20}$$

其中 $B=\frac{1}{c}$,由 $x(0)=\frac{N}{4}$ 得,$B=3$,故

$$x(t)=\frac{N}{1+3e^{-Nkt}};$$

(2) 由于

$$\frac{\mathrm{d}x}{\mathrm{d}t}=\frac{3N^2ke^{-Nkt}}{(1+3e^{-Nkt})^2},$$

$$\frac{\mathrm{d}^2x}{\mathrm{d}t^2}=\frac{-3N^3k^2e^{-Nkt}(1-3e^{Nkt})}{(1+3e^{-Nkt})^3},$$

令 $\frac{\mathrm{d}^2x}{\mathrm{d}t^2}=0$,得 $T=\frac{\ln 3}{N}$.

当 $t<T$ 时,$\frac{\mathrm{d}^2x}{\mathrm{d}t^2}>0$;当 $t>T$ 时,$\frac{\mathrm{d}^2x}{\mathrm{d}t^2}<0$;故 $T=\frac{\ln 3}{N}$ 时,$x(t)$ 增长最快.

微分方程(4 - 19)称为 *Logisitc* 方程,也就是有限增长模型. 它广泛应用于人口限制增长问题、生物种群限制增长、信息传播问题、商品的广告效应与商品销售预测问题等各个领域. 其解曲线(4 - 20)称为 *Logisitc* 曲线,如图 4 - 3 所示.

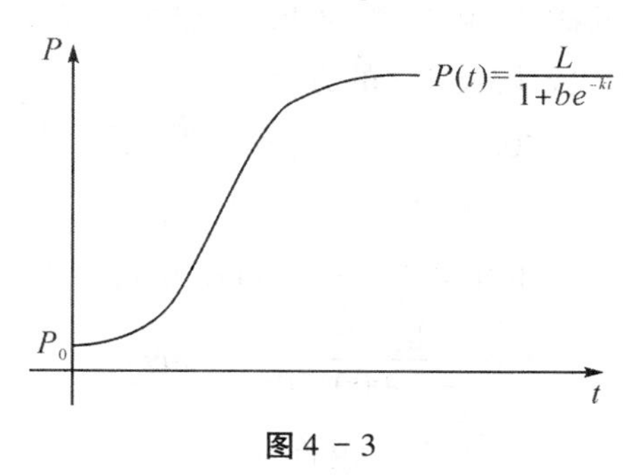


**图 4 - 3**

**五、应用:衰减**

在种群增长方程 $\frac{\mathrm{d}P}{\mathrm{d}t}=kP$ 中,常数 $k$ 实际上可表示成

$$k=(\text{出生率})-(\text{死亡率}).$$

于是,只有当出生率大于死亡率时,种群才会增长. 当出生率小于死亡率时,$k$ 是负数,种群会减少或衰减,减少的速度与种群的数量成比例. 为了计算上的便利,用 $-k$ 表示负值,此处 $k>0$. 方程

$$\frac{\mathrm{d}P}{\mathrm{d}t}=-kP,k>0$$

表明 $P$ 是时间的递减函数,它的解为

$$P(t) = P_0 e^{-kt},$$

这说明$P$是按指数递减的，称其为指数衰减. 此处$P_0$仍然是$t=0$时$P$的值. 其中$k$称为衰减率. 我们把衰减一半所需要的时间$T$称为半衰期.

由$P(t) = P_0 e^{-kt}$可以知道，衰减率$k$与半衰期$T$的关系为

$$kT = \ln 2 \approx 0.691347,$$

或

$$k = \frac{\ln 2}{T} \approx \frac{0.691347}{T},$$

$$T = \frac{\ln 2}{k} \approx \frac{0.691347}{k}.$$

**例 17** （碳定年代方法）放射性元素碳 14 的半衰期是 5750 年. 残留在植物和动物中的碳 14 的百分比可用来确定它们的年代. 考古学家发现一个死海古卷的亚麻布包装已经衰变掉了 22.3% 的碳 14. 这个亚麻布的包装有多久了？

**解** （1）求衰减率$k$：

$$k = \frac{\ln 2}{T} \approx \frac{0.691347}{5750} \approx 0.0001205,$$

（2）设初始值为$P_0$，$t$年后残留为$P(t)$，则

$$P(t) = P_0 e^{-0.0001205t}.$$

（3）如果死海古卷的碳 14 由最初的$P_0$衰变掉了 22.3%，则现在的碳 14 是 77.7%$P_0$. 为了求古卷年代$t$，解关于$t$的方程：

$$0.777P_0 = P_0 e^{-0.0001205t},$$

$$0.777 = e^{-0.0001205?t},$$

$$\ln 0.777 = -0.0001205t,$$

$$t = \frac{\ln 0.777}{-0.0001205} \approx 2094.$$

于是，死海古卷的亚麻布包装大约已有 2094 年.

**例 18** （现值问题）小孩出生之后，父母拿出$P_0$元作为初始投资，希望到孩子 20 岁生日时增长到 10000 元. 如果投资按 8% 永续复利，计算始投资应该是多少？

**解** 利用方程$P(t) = P_0 e^{kt}$，求$P_0$. 的方程是

$$10000 = P_0 e^{0.08\times 20} = P_0 e^{1.6},$$

由此得到

$$P_0 = \frac{10000}{e^{1.6}} \approx 2018.97(\text{元}).$$

于是，父母现在必须存储 2018.97 元，到孩子 20 岁生日时才能增长到 10000 元.

经济学家把 2018.97 称为按 8% 永续复利计算 20 年到期 10000 元的现值. 计算现值的过程称为贴现. 这个问题的另一种表达方式是，“按 8% 永续复利计算，现在必须投资多少元才能在 20 年后结存 10000 元？” 答案是 2018.97 元，这就是 10000 元

的现值.

计算现值可以理解为从未来值返回到现值的指数衰减.

一般地,$t$ 年后金额 $P$ 的现值 $P_0$ 可通过下列关于 $P_0$ 的方程得到

$$P_0 e^{kt} = P,$$

$$P_0 = Pe^{-kt}.$$

**例 19** (需求分析问题)某商品的需求量 $Q$ 对价格 $p$ 的弹性为 $-p\ln 3$,若该商品的最大需求量为1200(即 $p=0$ 时,$Q=1200$).$p$ 的单位为元,$Q$ 的单位为 $kg$.

(1)试求需求量 $Q$ 与价格 $p$ 的函数关系;

(2)求当价格为1元时,市场对该商品的需求量;

(3)当 $p\to+\infty$时,需求量变化趋势如何?

**解** (1)由条件可知

$$\frac{p}{Q}\cdot\frac{\mathrm{d}Q}{\mathrm{d}p} = -p\ln 3,$$

即 $\dfrac{\mathrm{d}Q}{\mathrm{d}p} = -Q\ln 3,$

分离变量并求解此微分方程,得

$$\frac{\mathrm{d}Q}{Q} = -(\ln 3)\mathrm{d}p,$$

$$Q = ce^{-p\ln 3},(c\text{ 为任意常数})$$

由 $Q|_{p=0} = 1200$,得 $c = 1200$,

$$Q = 1200\times 3^{-p}.$$

(2)当 $p=1$ 元时,$Q = 1200\times 3^{-1} = 400kg$.

(3)显然,$p\to+\infty$时,$Q\to 0$,即随着价格的无限增大,需求量将趋于零.

**例 20** (价格变化分析问题)设某商品的需要函数与供给函数分别为 $Q_d = a-bp$,$Q_s=-c+dp$,其中 $a,b,c,d$ 均为正的常数.假设商品价格 $p$ 为时间 $t$ 的函数,已知初始价格 $p(0)=p_0$,且在任一时刻 $t$,价格 $p(t)$ 的变化率总与这一时刻的超额需求 $Q_d-Q_s$ 成正比(比例常数为 $k>0$).

(1)求供需平衡时的价格 $p_e$(均衡价格);

(2)求价格 $p(t)$ 的表达式;

(3)分析价格 $p(t)$ 随时间的变化情况.

**解** (1)由 $Q_d=Q_s$,得 $p_e=\dfrac{a+c}{b+d}$;

(2)由题意可知

$$\frac{\mathrm{d}p}{\mathrm{d}t} = k(Q_d-Q_s),(k>0)$$

将 $Q_d=a-bp$,$Q_s=-c+dp$ 代入上式,得

$$\frac{dp}{dt} + k(b+d)p = k(a+c)$$

解此一阶线性非齐次微分方程，得通解为

$$p(t) = Me^{-k(b+d)t} + \frac{a+c}{b+d}$$

由 $p(0) = p_0$，得

$$M = p_0 - \frac{a+c}{b+d} = p_0 - p_e$$

则有

$$p(t) = (p_0 - p_e)e^{-k(b+d)t} + p_e$$

(3) 由于 $p_0 - p_e$ 为常数，$k(b+d) > 0$，故当 $t \to +\infty$ 时，

$$(p_0 - p_e)e^{-k(b+d)t} \to 0,$$

从而 $p(t) \to p_e$（均衡价格）.

由 $p_0$ 与 $p_e$ 的大小还可分为三种情况进一步讨论（见图 4－4）：

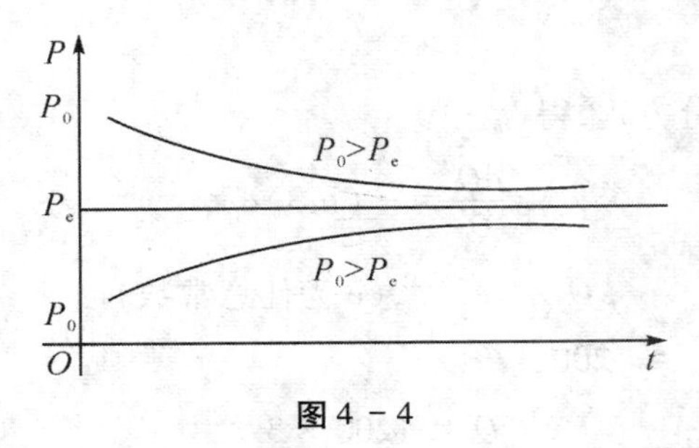


图 4－4

(a) 若 $p_0 = p_e$，则 $p(t) = p_e$，即价格为常数，市场无需调节即达到均衡；

(b) 若 $p_0 > p_e$，因为 $(p_0 - p_e)e^{-k(b+d)t}$ 总是大于零且趋于零，故 $p(t)$ 总是大于 $p_e$ 而趋于 $p_e$；

(c) 若 $p_0 < p_e$，则 $p(t)$ 总是小于 $p_e$ 而趋于 $p_e$.

由以上讨论可知，价格 $p(t)$ 的表达式中的 $(p_0 - p_e)e^{-k(b+d)t}$ 可理解为均衡偏差.

**牛顿冷却定律**　冷却物的温度 $T$ 的变化率与差 $T - C$ 成比例，此处 $C$ 是周围介质的恒定温度. 因此

$$\frac{dT}{dt} = -k(T - C). \tag{4-21}$$

满足方程(4－21)的函数是

$$T = T(t) = ae^{-kt} + C. \tag{4-22}$$

**例 21**　（生命科学问题）警察发现了一具尸体. 为了破案急需确定谋杀的时间. 警察打电话给法医，法医在正午 12 点到达. 她立刻测得尸体的体温是华氏 94.6 度. 1 小时间后再测一次体温，是华氏 93.4 度. 她也记录下室内温度是华氏 70 度. 谋杀案是何时发生的?

**解** 首先求方程 $T(t)=ae^{-kt}+C$ 中的 $a$. 假设谋杀案发生时尸体的体温是正常,则当 $t=0$ 时,$T=98.6$ 度. 于是,

$$98.6=ae^{-k\times 0}+70,$$

由此得到

$$a=28.6.$$

因此,$T(t)=28.6e^{-kt}+70$.

为了求出谋杀案发生后已经过去的小时数 $N$,由法医测出的两个体温数得到:

$$94.6=28.6e^{-kN}+70;$$

$$93.4=28.6e^{-k(N+1)}+70.$$

由上面两个式子可解得 $k\approx 0.05$,$N\approx 3$.

由于法医在正午 12 点到达,所以谋杀案大约发生在上午 9 点左右.

**例 22** (成本分析问题)某商场的销售成本 $y$ 和存贮费用 $S$ 均是时间 $t$ 的函数,随时间 $t$ 的增长,销售成本的变化率等于存贮费用的倒数与常数 5 的和,而存贮引用的变化率为存贮费用的$\left(-\frac{1}{3}\right)$倍. 若当 $t=0$ 时,销售成本 $y=0$,存贮费用 $S=10$. 试求销售成本 $y$ 与时间 $t$ 的函数关系式及存贮费用 $S$ 与时间 $t$ 的函数关系式.

**解** 由已知,得

$$\frac{dy}{dt}=\frac{1}{S}+5 \qquad (4-23)$$

$$\frac{dS}{dt}=-\frac{1}{3}S \qquad (4-24)$$

解微分方程(4-24),得 $S=ce^{-\frac{1}{3}t}$,由 $S|_{t=0}=10$,得 $c=10$,故存贮费用 $S$ 与时间 $t$ 的关系式为

$$S=10e^{-\frac{1}{3}t},$$

将上式代入微分方程(4-23),得$\frac{dy}{dt}=\frac{1}{10}e^{\frac{1}{3}t}+5$,从而

$$y=\frac{3}{10}e^{\frac{1}{3}t}+5t+c_1,$$

由 $y|_{t=0}=0$,得 $c_1=-\frac{3}{10}$,从而销售成本 $y$ 与时间 $t$ 的关系式为

$$y=\frac{3}{10}e^{\frac{1}{3}t}+5t-\frac{3}{10}.$$

从上述微分方程在经济领域的应用例子可以看出,在研究各经济变量之间的联系及其内在规律时,常需要建立某一经济函数及其导数所满足的关系式,并由此确定所研究函数的形式,从而根据一些已知的条件来确定该函数的表达式. 从数学上讲,就是建立微分方程并求解微分方程.

## 习题4－2

1. 求下列微分方程的通解：

(1) $y'=\frac{y^3}{x^3}$；

(2) $xydx+(1+x^2)dy=0$；

(3) $ye^{x+y}dy=dx$；

(4) $y\ln xdx+x\ln ydy=0$；

(5) $y'=1-x+y^2-xy^2$；

(6) $y'=\sqrt{\frac{1-y^2}{1-x^2}}$；

(7) $y'-xy'=a(y^2+y')$；

(8) $\sec^2x\tan ydx+\sec^2y\tan xdy=0$；

(9) $\frac{dy}{dx}=10^{x+y}$；

(10) $(e^{x+y}-e^y)dx+(e^{x+y}+e^y)dy=0$；

(11) $\cos x\sin ydx+\sin\cos ydy=0$；

(12) $(y+1)^2\frac{dy}{dx}+x^3=0$.

2. 求下列方程满足初始条件的特解：

(1) $y'\sin x=y\ln y, y|_{x=\frac{\pi}{2}}=e$；

(2) $(1+e^x)yy'=e^x, y|_{x=1}=1$；

(3) $y'=e^{2x-y}, y|_{x=0}=0$；

(4) $\frac{x}{1+y}dx-\frac{y}{1+y}dy=0, y|_{x=0}=1$；

(5) $\cos ydx+(1+e^{-x})\sin ydy=0, y|_{x=0}=\frac{\pi}{4}$；

(6) $xdy+2ydx=1, y|_{x=2}=1$.

3. 求下列微分方程的通解：

(1) $xy'-x\sin\frac{y}{x}-y=0$；

(2) $(x+y)y'+(x-y)=0$；

(3) $y'=\frac{y}{y-x}$；

(4) $xy'+y=2\sqrt{xy}$；

(5) $xy'=y\ln\frac{y}{x}$；

(6) $\frac{dy}{dx}=e^{\frac{y}{x}}+\frac{y}{x}$；

(7) $(x^2+y^2)dx-xydy=0$；

(8) $x^2ydy-(x^3+y^3)dx=0$.

4. 求下列方程满足初始条件的特解：

(1) $y'=\frac{x}{y}+\frac{y}{x}, y|_{x=-1}=2$；

(2) $(x^2+2xy-y^2)dx+(y^2+2xy-x^2)dy=0, y(1)=1$；

(3) $(y^2-3x^2)dy+2xydx=0, y(0)=1$.

5. 求下列微分方程的通解：

(1) $y'-3xy=2x$；

(2) $y'+\frac{2}{x}y=\frac{e^{-x^2}}{x}$；

(3) $(1+x^2)dy-2xydx=(1+x^2)dx$;

(4) $2ydx+(y^2-6x)dy=0$;　　(5) $y'=xe^{-x^2}-2xy$;

(6) $\frac{dy}{dx}+y=e^{-x}$;　　(7) $y'+y\cos x=e^{-\sin x}$;

(8) $y'+y\tan x=\sin 2x$;　　(9) $y\ln y dx+(x-\ln y)dy=0$;

(10) $(y^2-6x)\frac{dy}{dx}+2y=0$.

6. 求下列方程满足初始条件的特解：

(1) $y'-y=\cos x, y|_{x=0}=0$;　　(2) $y'-\frac{2}{1-x^2}y-x-1=0, y|_{x=0}=0$;

(3) $y'+\frac{y}{x}=\frac{\sin x}{x}, y(\pi)=1$;　　(4) $xy'+y=e^x, y|_{x=a}=6$;

(5) $\frac{dy}{dx}-y\tan x=\sec x, y|_{x=0}=0$;　　(6) $\frac{dy}{dx}+\frac{2-3x^2}{x^3}y=1, y|_{x=1}=0$.

7. 某比萨饼公司的特许经营店遍布全国. 首席执行官估计，特许经营店的数目 $N$ 将以每年 15% 的速度增加，也就是说，$\frac{dN}{dt}=0.15N$.

(1) 求满足方程的函数 $N(t)$. 假设在 $t=0$ 时特许经营店的数目是 40；

(2) 在 20 年中将会有多少个特许经营店？

(3) 经过多长时间初始 40 个特许经营店将扩充到两倍？

8. 假设投入资金 $P_0$ 到储蓄中，每年的永续复利为 6.5%. 因此，结存 $P$ 的增长率为 $\frac{dP}{dt}=0.065P$.

(1) 求满足方程的函数，通过 $P_0$ 和 0.065 表示；

(2) 假设投资 10000 美元，1 年后的结存是多少？

(3) 10000 美元的投资何时能翻一番？

9. 一家银行广告宣称，它实行的是永续复利，10 年后你的本金将翻一番. 试问它的年利率是多少？

10. 2002 年至 2005 年间，中国石油需求的增长率是每年 10%，假设石油需求的增长遵循指数模型. 试问何时需求量是 2005 年的两倍？

11. 凡高油画"鸢尾花"1947 年报价是 84000 美元，但是到了 1987 年重新报价就是 53900000 美元了. 假设它遵循指数模型.

(1) 求增长率 $k$ 的值（$V_0=84000$），写出这个函数；

(2) 该油画价值的倍增时间是多少？

(3) 从 1947 年算起多少年后该油画的价值是 10 亿美元？

12. 荷兰西印度公司的 *Peter Minuit* 1626 年以 24 美元购买了印第安人的曼哈顿岛. 假设美元的通货膨胀率是 8%，到了 2010 年曼哈顿岛的价值是多少？

13. 某公司在一个城市宣传一种新产品. 它们在电视上做产品广告，发现广告播

出 $t$ 次后去购买该产品的人所占百分比满足函数 $P(t)=\dfrac{100\%}{1+49e^{-0.13t}}$.

(1) 没有做广告($t=0$) 时购买该产品的人所占百分比是多少?

(2) 广告播放5次、10次、20次、30次、50次、60次后购买该产品的人所占百分比分别是多少?

(3) 求变化率 $P'(t)$;

(4) 描绘函数的图形.

14. 一艘载有1000名乘客的船舶失事被困在一个小岛上,乘客在岛上孤立无援.岛上的自然资源使得人口增长限制在极限值5780人,人口数量正越来越接近这个数字,但从未达到这个数字.在 $t$ 年后岛上人口数量由逻辑斯蒂方程

$$P(t)=\frac{5780}{1+4.78e^{-0.4t}}$$

给出.

(1) 分别求在0年、1年、2年、5年、10年、20年的人口数量;

(2) 求变化率 $P'(t)$;

(3) 描绘函数的图形.

15. 小孩出生之后,父母拿出 $P_0$ 美元作为初始投资,希望到孩子20岁生日时增长到50000美元.如图4-5所示.

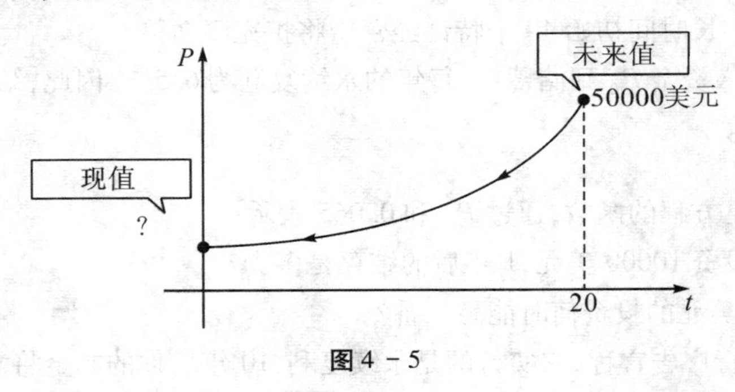


图4-5

如果投资按6%的永续复利计算,初始投资应该是多少?

16. 某企业评估一台机器 $t$ 年后的残值 $V$(如图4-6所示)为

$$V(t)=40000e^{-t}\text{(美元)}.$$

(1) 机器的初始价格是多少?

(2)2年后的残值是多少?

*(3) 求残值的变化率并解释其意义.

17. 某人得知,一个信托基金在13年后将有80 000美元的收益.一个会计师正在为这个客户准备财务报表,在计算客户的资本净值时需要知道信托基金的现值.已知利息按8.3%永续复利.试问信托基金的现值是多少?

18. 碘125常用来治疗癌症.它的半衰期是60.1天.假设储存器中的碘125样本

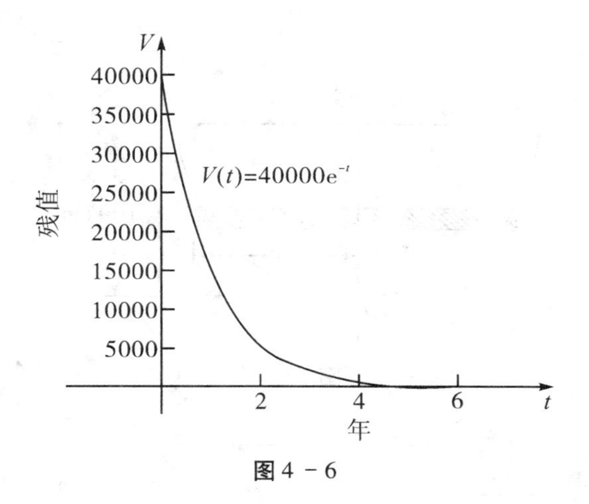


图 4 - 6

的数量已经减少了 25%. 样本已经存放了多长时间?

19. 光线穿过海水的吸收系数 $\mu = 1.4$. $x$ 是被测得的深度,单位为米.

(1) 在海水深度为 1 米、2 米、3 米处光线亮度是初始亮度 $I_0$ 的百分之多少?

(2) 植物在10 米之下不能够生存. 在10 米深处光线亮度是初始亮度 $I_0$ 的百分之多少?

20. 法医在凌晨2 点到达谋杀案现场. 他测得尸体的体温是61.6°. 1 小时后,再测量尸体体温是57.2°,尸体是在一个温度为10° 的肉类冰库中发现的. 谋杀案是在何时发生的?

21. 人造卫星的电源是由放射性同位素提供的. 电源输出 $P$(瓦特) 的递减率与放射性同位素即时的数量成比例. $P$ 由 $P = 5e^{-0.004t}$ 确定,其中 $t$ 是时间,单位是天.

(1)375 天后还有多少电源可提供?

(2) 电源的半衰期是多少?

(3) 当电源少于 10 瓦特时人造卫星的设备不能运转,多长时间后卫星将停止运行?

(4) 初始时人造卫星的电源是多少?

*(5) 求电源的变化率,并解释其意义.

[问题探究]

### 问题一:水面高度随时间 $t$ 变化的规律

有高为 1$m$ 的半球形容器,水从它的底部小孔流出,小孔横截面积为 1$cm^2$(图 4 -7). 开始时容器内盛满了水,求水从小孔流出过程中容器里水面高度 $h$(水面与孔口中心间的距离) 随时间 $t$ 变化的规律.

### 问题二:液体混合问题

容器中(图 4 - 8) 装有物质 $A$ 的流体,设 $t = 0$ 时流体的体积为 $V_0$,物质 $A$ 的质量为 $x_0$. 今以速度 $v_2$(单位时间的流量) 放出流体,而同时又以速度 $v_1$ 注入浓度为 $c_1$ 的流体. 求在 $t$ 时刻容器物质 $A$ 的质量及流体的浓度.

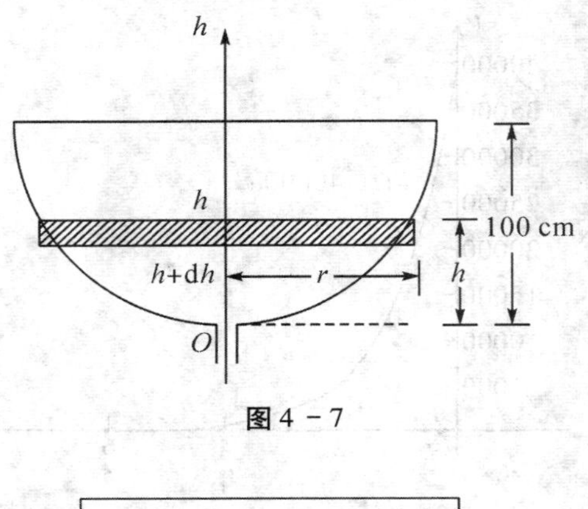


图4－7

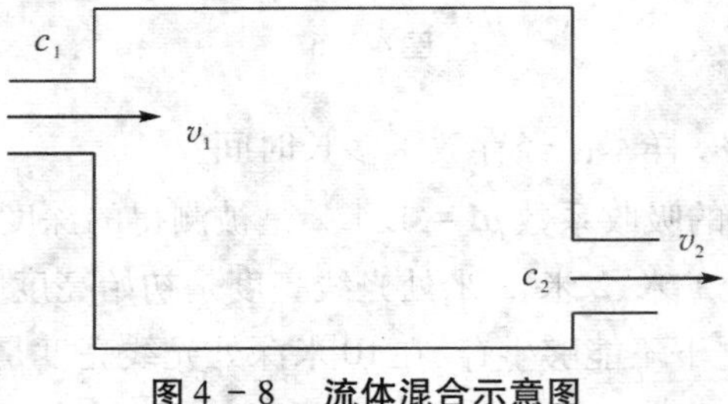


图4－8　流体混合示意图

# 第三节　二阶微分方程

对一般的二阶微分方程没有普遍的解法，本节仅就比较简单而特殊的情形进行讨论.

## 一、形如 $y'' = f(x)$ 的二阶微分方程

在方程 $y'' = f(x)$ 两端积分，得

$$y' = \int f(x)\mathrm{d}x + C_1$$

再次积分，得

$$y = \int\left[\int f(x)\mathrm{d}x + C_1\right]\mathrm{d}x + C_2$$

**注意**　这种类型的方程的解法，可推广到 $n$ 阶微分方程

$$y^{(n)} = f(x),$$

只要连续积分 $n$ 次，就可得这个方程的含有 $n$ 个独立任意常数的通解.

**例1**　求方程 $y'' = e^{2x} - \cos x$ 满足 $y(0) = 0, y'(0) = 1$ 的特解.

**解**　对所给方程连续积分二次，得

$$y' = \frac{1}{2}e^{2x} - \sin x + C_1 \tag{1}$$

$$y = \frac{1}{4}e^{2x} + \cos x + C_1x + C_2 \tag{2}$$

在(1)中代入条件$y'(0) = 1$,得$C_1 = \frac{1}{2}$,在(2)中代入条件$y(0) = 0$,得$C_2 = -\frac{5}{4}$,从而所求方程的特解为

$$y = \frac{1}{4}e^{2x} + \cos x + \frac{1}{2}x - \frac{5}{4}.$$

## 二、二阶线性微分方程解的结构

二阶线性微分方程的一般形式为

$$y'' + p(x)y'' + q(x)y = f(x), \tag{4-25}$$

当$f(x) \equiv 0$时,方程(4-25)变为

$$y'' + p(x)y'' + q(x)y = 0, \tag{4-26}$$

称方程(4-26)为二阶线性齐次微分方程,当$f(x) \neq 0$时,称方程(4-25)为二阶线性非齐次微分方程.

**定理1　如果函数$y_1(x)$和$y_2(x)$是方程(4-26)的两个解,那么**

$$y = c_1y_1(x) + c_2y_2(x) \tag{4-27}$$

**也是方程(4-26)的解,其中$c_1$、$c_2$是任意常数.**

定理1的证明很简单,请读者自己去完成.

线性齐次方程的这个性质表明它的解符合叠加原理.

从形式上看,(4-27)中含有两个任意常数,但它不一定是方程(4-26)的通解. 例如,设$y_1(x)$是方程(4-26)的一个解,$y_2(x) = 2y_1(x)$也是(4-26)的解,这时$y = c_1y_1(x) + c_2y_2(x) = (c_1 + 2c_2)y_1(x)$,可以把它改写成$y = cy_1(x)$,其中$c = c_1 + 2c_2$. 这显然不是(4-26)的通解.

要使(4-27)式是方程(4-26)的通解,必须保证(4-27)中的两个常数不能通过运算合并成一个常数,要保证这一点,必须要有$\frac{y_1(x)}{y_2(x)} \neq$常数. 当两个函数$y_1(x)$和$y_2(x)$满足$\frac{y_1(x)}{y_2(x)} \neq$常数时,我们称函数$y_1(x)$和$y_2(x)$线性无关.

**定理2　如果函数$y_1(x)$和$y_2(x)$是方程(4-26)的两个线性无关的特解,那么**

$$y = c_1y_1(x) + c_2y_2(x)\ (c_1、c_2\text{是任意常数})$$

**就是方程(4-26)的通解.**

定理2告诉我们,要求二阶线性齐次微分方程(4-26)的通解,只需找到方程的两个线性无关的特解,利用定理2的结论即可构造出方程(4-26)的通解.

例如,可以验证,$y_1(x) = \sin x$和$y_2(x) = \cos x$都是方程$y'' + y = 0$的解,且$\frac{y_1(x)}{y_2(x)} = \frac{\sin x}{\cos x} = \tan x \neq$常数,即$y_1(x)$和$y_2(x)$线性无关,所以方程$y'' + y = 0$的通

解为

$$y = c_1\sin x + c_2\cos x,(c_1、c_2 \text{是任意常数}).$$

如果方程(4-25)和(4-26)左端完全相同,我们称方程(4-26)是线性非齐次微分方程(4-25)对应的线性齐次微分方程.

**定理3　设$y_1(x)$和$y_2(x)$是方程(4-26)的两个线性无关的特解,$y^*(x)$是方程(4-25)的一个特解,那么**

$$y = c_1y_1(x) + c_2y_2(x) + y^*(x)\ (c_1、c_2 \text{是任意常数})$$

**就是线性非齐次微分方程(4-25)的通解.**

定理3表明,要求一个二阶线性非齐次微分方程(4-25)的通解,只需找出它对应的线性齐次微分方程(4-26)的两个线性无关的特解和方程(4-25)的一个特解,根据定理3的结论即可构造出(4-25)的通解.

例如,方程$y'' + y = x^2$是一个二阶线性非齐次微分方程.已知$y_1(x) = \sin x$和$y_2(x) = \cos x$是它对应的齐次方程$y'' + y = 0$的两个线性无关的特解,又容易验证$y^*(x) = x^2 - 2$是所给方程的一个特解,于是,方程$y'' + y = x^2$的通解为

$$y = c_1\sin x + c_2\cos x + x^2 - 2,(c_1、c_2 \text{是任意常数}).$$

**定理4　设线性非齐次方程(4-25)的右端$f(x)$是几个函数之和,如**

$$y'' + p(x)y' + q(x)y = f_1(x) + f_2(x) \qquad (4-28)$$

**而$y_1^*(x)$与$y_2^*(x)$分别是方程**

$$y'' + p(x)y' + q(x)y = f_1(x)$$

**与**

$$y'' + p(x)y' + q(x)y = f_2(x)$$

**的特解,那么$y_1^*(x) + y_2^*(x)$就是原方程(4-28)的特解.**

这一定理通常称为线性非齐次微分方程的解的叠加原理.定理3与定理4读者自行验证.

### 三、二阶常系数线性齐次方程的解法

当方程(4-26)中的$p(x)$、$q(x)$都是常数的时候,我们称方程

$$y'' + py' + qy = 0 \qquad (4-29)$$

为二阶常系数线性齐次微分方程.

对于方程(4-29),由于方程右端为零,而左端是$y''$、$py'$和$qy$之和.如果有函数$y(x) \neq 0$是方程的解,则$y(x)$与$y'(x)$及$y''(x)$都是常数倍的关系.什么样的函数具有这样的特点呢?在我们学过的初等函数中,自然想到指数函数$e^{rx}$,$r$为常数.令$y = e^{rx}$,将它代入方程(4-29),得到

$$(r^2 + pr + q)e^{rx} = 0$$

因为$e^{rx} \neq 0$,要上式成立,显然必须

$$r^2 + pr + q = 0. \qquad (4-30)$$

方程(4－30)是$r$的二次代数方程,若某个$r$满足方程(4－30),则$y = e^{rx}$就是方程(4－29)的一个解.

因此,我们称代数方程(4－30)为微分方程(4－29)的**特征方程**,称特征方程的根为**特征根**.因为特征方程(4－30)是二次的,它有两个根,记为$r_1, r_2$,且

$$r_1 = \frac{-p+\sqrt{q^2-4p}}{2}, r_2 = \frac{-p-\sqrt{q^2-4p}}{2}.$$

具体求方程(4－29)的通解时,要根据两个特征根$r_1$与$r_2$是相异实根、重根或共轭复数根三种情形分别讨论.

**(1)相异实根**

当$q^2-4p>0$时,特征方程(4－30)有两个相异实根$r_1 \neq r_2$,这时方程(4－29)有两个特解$y_1 = e^{r_1x}$和$y_2 = e^{r_2x}$,由于$\frac{y_1}{y_2} = e^{(r_1-r_2)x} \neq$常数,所以方程(4－29)的通解为

$$y = c_1e^{r_1x} + c_2e^{r_2x},(c_1、c_2\text{为任意常数}).$$

**例2** 求方程$y''-2y'-3y=0$的通解.

**解** 所给微分方程的特征方程为$r^2-2r-3=0$,其根$r_1=-1, r_2=3$是两个不相等的实根,因此所求通解为$y = C_1e^{-x}+C_2e^{3x}$.

**(2)重根**

当$q^2-4p=0$时,特征方程(4－30)有两个相等的实根$r_1=r_2$,这时方程(4－29)有特解$y_1=e^{r_1x}$.可以验证$y_2=xe^{r_1x}$也是方程(4－29)的一个解,且与$y_1=e^{r_1x}$线性无关.所以方程(4－29)的通解为

$$y = c_1e^{r_1x}+c_2xe^{r_1x} = (c_1+c_2x)e^{r_1x},(c_1、c_2\text{为任意常数}).$$

**例3** 求方程$y''+6y'+9y=0$的通解.

**解** 特征方程为$r^2+6r+9=0$,解得$r_1=r_2=-3$,故所求通解为$y=(C_1+C_2x)e^{-3x}$.

**(3)共轭复根**

当$q^2-4p<0$时,特征方程(4－30)有一对共轭复根

$$r_1 = \alpha + i\beta, r_2 = \alpha - i\beta.$$

其中$\alpha = -\frac{p}{2}, \beta = \frac{\sqrt{4p-q^2}}{2}, i = \sqrt{-1}$(虚数单位).

此时,可以验证$y_1 = e^{\alpha x}\cos\beta x$和$y_2 = e^{\alpha x}\sin\beta x$是方程(4－29)的两个线性无关的特解.所以方程(4－29)的通解为

$$y = e^{\alpha x}(c_1\cos\beta x + c_2\sin\beta x),(c_1、c_2\text{为任意常数}).$$

**例4** 求方程$y''+2y'+5y=0$的通解.

**解** 特征方程为$r^2+2r+5=0$,解得$r_1=-1+2i, r_2=-1-2i$,故所求通解为

$$y = e^{-x}(C_1\cos 2x + C_2\sin 2x).$$

现将二阶常系数线性齐次微分方程 $y'' + py' + qy = 0$ 的通解的形式列表如表 4 - 1 所示：

表 4 - 1

| 特征方程 $r^2 + pr + q = 0$ 根的判别式 | 特征方程 $r^2 + pr + q = 0$ 的根 | 微分方程 $y'' + py' + qy = 0$ 的通解 |
|---|---|---|
| $q^2 - 4p > 0$ | $r_1 \neq r_2$ | $y = c_1 e^{r_1 x} + c_2 e^{r_2 x}$ |
| $q^2 - 4p = 0$ | $r_1 = r_2 = \frac{-p}{2}$ | $y = (c_1 + c_2 x)e^{r_1 x}$ |
| $q^2 - 4p < 0$ | $r_1 = \alpha + i\beta, r_2 = \alpha - i\beta$ | $y = e^{\alpha x}(c_1\cos\beta x + c_2\sin\beta x)$ |

这种求解二阶常系数线性齐次微分方程的方法称为特征方程法. 对于 $n$ 阶常系数线性齐次微分方程,有类似的方法.

**四、二阶常系数线性非齐次方程的求解问题**

当方程(4 - 25) 中的 $p(x)$、$q(x)$ 都是常数的时候,我们称方程

$$y'' + py' + qy = f(x) \tag{4-31}$$

为二阶常系数线性非齐次微分方程. 称为(4 - 29) 是与方程(4 - 31) 对应的线性齐次方程. 称 $f(x)$ 为自由项.

定理 3 已经告诉我们该如何求方程(4 - 31) 的通解：

(1) 求出与它对应的方程(4 - 29) 的通解；

(2) 求出(4 - 31) 的一个特解.

再把这两部分加起来就是(4 - 31) 的通解.

第一个问题我们已经解了,下面我们介绍一种求二阶常系数线性非齐次微分方程(4 - 31) 的一个特解的简单方法 —— 待定系数法. 这种方法虽然不是普遍适用的,但却能解决不少生产实践中的问题,具有重要意义.

这种方法主要是利用了下列三条简单的导数法则：

(1) 一个 $n$ 次多项式的导数是 $n - 1$ 次多项式；

(2) 指数函数的导数仍为指数函数：$(e^{rx})' = re^{rx}$；

(3) $(\sin ax)' = a\cos ax, (\cos ax)' = -a\sin ax$.

下面通过一系列的例子来说明如何求一个二阶常系数线性非齐次微分方程的特解.

**例 5**　求方程 $y'' - 5y' + 6y = x^2 + 1$ 的一个特解 $y^*(x)$.

**解**　因为方程右端是一个二次多项式,所以方程有一个多项式特解,方程左端

的最高次多项式与右端的多项式次数相等. 所以,设 $y^*(x)=ax^2+bx+c$,则有

$$y^{*\prime}(x)=2ax+b,\ y^{*\prime\prime}(x)=2a,$$

将 $y^*(x)$ 及其一阶、二阶导数代入原方可得

$$2a-5(2ax+b)+6(ax^2+bx+c)=x^2+1,$$

$$6ax^2+(6b-10a)x+2a-5b+6c=x^2+1,$$

于是有

$$\begin{cases}6a=1\\6b-10a=0\\2a-5b+6c=1\end{cases}\Rightarrow\begin{cases}a=\dfrac{1}{6}\\b=\dfrac{5}{18}\\c=\dfrac{37}{108}\end{cases},$$

所以 $y^*(x)=\dfrac{1}{6}x^2+\dfrac{5}{18}x+\dfrac{37}{108}$.

**例 6** 求方程 $y''-5y'=x^2+1$ 的一个特解 $y^*(x)$.

**解** 因为方程右端是一个二次多项式,所以方程有一个多项式特解,方程左端没有未知函数,只有未知函数的一阶和二阶导数,因此,多项式特解是一个三次多项式,且常数项可以是任意值. 于是,设 $y^*(x)=x(ax^2+bx+c)$,则有

$$y^{*\prime}(x)=3ax^2+2bx+c,\ y^{*\prime\prime}(x)=6ax+2b,$$

将 $y^*(x)$ 及其一阶、二阶导数代入原方程,可得

$$6ax+2b-5(3ax^2+2bx+c)=x^2+1,$$

$$-15ax^2+(6a-10b)x+2b-5c=x^2+1,$$

于是有

$$\begin{cases}-15a=1\\6a-10b=0\\2b-5c=1\end{cases}\Rightarrow\begin{cases}a=-\dfrac{1}{15}\\b=-\dfrac{1}{25}\\c=-\dfrac{27}{125}\end{cases},$$

所以 $y^*(x)=-x\left(\dfrac{1}{15}x^2+\dfrac{1}{25}x+\dfrac{27}{125}\right)$.

综合例 5 和例 6,可以得到:

当 $y''+py'+qy=f(x)$ 的自由项 $f(x)$ 是多项式时,若 $q\neq0$,则 $y^*(x)$ 是与 $f(x)$ 同次的多项式;若 $q=0$ 且 $p\neq0$,则 $y^*(x)$ 是与 $f(x)$ 同次的多项式乘以 $x$.

**例 7** 求方程 $y''-5y'+6y=e^x$ 的通解.

**解** 先求线性齐次方程 $y''-5y'+6y=0$ 的通解.

由 $r^2-5r+6=0$ 解得 $r_1=2,r_2=3$,所以,线性齐次方程的通解是

$$y = c_1e^{2x} + c_2e^{3x}, (c_1、c_2 \text{是任意常数}).$$

再求非齐次方程的一个特解，由于$f(x) = e^x$，所以方程有一个解是$e^x$常数倍. 于是，设$y^*(x) = Ae^x$，则

$$y^{*\prime}(x) = Ae^x, y^{*\prime\prime}(x) = Ae^x,$$

将$y^*(x)$及其一阶、二阶导数代入原方程可得

$$Ae^x - 5Ae^x + 6Ae^x = e^x,$$

于是有

$$A = \frac{1}{2}.$$

即$y^*(x) = \frac{1}{2}e^x$，所以原方程的通解为

$$y = c_1e^{2x} + c_2e^{3x} + \frac{1}{2}e^x, (c_1、c_2 \text{是任意常数}).$$

**例 8**　求方程$y'' - 5y' + 6y = e^{2x}$的一个特解.

**解**　如果像例 7 那样$y^*(x) = Ae^{2x}$，则有

$$y^{*\prime}(x) = 2Ae^{2x}, y^{*\prime\prime}(x) = 4Ae^{2x},$$

将$y^*(x)$及其一阶、二阶导数代入原方可得

$$4Ae^{2x} - 10Ae^{2x} + 6Ae^{2x} = e^{2x},$$

即

$$0 = e^{2x}.$$

出现了矛盾情况，说明原方程不具有$Ae^{2x}$形式的特解.

为什么前面行之有效的方法在这里行不通了呢？原因在于这个方程的自由项$e^{2x}$恰好是对应的齐次方程的解，因此一个常数$A$乘上$e^{2x}$仍然是对应的齐次方程的解，不可能是非齐次方程的解. 那么，我们该如何设特解呢？自然地，我们会想到用$e^{2x}$乘一个待定函数$A(x)$作为特解. 于是，设$y^*(x) = A(x)e^{2x}$，则

$$y^{*\prime}(x) = A'(x)e^{2x} + 2A(x)e^{2x}, y^{*\prime\prime}(x) = A''(x)e^{2x} + 4A'(x)e^{2x} + 4A(x)e^{2x},$$

将$y^*(x)$及其一阶、二阶导数代入原方可得

$$A''(x)e^{2x} + 4A'(x)e^{2x} + 4A(x)e^{2x} - 5[A'(x)e^{2x} + 2A(x)e^{2x}] + 6A(x)e^{2x} = e^{2x},$$

$$[A''(x) - A'(x)]e^{2x} = e^{2x},$$

$$A''(x) - A'(x) = 1,$$

显然，$A(x) = -x$是上式的解，于是

$$y^*(x) = -xe^{2x}.$$

**例 9**　求方程$y'' - 4y' + 4y = e^{2x}$的一个特解.

**解**　与例 8 一样，原方程不具有$Ae^{2x}$形式的特解. 设$y^*(x) = A(x)e^{2x}$，则

$$y^{*\prime}(x) = A'(x)e^{2x} + 2A(x)e^{2x}, y^{*\prime\prime}(x) = A''(x)e^{2x} + 4A'(x)e^{2x} + 4A(x)e^{2x},$$

将$y^*(x)$及其一阶、二阶导数代入原方可得

$A''(x)e^{2x}+4A'(x)e^{2x}+4A(x)e^{2x}-4[A'(x)e^{2x}+2A(x)e^{2x}]+4A(x)e^{2x}=e^{2x}$,

$A''(x)e^{2x}=e^{2x}$,

$A''(x)=1$,

显然,$A(x)=\frac{1}{2}x^2$ 是上式的解,于是

$y^*(x)=\frac{1}{2}x^2e^{2x}$.

综合例7、例8和例9,可以得到:

当 $y''+py'+qy=f(x)$ 的自由项 $f(x)$ 是指数函数 $Me^{\lambda x}$ 时,若 $\lambda$ 不是特征方程的根,则 $y^*(x)=Ae^{\lambda x}$;若 $\lambda$ 是特征方程的单根,则 $y^*(x)=Axe^{\lambda x}$;若 $\lambda$ 是特征方程的重根,则 $y^*(x)=Ax^2e^{\lambda x}$.

**例10** 求方程 $y''-5y'+6y=\sin x$ 的一个特解.

**解** 方程的自由项 $f(x)$ 是正弦函数,方程应该有一个 $A\sin x+B\cos x$ 形式的解. 于是,设 $y^*(x)=A\sin x+B\cos x$,则

$y^{*\prime}(x)=A\cos x-B\sin x$, $y^{*\prime\prime}(x)=-A\sin x-B\cos x$,

将 $y^*(x)$ 及其一阶、二阶导数代入原方可得

$-A\sin x-B\cos x-5(A\cos x-B\sin x)+6(A\sin x+B\cos x)=\sin x$,

$(-A+5B+6A)\sin x+(-B-5A+6B)\cos x=\sin x$,

于是,有

$$\begin{cases}5A+5B=1\\-5A+5B=0\end{cases}\Rightarrow A=B=\frac{1}{10}.$$

所以,$y^*(x)=\frac{1}{10}\sin x+\frac{1}{10}\cos x$.

**例11** 求方程 $y''+y=\sin x$ 的一个特解.

**解** 由于方程右端的 $\sin x$ 是非齐次方程对应的齐次方程的解,所以原方程不具有 $A\sin x+B\cos x$ 形式的解. 可以证明,此时原方程有 $x(A\sin x+B\cos x)$ 形式的解. 于是,设 $y^*(x)=x(A\sin x+B\cos x)$,则

$$y^{*\prime}(x)=(A\sin x+B\cos x)+x(A\cos x-B\sin x),$$

$$y^{*\prime\prime}(x)=2(A\cos x-B\sin x)+x(-A\sin x-B\cos x),$$

将 $y^*(x)$ 及其一阶、二阶导数代入原方可得

$$2(A\cos x-B\sin x)+x(-A\sin x-B\cos x)+x(A\sin x+B\cos x)=\sin x,$$

$$2A\cos x-2B\sin x=\sin x,$$

于是,有

$$\begin{cases}A=0\\B=-\frac{1}{2}\end{cases}.$$

所以，$y^*(x)=-\frac{1}{2}x\cos x$.

综合例10和例11，可以得到：

当 $y''+py'+qy=f(x)$ 的自由项 $f(x)$ 是三角函数 $M\sin\omega x+N\cos\omega x$ 时，若 $\pm\omega i$ 不是特征方程的根，则 $y^*(x)=A\sin\omega x+B\cos\omega x$；若 $\pm\omega i$ 是特征方程的根，则 $y^*(x)=x(A\sin\omega x+B\cos\omega x)$.

**例 12**　求方程 $y''-4y'+13y=e^{2x}\sin x$ 的一个特解.

**解**　由 $r^2-4r+13=0$ 解得 $r_{1,2}=2\pm3i$. 于是，设 $y^*(x)=e^{2x}(A\sin x+B\cos x)$，则

$$y^{*\prime}(x)=2e^{2x}(A\sin x+B\cos x)+e^{2x}(A\cos x-B\sin x),$$

$$y^{*\prime\prime}(x)=4e^{2x}(A\sin x+B\cos x)+4e^{2x}(A\cos x-B\sin x)+e^{2x}(-A\sin x-B\cos x),$$

将 $y^*(x)$ 及其一阶、二阶导数代入原方可得

$$4e^{2x}(A\sin x+B\cos x)+4e^{2x}(A\cos x-B\sin x)+e^{2x}(-A\sin x-B\cos x)-8e^{2x}(A\sin x+B\cos x)-4e^{2x}(A\cos x-B\sin x)+13e^{2x}(A\sin x+B\cos x)=e^{2x}\sin x,$$

$$8A\sin x+8B\cos x=\sin x,$$

于是，有

$$\begin{cases}A=\frac{1}{8}\\B=0\end{cases}.$$

所以，$y^*(x)=\frac{1}{8}e^{2x}\sin x$.

**例 13**　求方程 $y''-4y'+13y=e^{2x}\sin3x$ 的一个特解.

**解**　由 $r^2-4r+13=0$ 解得 $r_{1,2}=2\pm3i$. 于是，设 $y^*(x)=xe^{2x}(A\sin3x+B\cos3x)$，则

$$\begin{aligned}y^{*\prime}(x)&=e^{2x}(A\sin3x+B\cos3x)+2xe^{2x}(A\sin3x+B\cos3x)\\&\quad+3xe^{2x}(A\cos3x-B\sin3x),\end{aligned}$$

$$\begin{aligned}y^{*\prime\prime}(x)&=2e^{2x}(A\sin3x+B\cos3x)+3e^{2x}(A\cos3x-B\sin3x)\\&\quad+2e^{2x}(A\sin3x+B\cos3x)+4xe^{2x}(A\sin3x+B\cos3x)\\&\quad+6xe^{2x}(A\cos3x-B\sin3x)+3e^{2x}(A\cos3x-B\sin3x)\\&\quad+6xe^{2x}(A\cos3x-B\sin3x)+9xe^{2x}(-A\sin3x-B\cos3x),\end{aligned}$$

将 $y^*(x)$ 及其一阶、二阶导数代入原方可得

$$\begin{aligned}&2e^{2x}(A\sin3x+B\cos3x)+3e^{2x}(A\cos3x-B\sin3x)\\&+2e^{2x}(A\sin3x+B\cos3x)+4xe^{2x}(A\sin3x+B\cos3x)\\&+6xe^{2x}(A\cos3x-B\sin3x)+3e^{2x}(A\cos3x-B\sin3x)\\&+6xe^{2x}(A\cos3x-B\sin3x)+9xe^{2x}(-A\sin3x-B\cos3x),\\&-4e^{2x}(A\sin3x+B\cos3x)-8xe^{2x}(A\sin3x+B\cos3x)\end{aligned}$$

$$-12xe^{2x}(A\cos3x-B\sin3x)+13xe^{2x}(A\sin3x+B\cos3x)=e^{2x}\sin3x,$$

$$6A\cos3x-6B\sin3x=\sin3x,$$

于是,有

$$\begin{cases}A=0\\B=-\dfrac{1}{6}\end{cases}.$$

所以,$y^*(x)=-\dfrac{1}{6}xe^{2x}\cos3x$.

综合例 12 和例 13,可以得到:

当 $y''+py'+qy=f(x)$ 的自由项 $f(x)$ 是指数函数与三角函数的乘积 $e^{\lambda x}(M\sin\omega x+N\cos\omega x)$ 时,若 $\lambda\pm\omega i$ 不是特征方程的根,则 $y^*(x)=e^{\lambda x}(A\sin\omega x+B\cos\omega x)$;若 $\lambda\pm\omega i$ 是特征方程的根,则 $y^*(x)=xe^{\lambda x}(A\sin\omega x+B\cos\omega x)$.

## 习题 4 - 3

1. 求下列微分方程的通解:

(1) $y''+y'-2y=0$;　(2) $y''-4y'=0$;

(3) $y''-2y'-y=0$;　(4) $3y''-2y'=8y$;

(5) $y''+y=0$;　(6) $4y''-8y'=-5y$;

(7) $y''-2y'+y=0$;　(8) $4\dfrac{d^2x}{dt^2}-20\dfrac{dx}{dt}+20x=0$;

2. 求下列微分方程满足所给初始条件的特解:

(1) $y''-4y'+3y=0,y|_{x=0}=6,y'|_{x=0}=10$;

(2) $4y''-4y'+y=0,y|_{x=0}=2,y'|_{x=0}=0$;

(3) $y''-3y'+4y=0,y|_{x=0}=0,y'|_{x=0}=-5$;

(4) $y''+4y'+29y=0,y|_{x=0}=0,y'|_{x=0}=15$;

(5) $y''+25y=0,y|_{x=0}=2,y'|_{x=0}=5$;

(6) $y''-4y'+13y=0,y|_{x=0}=0,y'|_{x=0}=3$.

3. 求下列微分方程的通解:

(1) $2y''+y'-y=2e^x$;　(2) $y''-7y'+12y=x$;

(3) $y''-3y'=-6x+2$;　(4) $y''-3y'+2y=3e^{2x}$;

(5) $y''+y'=\cos2x$;　(6) $y''-2y'+5y=e^x\sin2x$;

(7) $y''+y'=x^2+\cos x$;　(8) $y''-8y'+16y=x+e^{4x}$.

4. 求下列微分方程满足所给初始条件的特解:

(1) $y'' + y + \sin 2x = 0, y|_{x=\pi} = 1, y'|_{x=\pi} = 1$;

(2) $y'' - 3y' + 2y = 5, y|_{x=0} = 1, y'|_{x=0} = 2$;

(3) $y'' - 10y' + 9y = e^{3x}, y|_{x=0} = \frac{6}{7}, y'|_{x=0} = \frac{33}{7}$;

(4) $y'' - y = 4xe^{x}, y|_{x=0} = 0, y'|_{x=0} = 1$;

(5) $y'' - 4y' = 5, y|_{x=0} = 1, y'|_{x=0} = 0$.

## 第四节　利用 Mathematica 求解微分方程

### 一、可以准确求解的微分方程

*Mathematica* 能求线性与非线性的常微分方程(组)的准确解,能求解的类型大致覆盖了人工求解的范围,功能很强. 但是,计算机不如人灵活(例如在隐函数和隐函数方程的处理方面),输出结果与人工计算的结果可能在形式上不同.

基本命令

*DSolve*[微分方程,未知函数,自变量],求微分方程的通解;

*DSolve*[{微分方程,初始条件},未知函数,自变量],求微分方程的特解;

*DSolve*[{微分方程1,微分方程2,…},{未知函数1,未知函数2,…},自变量],求微分方程组的通解;

*DSolve*[{微分方程组,初始条件},{未知函数},自变量],求微分方程组的特解.

注意:

(1) 未知函数总带有自变量,例如 $y[x]$,不能只键入 $y$;

(2) 方程中的等号,用连续键入两个等号表示;

(3) 导数符号用键盘上的撇号,连续两撇表示二阶导数,超过二阶的导数,需要用求导数的命令 $D$ 进行描述;

(4) 在使用命令时,一般把初始条件作为一个方程来看待;

(5) 输出结果总是尽量用显式解表出,有时反而会使表达式变得复杂.

**例1**　求微分方程 $\frac{dy}{dx} = \frac{y^2+1}{y(x^2+1)}$ 的通解.

输入命令

*Dsolve*[y'[x] = = (y[x]^2 + 1)/(y[x](x^2 + 1)), y[x], x)

则输出

$\{\{y[x] \to -\sqrt{-1 + e^{2ArcTan[x]+2C[1]}}\}, \{y[x] \to \sqrt{-1 + e^{2ArcTan[x]+2C[1]}}\}\}$

其中 $C[1]$ 是任意常数.

人工计算的结果为

$\ln(y^2+1) = 2\arctan x + C.$

例 2　求微分方程 $y'' - 3y + 2y = 3xe^{2x}$ 通解，并求满足初始条件 $y|_{x=1} = e^2$，$y'|_{x=0} = 2$ 的特解.

输入命令

*DSolve*[y''[x] - 2y'[x] + 2y[x] == (3x)*Exp*[2x],y[x],x]

输出

$$\{\{y[x] \to \frac{3}{2}e^{2x}(2-2x+x^2)+e^{x}C[1]+e^{2x}C[2]\}\}$$

输入命令

*DSolve*[{y''[x] - 3y'[x] + 2y[x] == (3x)*Exp*[2x],y[1] == E^2,y'[0] == 2},y[x],x]

输出

$$\{\{y[x] \to \frac{1}{2}e^{2x}(5-6x+3x^2)\}\}$$

**例 3**　求微分方程 $y'' - 2y' + 5y = e^{x}\cos 2x$ 的通解.

输入命令

*DSolve*[y''[x] - 2y'[x] + 5y[x] == *Exp*[x] * Cos[2x],y[x],x]//*Simplify*

输出

$$\{\{y[x] \to \frac{1}{16}e^{x}((1+16C[2])\mathrm{Cos}[2x]+4(x+4C[1])\mathrm{Sin}[2x])\}\}$$

**例 4**　求微分方程 $y^{(4)} + 5y = e^{x}$ 的通解.

输入命令

*DSolve*[*D*[y[x],{x,4}] + 5y[x] == *Exp*[x],y[x],x]//*Simplify*

输出

$$\{\{y[x] \to \frac{1}{6}e^{-\frac{5^{1/4}}{\sqrt{2}}}(e^{x+\frac{5^{1/4}x}{\sqrt{2}}}+6(e^{\sqrt{2}5^{1/4}x}C[1]+C[2])\mathrm{Cos}[\frac{5^{1/4}x}{\sqrt{2}}]+6(C[3]+e^{\sqrt{2}5^{1/4}x})C[4])\mathrm{Sin}[\frac{5^{1/4}x}{\sqrt{2}}])\}\}$$

**例 5**　求微分方程组 $\begin{cases} y' = z \\ z' = -y \end{cases}$ 的通解.

输入命令

*DSolve*[{y'[x] == z[x],z'[x] == - y[x]},{y[x],z[x]},x]

输出

$$\{\{y[x] \to C[1]\mathrm{Cos}[x]+C[2]\mathrm{Sin}[x],z[x] \to C[2]\mathrm{Cos}[x]-C[1]\mathrm{Sin}[x]\}\}$$

**例 6**　求微分方程组 $\begin{cases} y' = z \\ z' = -y \end{cases}$ 的满足初始条件 $y(0) = 0, z(0) = 1$ 的特解.

输入命令

```
DSolve[{y'[x] == z[x],z'[x] == -y[x],y[0] == 0,z[0] == 1},{y[x],
z[x]},x]
```

输出

```
{{y[x] → Sin[x],z[x] → Cos[x]}}
```

**二、微分方程(组)的数值解**

如前所述,我们只能准确求解一些特殊的微分方程,但是,我们可以对于给定初始条件或边界条件的常微分方程(组)求出近似解.

基本命令

*NDSolve*[{微分方程,初始条件},未知函数,{自变量,下限,上限}],求微分方程的近似解;

*NDSolve*[{微分方程组,初始条件},{未知函数},{自变量,下限,上限}],求微分方程组的近似解.

注意:

(1) 求微分方程近似解的语句与求微分方程特解的语句类似,只是不但要指出自变量,还要指出自变量的变化区间;

(2) 初值点 $x_0$ 可以取在自变量的变化区间上的任何一点;

(3) 自变量的变化区间可以试算调整.

**例 7**　求微分方程 $y' = x^2 + y^2$ 的满足初始条件 $y(0) = 0$ 的数值解,并且求数值解在 $x = 0.5$ 处的函数值.

输入命令

```
s = NDSolve[{y'[x] == x^2 + y[x]^2,y[0] == 0},y[x],{x, -2,2}]
```

输出

```
{{y[x] → InterpolatingFunction[{{-2.,2.}},"<>"][x]}}
```

这表明将返回的解放在一个表中,实际的解就是插值函数

```
InterpolatingFunction[{{-2.,2.}},"<>"]
```

定义解函数

```
y[x_] = y[x]/.s
```

给出数值解的积分曲线

```
Plot[y[x],{x, -2,2},PlotRange → {-1.5,1.5}]
```

输出图形如图 4-9 所示.

给出数值解在 $x = 0.5$ 处的函数值,只要输入

```
y[0.5]
```

则输出

```
{0.4179127090270402}
```

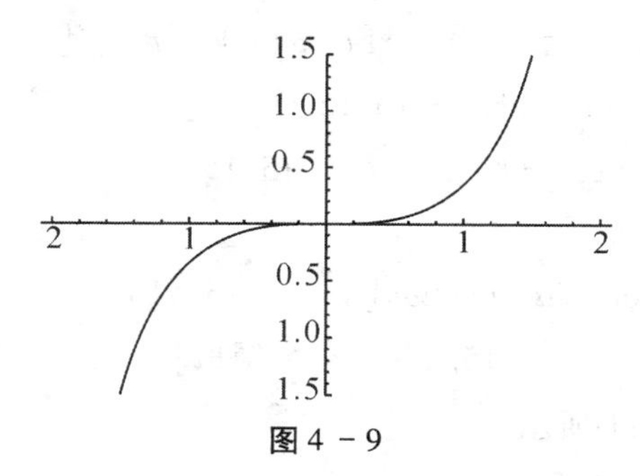

图4－9

如果不需要求函数值，只要输入

```
s = NDSolve[{y'[x] == x^2 + y[x]^2,y[0] == 0},y[x],{x, -2,2}]
Plot[y[x]/.s,{x, -2,2},PlotRange→{-1.5,1.5}]
```

同样可得到数值解的积分曲线（见图4－9）.

如果上例中将求解区间改为[－3,3]，就会出现警告提示，实际得不到[－3,3]上的解.

**例8**　求微分方程 $y''' + y'' + y' + y^3 = 0$ 的满足初始条件 $y(0) = 1, y'(0) = y''(0) = 0$ 的数值解.

输入命令

```
s = NDSolve[{y'''[x] + y''[x] + y'[x] + y[x]^3 == 0,y[0] == 1,y'[0] == 0,y''[0] == 0},y[x],{x, -2,20}]
Plot[y[x]/.s,{x, -2,20}]
```

输出

```
{{y[x] → InterpolatingFunction[{{-2.,20.}},"<>"][x]}}
```

输出图形如图4－10所示.

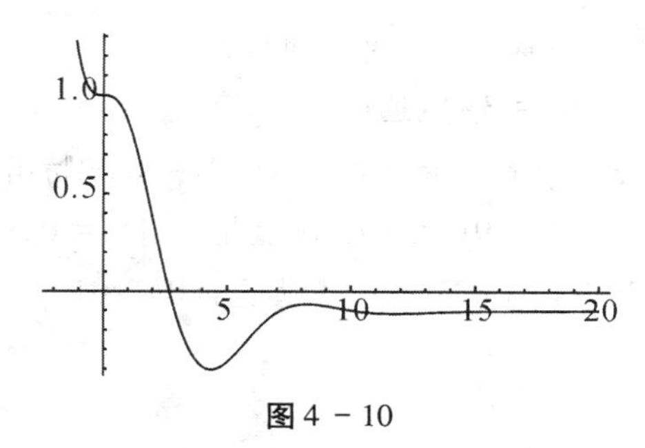

图4－10

**例9**　求微分方程组 $\begin{cases} x' = y - \dfrac{1}{3}x^3 + x \\ y' = -x \end{cases}$ 的满足初始条件 $x(0) = 0, y(0) = 1$ 的数值解.

输入命令

```
s = NDSolve[{x'[t] == y[t] - x[t]^3/3 + x[t], y'[t] == -x[t], x[0] == 0, y[0] == 1}, {x[t], y[t]}, {t, -15, 15}]
ParametricPlot[{x[t], y[t]}/. s, {t, -15, 15}]
```

输出

```
{{x[t] → InterpolatingFunction[{{-15., 15.}}, "<>"][t], y[t] → InterpolatingFunction[{{-15., 15.}}, "<>"][t]}}
```

输出图形如图 4 - 11 所示.

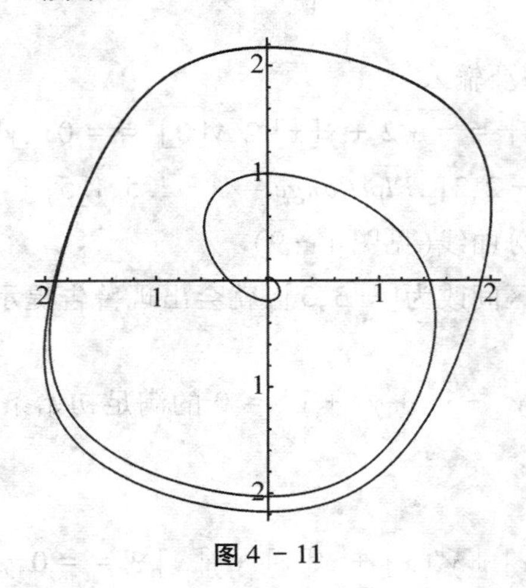

图 4 - 11

## 习题 4 - 4

用 *Mathematica* 软件求解:

(1) 求微分方程 $y' + y\sin x = \sin^3 x$ 的通解;

(2) 求微分方程 $y' - xy = 3x$ 的通解;

(3) 求微分方程 $y' - y\tan x = \sec x$ 满足 $y(0) = 0$ 的特解;

(4) 求微分方程 $y'' + 6y' + 9y = 10\sin x$ 满足 $y(0) = 0, y'(0) = 0$ 的特解;

(5) 求微分方程 $y^{(3)} + y'' + y' = -y^{-3}$ 满足 $y(0) = 1, y'(0) = 0, y''(0) = 0$ 的数值解.

## 习题四

### 第一部分　判断是非题

1. 含有未知函数的方程,叫微分方程. (　　)

2. $y'' + 2y' - 3y = x^3$ 是三阶微分方程.（　　）

3. 未知函数为一元函数的微分方程,称为常微分方程.（　　）

4. $n$ 阶线性常微分方程的一般形式为

$y^{(n)} + a_1(x)y^{(n-1)} + \cdots + a_{n-1}(x)y' + a_n(x)y = g(x)$.（　　）

5. $(y'')^3 + ay' + by = 0$ 是非线性微分方程.（　　）

6. 若 $F(x,y) = 0$ 确定的函数 $y = \varphi(x)$ 使方程 $f(x,y,y',y'',\cdots,y^{(n)}) = 0$ 成为恒等式,则 $F(x,y) = 0$ 是该方程的解.（　　）

7. 若 $n$ 阶微分方程的解中,含有 $n$ 个独立的任意常数,则称其为微分方程的通解.（　　）

8. $y = \sin x$ 是方程 $y'' + y = 0$ 的通解.（　　）

9. $y = C_1\sin x + C_2\cos x$ 是方程 $y'' + y = 0$ 的一个特解.（　　）

10. 形如 $\frac{dy}{dx} = f(x)g(y)$ 的一阶微分方程,称为可分离变量微分方程.（　　）

11. $3x^2 + 5x - 5y' = 0$ 是可分离变量微分方程.（　　）

12. $x\frac{dy}{dx} = y\ln\frac{y}{x}$ 是齐次微分方程.（　　）

13. 形如 $\frac{dy}{dx} + p(x)y = q(x)$ 的方程称为一阶线性微分方程.（　　）

14. 方程 $y' - 2y = e^x$ 对应的线性齐次微分方程是 $y' - 2y = 0$.（　　）

15. $(1 + x^2)(1 + y^2) = 10x^2$ 是方程 $y' = \frac{1 + y^2}{xy(1 + x^2)}$ 的通解.（　　）

16. 方程 $y' = \frac{xy + y}{x + xy}$ 可分离变量化为 $(1 + \frac{1}{x})dx = (1 + \frac{1}{y})dy$.（　　）

17. 二阶常系数线性微分方程 $y'' + ay' + by = 0$ 的特征方程为 $\lambda^2 + a\lambda + b = 0$.（　　）

18. 方程 $y'' - 4y' + 3y = 0$ 的特征根为 $\lambda_1 = 1, \lambda_2 = 3$,则其通解为 $y = e^x + e^{3x}$.（　　）

19. 一阶线性非齐次微分方程的通解等于其对应的线性齐次微分方程的通解与线性非齐次微分方程的一个特解之和.（　　）

20. $y = (x + C)e^{-x}$ 是微分方程 $y' + y = e^{-x}$ 的通解(其中 $C$ 是任意常数).（　　）

21. $y = \sin x + C$ 是微分方程 $(y'')^2 = 1 - (y')^2$ 的解,但不是通解(其中 $C$ 是任意常数).（　　）

22. 微分方程的通解包含了所有的特解.（　　）

23. $y'' + p(x)y' + q(x)y^2 = f(x)$ 是线性微分方程.（　　）

24. 若微分方程是未知函数及其各阶导数的一次方程,则称之为线性微分方程.（　　）

25. 微分方程中出现的未知函数的导数或微分的最高阶数,称为微分方程的阶.

(　　)

26. 若 $G(y)$ 是 $\frac{1}{g(y)}$ 的一个原函数, $F(x)$ 是 $f(x)$ 的一个原函数,则方程 $\frac{dy}{g(y)} = f(x)dx$ 的通解为 $G(y) = F(x) + C$,其中 $C$ 是任意常数. (　　)

27. 齐次方程 $\frac{dy}{dx} = f(\frac{y}{x})$ 总可以化为可分离变量的微分方程. (　　)

28. 一阶线性微分方程 $\frac{dy}{dx} + p(x)y = q(x)$ 的通解为 $y = e^{-\int p(x)dx}[\int q(x)e^{\int p(x)dx}dx + C]$,其中 $C$ 是任意常数. (　　)

29. 一阶线性微分方程 $\frac{dy}{dx} + p(x)y = q(x)$ 的通解为 $y = e^{\int p(x)dx}[\int q(x)e^{-\int p(x)dx}dx + C]$,其中 $C$ 是任意常数. (　　)

30. 一阶线性微分方程 $\frac{dy}{dx} + p(x)y = q(x)$ 的通解为 $y = e^{-\int p(x)dx}[\int q(x)e^{-\int p(x)dx}dx + C]$,其中 $C$ 是任意常数. (　　)

31. 一阶线性微分方程 $\frac{dy}{dx} + p(x)y = q(x)$ 的通解为 $y = e^{\int p(x)dx}[\int q(x)e^{\int p(x)dx}dx + C]$,其中 $C$ 是任意常数. (　　)

**第二部分　单项选择题**

1. 方程 $y^{(3)} + xy'' + x^4y = 0$ 是(　　)阶微分方程.

(A)2　　(B)3

(C)4　　(D)1

2. $(\frac{d^3y}{dx^3})^2 + (\frac{d^2y}{dx^2})^2 = 1$ 是(　　)阶微分方程.

(A)6　　(B)4

(C)3　　(D)2

3. 微分方程 $(y')^2 + (y'')^3y + xy^4 = 0$ 是(　　)阶微分方程.

(A)1　　(B)2

(D)3　　(D)4

4. 方程 $(y - \ln y)dx + xdy = 0$ 是(　　).

(A) 可分离变量方程　　(B) 一阶线性齐次方程

(C) 一阶线性非齐次方程　　(D) 非线性方程

5. 方程 $y' - xy' = a(y^2 + y')$ 是(　　).

(A) 可分离变量方程　　(B) 齐次方程

(C) 线性齐次方程　　(D) 线性非齐次方程

6. 设 $y_1(x), y_2(x)$ 是二阶常系数线性齐次微分方程 $y'' + ay' + by = 0$ 的两个线性无关的特解,则该方程的通解是(　　),其中 $C_1, C_2$ 是任意常数.

(A) $y = ay_1(x) + by_2(x)$　　(B) $y = y_1(x) + y_2(x)$

(C) $y = y_1(x)y_2(x)$　　(D) $y = C_1y_1(x) + C_2y_2(x)$

7. 方程 $y^2\mathrm{d}x + (x-1)\mathrm{d}y = 0$ 的通解是(　　),其中 $C$ 是任意常数.

(A) $y\ln|x-1| = 1$　　(B) $y = \dfrac{C}{\ln|x-1|}$

(C) $y(\ln|x-1| + C) = 1$　　(D) $y = \ln|x-1| + C$

8. 方程 $x\mathrm{d}y + 2y\mathrm{d}x = 0$ 在条件 $y|_{x=2} = 1$ 下的特解是(　　).

(A) $y = \dfrac{1}{x^2}$　　(B) $y = \dfrac{4}{x^2}$

(C) $y = 4x^2$　　(D) $y = \dfrac{x^2}{4}$

9. 方程 $y' - 2y = e^x$ 的通解是(　　),其中 $C$ 是任意常数.

(A) $y = e^x + Ce^{2x}$　　(B) $y = Ce^{2x} - e^x$

(C) $y = e^{-2x}(C - e^{-x})$　　(D) $y = e^{-2x}(e^{-x} + C)$

10. 方程 $y' - \dfrac{y}{x+2} = x^2 + 2x$ 在条件 $y(-1) = \dfrac{3}{2}$ 下的特解是(　　).

(A) $y = -(x+2)(x^2+2x)$　　(B) $y = \dfrac{x^2}{2}(x+2)$

(C) $y = (x+2)(\dfrac{1}{2}x^2 + 1)$　　(D) $y = \dfrac{1}{x+2}(\dfrac{1}{2}x^2 + 1)$

11. 方程 $y'' - 7y' + 6y = 0$ 的通解是(　　),其中 $C_1, C_2$ 是任意常数.

(A) $y = C_1e^{-7x} + C_2e^{6x}$　　(B) $y = C_1e^{6x} + C_2e^x$

(C) $y = C_1e^{-6x} + C_2e^{-x}$　　(D) $y = e^{6x} + e^x$

12. 函数(　　)是方程 $y'' - 2y' + 2y = x^2$ 的一个特解.

(A) $y = x^2$　　(B) $y = \dfrac{x^2}{2} + x + \dfrac{1}{2}$

(C) $y = x^2 + 2x + 1$　　(D) $y = \dfrac{x^2}{2} + x$

13. 如果二阶常系数线性齐次微分方程 $y'' + py' + qy = 0$ 的特征方程有两个不相等的实数特征根 $r_1$ 和 $r_2$,则该方程的通解是(　　),其中 $C_1, C_2$ 是任意常数.

(A) $y = e^{r_1x} + e^{r_2x}$　　(B) $y = pe^{r_1x} + qe^{r_2x}$

(C) $y = C_1e^{r_1x} + C_2e^{r_2x}$　　(D) $y = r_1e^{C_1x} + r_2e^{C_2x}$

14. 如果二阶常系数线性齐次微分方程 $y'' + py' + qy = 0$ 有两个相等的实数特征根 $r_1 = r_2$,则该方程的通解是(　　),其中 $C_1, C_2$ 是任意常数.

(A) $y = xe^{r_1x} + e^{r_2x}$　　(B) $y = pe^{r_1x} + qe^{r_2x}$

(C) $y=(C_1x+C_2)e^{r_1x}$　　(D) $y=(r_1+r_2)e^{C_1x+C_2x}$

15. 如果二阶常系数线性齐次微分方程 $y''+py'+qy=0$ 的特征根是一对共轭复数 $\alpha\pm i\beta$，则该方程的通解是(　　)，其中 $C_1,C_2$ 是任意常数.

(A) $y=C_1e^{\alpha x}+C_2e^{\beta x}$　　(B) $y=C_1e^{\alpha x}+C_2e^{i\beta x}$

(C) $y=e^{\alpha x}(C_1\sin\beta x+C_2\cos\beta x)$　　(D) $y=\alpha e^{C_1x}+\beta e^{C_2x}$

16. 设 $y_3(x)$ 是二阶常系数线性非齐次微分方程 $y''+ay'+by=f(x)$ 的一个特解，$y_1(x),y_2(x)$ 是 $y''+ay'+by=f(x)$ 对应的线性齐次微分方程 $y''+ay'+by=0$ 的两个线性无关的特解，则 $y''+ay'+by=f(x)$ 的通解是(　　)，其中 $C_1,C_2$ 是任意常数.

(A) $y=ay_1(x)+by_2(x)+y_3(x)$　　(B) $y=y_1(x)+y_2(x)+y_3(x)$

(C) $y=C_1y_1(x)+C_2y_2(x)+y_3(x)$ (D) $y=C_1y_3(x)+C_2y_2(x)+y_1(x)$

17. 函数(　　)是方程 $2y''+y'-y=2e^x$ 的一个特解.

(A) $y=e^x$　　(B) $y=2e^x$

(C) $y=e^{2x}$　　(D) $y=e^{\frac{x}{2}}$

18. 微分方程 $y''=x$ 的通解是(　　)，其中 $C_1,C_2$ 是任意常数.

(A) $y=\dfrac{1}{6}x^3$　　(B) $y=\dfrac{1}{6}x^3+C_1x$

(C) $y=\dfrac{1}{6}x^3+C_1$　　(D) $y=\dfrac{1}{6}x^3+C_1x+C_2$

19. 微分方程 $y''-2y'+y=0$ 的通解是(　　)，其中 $C_1,C_2$ 是任意常数.

(A) $y=C_1xe^x$　　(B) $y=C_1e^x+C_2$

(C) $y=(C_1+C_2x)e^x$　　(D) $y=C_1e^x+C_2x$

20. 微分方程 $2y\mathrm{d}y-\mathrm{d}x=0$ 的通解是(　　)，其中 $C$ 是任意常数.

(A) $y^2-x=C$　　(B) $y-\sqrt{x}=C$

(C) $y=x+C$　　(D) $y=-x+C$

21. 若 $y_1(x)$ 是微分方程 $y'+p(x)y=0$ 的解，$y_2(x)$ 是微分方程 $y'+p(x)y=q(x)$ 的解，则方程 $y'+p(x)y=q(x)$ 的通解是(　　)，其中 $C_1,C_2$ 是任意常数.

(A) $y=C_1y_1(x)+y_2(x)$　　(B) $y=y_1(x)+y_2(x)$

(C) $y=C_1y_1(x)+C_2y_2(x)$　　(D) $y=C_1y_1(x)-C_2y_2(x)$

22. 方程 $y'=e^{-\frac{x}{2}}$ 的通解是(　　)，其中 $C$ 是任意常数.

(A) $y=e^{-\frac{x}{2}}+C$　　(B) $y=e^{\frac{x}{2}}+C$

(C) $y=-2e^{-\frac{x}{2}}+C$　　(D) $y=Ce^{-\frac{x}{2}}$

23. 方程 $y'-y=e^{x+x^2}$ 的解是(　　)，其中 $C$ 是任意常数.

(A) $y=Ce^x$　　(B) $y=\int_0^x e^{t^2}\mathrm{d}t$

(C) $y=e^x\int_0^x e^{t^2}\mathrm{d}t$　　(D) $y=e^{x^2}\int_0^x e^{t^2}\mathrm{d}t$

24. 方程 $y' + \frac{e^{y^2+3x}}{y} = 0$ 的通解是(　　),其中 $C$ 是任意常数.

(A) $2e^{3x} + 3e^{y^2} = C$　　(B) $2e^{3x} + 3e^{-y^2} = C$

(C) $2e^{3x} - 3e^{-y^2} = C$　　(D) $e^{3x} - e^{-y^2} = C$

25. 方程 $y' + y\cos x = \frac{1}{2}\sin 2x$ 的通解是(　　),其中 $C$ 是任意常数.

(A) $y = \sin x + Ce^{-\sin x}$　　(B) $y = \sin x + 1 + e^{-\sin x}$

(C) $y = \sin x + C + e^{-\sin x}$　　(D) $y = \sin x - 1 + Ce^{-\sin x}$

26. 若 $y_1(x)$ 是线性方程 $y' + p(x)y = q(x)$ 的一个特解,则该方程的通解是(　　),其中 $C$ 是任意常数.

(A) $y = Cy_1(x) + e^{-\int p(x)\mathrm{d}x}$　　(B) $y = y_1(x) + Ce^{\int p(x)\mathrm{d}x}$

(C) $y = Cy_1(x) + e^{\int p(x)\mathrm{d}x}$　　(D) $y = y_1(x) + Ce^{-\int p(x)\mathrm{d}x}$

27. 设 $f(x)$, $f'(x)$ 为已知的连续函数,则方程 $y' + f'(x)y = f(x)f'(x)$ 的通解是(　　),其中 $C$ 是任意常数.

(A) $y = f(x) + Ce^{-f(x)}$　　(B) $y = f(x) + 1 + e^{-f(x)}$

(C) $y = f(x) - C + e^{-f(x)}$　　(D) $y = f(x) - 1 + Ce^{-f(x)}$

28. 设 $y_1(x)$, $y_2(x)$ 是二阶线性齐次微分方程 $y'' + p(x)y' + q(x)y = 0$ 的两个特解,则 $y = C_1y_1(x) + C_2y_2(x)$ 是(　　),其中 $C_1$, $C_2$ 是任意常数.

(A) 该方程的通解　　(B) 该方程的解

(C) 该方程的特解　　(D) 不一定是该方程的解

29. 已知 $f = e^{x^2+\frac{1}{x^2}}$, $g = e^{x^2-\frac{1}{x^2}}$, $h = e^{(\frac{1}{x}-x)^2}$,则(　　).

(A) $f$ 与 $g$ 线性相关　　(B) $g$ 与 $h$ 线性相关

(C) $f$ 与 $h$ 线性相关　　(D) 任意两个都线性相关

30. 下列各函数组中,线性相关的是(　　).

(A) $e^{2x}, e^{-2x}$　　(B) $e^{2+x}, e^{x-2}$

(C) $e^{x^2}, e^{-x^2}$　　(D) $e^{\sqrt{x}}, e^{-\sqrt{x}}$

31. 下列各函数组中,线性无关的是(　　).

(A) $s\ln x, \ln x^2$　　(B) $1, \ln x$

(C) $x, \ln 2^x$　　(D) $\ln\sqrt{x}, \ln x^2$

32. 方程 $y'' - 6y' + 9y = x^2e^{3x}$ 的特解可取形式(　　).

(A) $y = Ax^2e^{3x}$　　(B) $y = x^2(ax^2 + bx + c)e^{3x}$

(C) $y = x(ax^2 + bx + c)e^{3x}$　　(D) $y = Ax^4e^{3x}$

33. 方程 $y'' + y' = x + 1$ 的通解是(　　),其中 $C_1$, $C_2$ 是任意常数.

(A) $y = C_1 + C_2e^{-x} + x + 1$　　(B) $y = C_1e^{-x} + \frac{1}{2}x^2$

(C) $y = C_1\sin x + C_2\cos x + x + 1$　　(D) $y = C_1 + C_2e^{-x} + \frac{1}{2}x^2$

## 第三部分　多项选择题

1. 微分方程 $y'' - \frac{y}{x} - 1 = 0$ 是(　　).

(A) 一阶微分方程　　(B) 齐次微分方程

(C) 线性齐次微分方程　　(D) 线性非齐次微分方程

2. 下列函数(　　)是微分方程 $y'' = \frac{1}{x}y' + xe^x$ 的解.

(A) $y = xe^x$　　(B) $y = xe^x - e^x$

(C) $y = (x-1)e^x + cx^2$　　(D) $y = (x-1)e^x + c_1x^2 + c_2$

3. 下列函数(　　)是微分方程 $xy'' + y' = 0$ 在某种给定条件下的特解.

(A) $y = \ln x$　　(B) $y = 2\ln x + 1$

(C) $y = c\ln x$　　(D) $y = c_1\ln x + c_2$

## 第四部分　计算与证明

1. 求下列微分方程的通解：

(1) $\sin x\cos y - y'\cos x\sin y = 0$；　　(2) $xy' - y\ln y = 0$；

(3) $\frac{dy}{dx} - \frac{n}{x}y = x^ne^x$；　　(4) $xy' = (1 + x\cot x)y - x^2\sin x$；

(5) $(x+y)^2dy - dx = 0$；　　(6) $y'\cos y - \cos x\sin^2 y = \sin y$；

(7) $(x - 2xy - y^2)dy + y^2dx = 0$；　　(8) $\frac{dy}{dx} = \frac{1}{x + \sin y}$.

2. 设 $f(x)$ 为下列函数：

(1) $1$；　　(2) $e^{-x}$；

(3) $3e^{2x}$；　　(4) $2\sin x\cos x$；

(5) $x\cos x$

求方程 $y'' - 4y' + 4y = f(x)$ 的通解.

3. 求下列微分方程满足所给初始条件的特解：

(1) $\frac{dy}{dx} + \cos\frac{x-y}{2} = \cos\frac{x+y}{2}, y|_{x=0} = \pi$；

(2) $(1+e^x)yy' = e^x, y|_{x=1} = 1$；

(3) $(x - \sin y)dy + \tan y dx = 0, y|_{x=1} = \frac{\pi}{6}$；

(4) $y'' + 4y' + 29y = 0, y(0) = 0, y'(0) = 15$；

(5) $4y'' + 4y' + y = 0, y(0) = 2, y'(0) = 0$.

4. 设$f(x)$在$(-\infty, +\infty)$内可导,且满足$\int_0^x f(t)\mathrm{d}t = x^2 - f(x)$,求$f(x)$.

5. 设连续函数$f(x)$满足关系式$f(x) = 3x - \sqrt{1-x^2}\int_0^1 f^2(x)\mathrm{d}x$,求$f(x)$.

6. 已知$\int_0^1 f(tx)\mathrm{d}(tx) = \frac{1}{2}xf(x) + x$,求$f(x)$.

7. 设$f(x)$为连续函数,且满足关系式$f(x) = e^x - \int_0^x (x-t)f(t)\mathrm{d}t$,求$f(x)$.

8. 某企业年生产某种产品$x$个单位的平均成本为$\bar{C}(x) = 16 - x$(万元/单位产量),已知需求量$x$对价格$p$的弹性为$\frac{p}{p-56}$,且当$p = 58$时,$x = 10$,求生产该产品获得最大利润时的产量及最大利润.

# 附录一　微积分基本公式

## 一、基本导数公式

(1) $(C)'=0$,　　(2) $(x^{\mu})'=\mu x^{\mu-1}$,

(3) $(\sin x)'=\cos x$,　　(4) $(\cos x)'=-\sin x$,

(5) $(\tan x)'=\sec^2 x$,　　(6) $(\cot x)'=-\csc^2 x$,

(7) $(\sec x)'=\sec x\tan x$,　　(8) $(\csc x)'=-\csc x\cot x$,

(9) $(a^x)'=a^x\ln a$,　　(10) $(e^x)'=e^x$,

(11) $(\log_a x)'=\dfrac{1}{x\ln a}=\dfrac{1}{x}\log_a e$,　　(12) $(\ln x)'=\dfrac{1}{x}$,

(13) $(\arcsin x)'=\dfrac{1}{\sqrt{1-x^2}}$,　　(14) $(\arccos x)'=-\dfrac{1}{\sqrt{1-x^2}}$,

(15) $(\arctan x)'=\dfrac{1}{1+x^2}$,　　(16) $(\mathrm{arccot}\, x)'=-\dfrac{1}{1+x^2}$.

## 二、基本微分公式

(1) $\mathrm{d}C=0$,　　(2) $\mathrm{d}(x^{\mu})=\mu x^{\mu-1}\mathrm{d}x$,

(3) $\mathrm{d}(\sin x)=\cos x\mathrm{d}x$,　　(4) $\mathrm{d}(\cos x)=-\sin x\mathrm{d}x$,

(5) $\mathrm{d}(\tan x)=\sec^2 x\mathrm{d}x$,　　(6) $\mathrm{d}(\cot x)=-\csc^2 x\mathrm{d}x$,

(7) $\mathrm{d}(\sec x)=\sec x\tan x\mathrm{d}x$,　　(8) $\mathrm{d}(\csc x)=-\csc x\cot x\mathrm{d}x$,

(9) $\mathrm{d}(a^x)=a^x\ln a\mathrm{d}x$,　　(10) $\mathrm{d}(e^x)=e^x\mathrm{d}x$,

(11) $\mathrm{d}(\log_a x)=\dfrac{1}{x\ln a}=\dfrac{1}{x}\log_a e\mathrm{d}x$,　　(12) $\mathrm{d}(\ln x)=\dfrac{1}{x}\mathrm{d}x$,

(13) $\mathrm{d}(\arcsin x)=\dfrac{1}{\sqrt{1-x^2}}\mathrm{d}x$,　　(14) $\mathrm{d}(\arccos x)=-\dfrac{1}{\sqrt{1-x^2}}\mathrm{d}x$,

(15) $\mathrm{d}(\arctan x)=\dfrac{1}{1+x^2}\mathrm{d}x$,　　(16) $\mathrm{d}(\mathrm{arccot}\, x)=-\dfrac{1}{1+x^2}\mathrm{d}x$.

## 三、基本积分公式

(1) $\int k\mathrm{d}x=kx+C$（$k$ 是常数）

(2) $\int x^{\mu}\mathrm{d}x=\dfrac{1}{\mu+1}x^{\mu+1}+C,(\mu\neq-1)$

(3) $\int \frac{1}{x} dx = \ln|x| + C$

(4) $\int e^x dx = e^x + C$

(5) $\int a^x dx = \frac{a^x}{\ln a} + C, (a > 0, a \neq 1)$

(6) $\int \cos x dx = \sin x + C$

(7) $\int \sin x dx = -\cos x + C$

(8) $\int \frac{1}{\cos^2 x} dx = \int \sec^2 x dx = \tan x + C$

(9) $\int \frac{1}{\sin^2 x} dx = \int \csc^2 x dx = -\cot x + C$

(10) $\int \frac{1}{1+x^2} dx = \arctan x + C$

(11) $\int \frac{1}{\sqrt{1-x^2}} dx = \arcsin x + C$

(12) $\int \sec x \tan x dx = \sec x + C$

(13) $\int \csc x \cot x dx = -\csc x + C$

(14) $\int \tan x dx = -\ln|\cos x| + C = \ln|\sec x| + C$

(15) $\int \cot x dx = \ln|\sin x| + C = -\ln|\csc x| + C$

(16) $\int \sec x dx = \ln|\sec x + \tan x| + C$

(17) $\int \csc x dx = \ln|\csc x - \cot x| + C$

# 附录二　初等数学部分公式

## 一、代数

### 1. 指数运算

(1) $a^m a^n = a^{m+n}$　　　　(2) $\dfrac{a^m}{a^n} = a^{m-n}$

(3) $(a^m)^n = a^{mn}$　　　　(4) $\sqrt[n]{a^m} = a^{\frac{m}{n}}$

### 2. 对数运算

(1) $\log_a 1 = 0$　　　　(2) $\log_a a = 1$

(3) $\log_a(N_1 \cdot N_2) = \log_a N_1 + \log_a N_2$　(4) $\log_a \dfrac{N_1}{N_2} = \log_a N_1 - \log_a N_2$

(5) $\log_a(N^n) = n\log_a N$　　　　(6) $\log_a \sqrt[n]{N} = \dfrac{1}{n}\log_a N$

(7) $\log_b N = \dfrac{\log_a N}{\log_a b}$

### 3. 有限项和

(1) $1 + 2 + 3 + \cdots + (n-1) + n = \dfrac{n(n-1)}{2}$

(2) $a + aq + aq^2 + \cdots + aq^{n-1} = \dfrac{a(1-q^n)}{1-q}(q \neq -1)$

(3) $1^2 + 2^2 + 3^2 + \cdots + n^2 = \dfrac{n(n+1)(2n+1)}{6}$

(4) $1^3 + 2^3 + 3^3 + \cdots + n^3 = \dfrac{n^2(n+1)^2}{4}$

### 4. 二项式定理(牛顿公式)

$$
\begin{aligned}
(a+b)^n &= a^n + na^{n-1}b + \frac{n(n-1)}{2!}a^{n-2}b^2 + \frac{n(n-1)(n-2)}{3!}a^{n-3}b^3 \\
&\quad + \cdots + nab^{n-1} + b^n \\
&= \sum_{k=0}^{n} C_n^k a^{n-k} b^k
\end{aligned}
$$

## 二、三角

### 1. 基本公式

(1) $\sin^2\alpha + \cos^2\alpha = 1$　　　　(2) $\dfrac{\sin\alpha}{\cos\alpha} = \tan\alpha$

(3) $\frac{\cos\alpha}{\sin\alpha} = \cot\alpha$

(4) $\sec\alpha = \frac{1}{\cos\alpha}$

(5) $\csc\alpha = \frac{1}{\sin\alpha}$

(6) $1 + \tan^2\alpha = \sec^2\alpha$

(7) $1 + \cot^2\alpha = \csc^2\alpha$

(8) $\cot\alpha = \frac{1}{\tan\alpha}$

2. 和差公式

(1) $\sin(\alpha \pm \beta) = \sin\alpha\cos\beta \pm \cos\alpha\sin\beta$

(2) $\cos(\alpha \pm \beta) = \cos\alpha\cos\beta \mp \sin\alpha\sin\beta$

(3) $\tan(\alpha \pm \beta) = \frac{\tan\alpha \pm \tan\beta}{1 \mp \tan\alpha\tan\beta}$

(4) $\cot(\alpha \pm \beta) = \frac{\cot\alpha\cot\beta \mp 1}{\cot\beta \pm \cot\alpha}$

(5) $\sin\alpha + \sin\beta = 2\sin\frac{\alpha+\beta}{2}\cos\frac{\alpha-\beta}{2}$

(6) $\sin\alpha - \sin\beta = 2\cos\frac{\alpha+\beta}{2}\sin\frac{\alpha-\beta}{2}$

(7) $\cos\alpha + \cos\beta = 2\cos\frac{\alpha+\beta}{2}\cos\frac{\alpha-\beta}{2}$

(8) $\cos\alpha - \cos\beta = -2\sin\frac{\alpha+\beta}{2}\sin\frac{\alpha-\beta}{2}$

(9) $\cos\alpha\cos\beta = \frac{1}{2}[\cos(\alpha+\beta) + \cos(\alpha-\beta)]$

(10) $\sin\alpha\sin\beta = -\frac{1}{2}[\cos(\alpha+\beta) - \cos(\alpha-\beta)]$

(11) $\sin\alpha\cos\beta = \frac{1}{2}[\sin(\alpha+\beta) + \sin(\alpha-\beta)]$

3. 位角和半角公式

(1) $\sin2\alpha = 2\sin\alpha\cos\alpha$

(2) $\cos2\alpha = \cos^2\alpha - \sin^2\alpha = 2\cos^2\alpha - 1 = 1 - 2\sin^2\alpha$

(3) $\tan2\alpha = \frac{2\tan\alpha}{1-\tan^2\alpha}$

(4) $\cot2\alpha = \frac{\cot^2\alpha - 1}{2\cot\alpha}$

(5) $\sin\frac{\alpha}{2} = \sqrt{\frac{1-\cos\alpha}{2}}$

(6) $\cos\frac{\alpha}{2} = \sqrt{\frac{1+\cos\alpha}{2}}$

(7) $\tan\frac{\alpha}{2} = \sqrt{\frac{1-\cos\alpha}{1+\cos\alpha}}$

(8) $\cot\frac{\alpha}{2} = \sqrt{\frac{1+\cos\alpha}{1-\cos\alpha}}$

# 附录三　习题参考答案

## 习题 1－1

1. (1) 过 $xoy$ 平面上的直线 $2x-3y+4=0$ 且垂直于 $xoy$ 平面；(2) 过点 $(\frac{3}{2},0,0)$，垂直于 $x$ 轴；(3) 过 $yoz$ 平面上的直线 $2y-5z=0$ 且垂直于 $yoz$ 平面；(4) 过坐标原点，与三个坐标平面沿坐标轴正向形成的二面角都是 $\frac{\pi}{4}$.

2. (1) $(x-3)^2+y^2+(z+2)^2=16$;

(2) $(a^2-c^2)x^2+a^2y^2+a^2z^2=a^4-a^2c^2$;

(3) $-2x-6y+10+(z+1)^2=0$;

(4) $\begin{cases} x=4 \\ (y-2)^2+(z+1)^2=8 \end{cases}$.

3. (1) $(x+1)^2+(y+3)^2+(z-2)^2=9$;

(2) $\frac{x}{2}+y+z=1$;

(3) $y=-5$;

(4) $\frac{x^2}{4}+\frac{y^2}{3}+\frac{z^2}{3}=1$.

4. (略)

## 习题 1－2

1. $t^2f(x,y)$

2. $(x+y)^{xy}+(xy)^{2x}$

3. $\frac{x^3}{y^3}-2\frac{x}{y}\sqrt{xy}+3xy$

4. (示意图略)

(1) $\{(x,y)\mid y^2-2x+1>0\}$;

(2) $\{(x,y)\mid x+y>0,x-y>0\}$;

(3) $\{(x,y) \mid x \geqslant 0, y \geqslant 0, x^2 \geqslant y\}$;

(4) $\{(x,y) \mid 4 < x^2 + y^2 < 16\}$;

(5) $\{(x,y) \mid x^2 + y^2 < 4, |x| \leqslant 1\}$;

(6) $\{(x,y) \mid 2 \leqslant x^2 + y^2 \leqslant 4, x > y^2\}$;

(7) $\{(x,y) \mid -1 \leqslant x - y^2 \leqslant 1, x^2 + y^2 < 9\}$

5. (1) 1; (2) ln2; (3) 2; (4) 2

6. (略)

7. (1) $(0,0)$; (2) $\{(x,y) \mid x + y = 0\}$;

(3) 坐标轴上各点; (4) $\{(x,y) \mid y^2 - 2x = 0\}$

## 习题 1 - 3

1. (1) $\frac{\partial z}{\partial x} = 3x^2y - y^3, \frac{\partial z}{\partial y} = x^3 - 3xy^2$;

(2) $\frac{\partial z}{\partial x} = \frac{1}{2x\sqrt{\ln(xy)}}, \frac{\partial z}{\partial y} = \frac{1}{2y\sqrt{\ln(xy)}}$;

(3) $\frac{\partial z}{\partial x} = \frac{y}{\sqrt{1 - x^2y^2}} - y\sin(2xy), \frac{\partial z}{\partial y} = \frac{x}{\sqrt{1 - x^2y^2}} - x\sin(2xy)$;

(4) $\frac{\partial z}{\partial x} = y^2(1 + xy)^{y-1}, \frac{\partial z}{\partial y} = (1 + xy)^y\left[\ln(1 + xy) + \frac{xy}{1 + xy}\right]$;

(5) $\frac{\partial z}{\partial x} = -\frac{1}{x}, \frac{\partial z}{\partial y} = \frac{1}{y}$;

(6) $\frac{\partial z}{\partial x} = ye^{xy} + 2xy, \frac{\partial z}{\partial y} = xe^{xy} + x^2$;

(7) $\frac{\partial z}{\partial x} = y\sqrt{R^2 - x^2 - y^2} - \frac{x^2y}{\sqrt{R^2 - x^2 - y^2}}$,

$\frac{\partial z}{\partial y} = x\sqrt{R^2 - x^2 - y^2} - \frac{xy^2}{\sqrt{R^2 - x^2 - y^2}}$;

(8) $\frac{\partial z}{\partial x} = \frac{y^2}{(\sqrt{x^2 + y^2})^3}, \frac{\partial z}{\partial y} = \frac{-xy}{(\sqrt{x^2 + y^2})^3}$;

(9) $\frac{\partial z}{\partial x} = e^{\sin x}\sin x\cos y, \frac{\partial z}{\partial y} = -e^{\sin x}\sin y$;

(10) $\frac{\partial u}{\partial x} = \frac{x}{\sqrt{x^2 + y^2 + z^2}}, \frac{\partial u}{\partial y} = \frac{y}{\sqrt{x^2 + y^2 + z^2}}, \frac{\partial u}{\partial z} = \frac{z}{\sqrt{x^2 + y^2 + z^2}}$;

(11) $\frac{\partial u}{\partial x} = 2xy^3z^5e^{x^2y^3z^5}, \frac{\partial u}{\partial y} = 3x^2y^2z^5e^{x^2y^3z^5}, \frac{\partial u}{\partial z} = 5x^2y^3z^4e^{x^2y^3z^5}$.

2 ~ 3. (略)

4. $f_x(x,1)=1$

5. $f_x(3,4)=\frac{2}{5}$

6. (1) $\frac{\partial^2 z}{\partial x^2}=\frac{2xy}{(x^2+y^2)^2},\frac{\partial^2 z}{\partial x\partial y}=\frac{\partial^2 z}{\partial y\partial x}=\frac{-x^2+y^2}{(x^2+y^2)^2},\frac{\partial^2 z}{\partial y^2}=\frac{-2xy}{(x^2+y^2)^2}$;

(2) $\frac{\partial^2 z}{\partial x^2}=y^x\ln^2 y,\frac{\partial^2 z}{\partial x\partial y}=\frac{\partial^2 z}{\partial y\partial x}=y^{x-1}+xy^{x-1}\ln y,\frac{\partial^2 z}{\partial y^2}=x(x-1)y^{x-2}$;

(3) $\frac{\partial^2 z}{\partial x^2}=12x^2-8y^2,\frac{\partial^2 z}{\partial x\partial y}=\frac{\partial^2 z}{\partial y\partial x}=-16xy,\frac{\partial^2 z}{\partial y^2}=-8x^2+12y^2$;

(4) $\frac{\partial^2 z}{\partial x^2}=\frac{x+2y}{(x+y)^2},\frac{\partial^2 z}{\partial x\partial y}=\frac{\partial^2 z}{\partial y\partial x}=\frac{y}{(x+y)^2},\frac{\partial^2 z}{\partial y^2}=-\frac{x}{(x+y)^2}$

7. $f_x(0,0,1)=0,f_y(0,1,0)=0,f_{xx}(0,1,0)=0,f_{xz}(1,0,2)=2,$ $f_{yz}(0,-1,0)=0,f_{zzx}(2,0,1)=0$

8. $\frac{\partial^3 z}{\partial x^2\partial y}=0,\frac{\partial^3 z}{\partial x\partial y^2}=-\frac{1}{y^2}$

9. (略)

10. $\frac{\partial u}{\partial y}=-\frac{1}{2}$

11. $f_x(0,0)=1,f_y(0,0)=-1$

12. $z_{xy}=xf_{uu}(xy)-\frac{y}{x^2}f_{vv}(\frac{y}{x})$,其中 $u=xy,v=\frac{y}{x}$

13. (1)614400；(2) $\frac{\partial p}{\partial x}=960\ (\frac{y}{x})^{0.6}$，$\frac{\partial p}{\partial y}=1440\ (\frac{x}{y})^{0.4}$；(3)(略)；(4)7680,360

14. $\eta_{p_1}=-\frac{3}{8},\eta_{p_2}=-\frac{2}{5},\eta_y=-\frac{5}{2}$

## 习题 1 - 4

1. (1) $dz=(\frac{1}{y^2}+y)dx+x(1--\frac{1}{y^2})dy$;

(2) $dz=e^{x-2y}(dx-2dy)$;

(3) $dz=\frac{x(-ydx+xdy)}{(\sqrt{x^2+y^2})^3}$;

(4) $du=x^{yz}(\frac{yz}{x}dx+z\ln xdy+y\ln xdz)$;

(5) $dz=(x+2x\ln(xy))dx+\frac{x^2}{y}dy$;

(6) $dz = \dfrac{-2x dx + 2y dy}{(x^2 - y^2)^2}$;

(7) $dz = \dfrac{y dx - x dy}{2y\sqrt{xy}}$;

(8) $dz = \sqrt{\dfrac{ax - by}{ax + by}}\dfrac{ab(-y dx + x dy)}{(ax - by)^2}$;

(9) $dz = e^{x^2+y^2}(2x dx + 2y dy)$;

(10) $dz = \dfrac{y dx + x dy}{1 + x^2y^2}$

2. (1) $dz = -0.20$; (2) $dz = 0.25e$

3. 2.95　4. 2.039　5. $-5cm$

6. (1) 在 $A(0,0)$: $L(x,y) = 1$, 在 $B(1,1)$: $L(x,y) = 2x + 2y - 1$;

(2) 在 $A(0,0)$: $L(x,y) = 4x + 4y + 4$, 在 $B(1,2)$: $L(x,y) = 10x + 10y - 5$;

(3) 在 $A(0,0)$: $L(x,y) = 0$, 在 $B(1,1)$: $L(x,y) = 3x + 4y - 7$

## 习题1－5

1. $\dfrac{\partial z}{\partial x} = \dfrac{2x}{y^2}\ln(3x - 2y) + \dfrac{3x^2}{(3x - 2y)y^2}, \dfrac{\partial z}{\partial y} = -\dfrac{2x^2}{y^3}\ln(3x - 2y) - \dfrac{2x^2}{(3x - 2y)y^2}\dfrac{\partial z}{\partial y}$

2. $e^{\sin t - 2t^3}(\cos t - 6t^2)$

3. $\dfrac{e^x(1 + x)}{1 + x^2e^{2x}}$

4. $e^{ax}\sin x$

5. (略)

6. (1) $\dfrac{\partial u}{\partial x} = 2xf', \dfrac{\partial u}{\partial y} = 2yf', \dfrac{\partial u}{\partial z} = 2zf'$;

(2) $\dfrac{\partial u}{\partial x} = 2xf_1' + ye^{xy}f_2', \dfrac{\partial u}{\partial y} = -2yf_1' + xe^{xy}f_2'$;

(3) $\dfrac{\partial u}{\partial x} = \dfrac{1}{y}f_1', \dfrac{\partial u}{\partial y} = -\dfrac{x}{y^2}f_1' + \dfrac{1}{z}f_2', \dfrac{\partial u}{\partial z} = -\dfrac{y}{z^2}f_2'$;

(4) $\dfrac{\partial u}{\partial x} = f_1', + yf_2' + yzf_3', \dfrac{\partial u}{\partial y} = xf_2' + xzf_3', \dfrac{\partial u}{\partial z} = xyf_3'$

7. (1) $\dfrac{\partial^2 z}{\partial x^2} = y^2f_{11}'', \dfrac{\partial^2 z}{\partial x\partial y} = f_1' + y(xf_{11}'' + f_{12}''), \dfrac{\partial^2 z}{\partial y^2} = x^2f_{11}'' + 2xf_{12}'' + f_{22}''$;

(2) $\dfrac{\partial^2 z}{\partial x^2} = f_{11}'' + \dfrac{2}{y}f_{12}'' + \dfrac{1}{y^2}f_{22}'', \dfrac{\partial^2 z}{\partial x\partial y} = -\dfrac{x}{y^2}(f_{12}'' + \dfrac{1}{y}f_{22}'') - \dfrac{1}{y^2}f_2'$,

$\frac{\partial^2 z}{\partial y^2}=\frac{2x}{y^3}f_2'+\frac{x^2}{y^4}f_{22}''$;

(3) $\frac{\partial^2 z}{\partial x^2}=2yf_2'+y^4f_{11}''+4xy^3f_{12}''+4x^2y^2f_{22}''$,

$\frac{\partial^2 z}{\partial x\partial y}=2yf_1'+2xf_2'+2xy^3f_{11}''+5x^2y^2f_{12}''+2x^3yf_{22}''$,

$\frac{\partial^2 z}{\partial y^2}=2xf_1'+4x^2y^2f_{11}''+4x^3yf_{12}''+x^4f_{22}''$

(4) $\frac{\partial^2 z}{\partial x^2}=e^{x+y}f_3'-(\sin x)f_1'+(\cos^2 x)f_{11}''+2e^{x+y}(\cos x)f_{13}''+e^{2(x+y)}f_{33}''$,

$\frac{\partial^2 z}{\partial x\partial y}=e^{x+y}f_3'-(\cos x\sin y)f_{12}''+e^{x+y}(\cos x)f_{13}''-e^{x+y}(\sin y)f_{32}''+e^{2(x+y)}f_{33}''$,

$\frac{\partial^2 z}{\partial y^2}=e^{x+y}f_3'-(\cos y)f_2'+(\sin^2 y)f_{22}''-2e^{x+y}(\sin y)f_{23}''+e^{2(x+y)}f_{33}''$

8 ~ 9.（略）

10. $\frac{\partial^2 z}{\partial x\partial y}=\cos(xy)-xy\sin(xy)-\frac{1}{y^2}\varphi_2'-\frac{x}{y^2}(\varphi_{12}''+\frac{1}{y}\varphi_{22}'')$

11. $\frac{\partial^2 z}{\partial x\partial y}=f_1'+xyf_{11}''-\frac{1}{y^2}f_2'-\frac{x}{y^3}f_{22}''-\frac{1}{x^2}\varphi'-\frac{y}{x^3}\varphi''$

12. (1) $\frac{y^2}{1-xy}$;(2) $\frac{y^2-e^x}{\cos y-2xy}$;(3) $-\frac{y}{x}$;(4) $\frac{x+y}{x-y}$

13. $\frac{\partial z}{\partial x}=\frac{\sqrt{xyz}-yz}{xy-\sqrt{xyz}}$, $\frac{\partial z}{\partial y}=\frac{2\sqrt{xyz}-xz}{xy-\sqrt{xyz}}$, $\frac{\partial x}{\partial y}=\frac{2\sqrt{xyz}-xz}{yz-\sqrt{xyz}}$,

$\mathrm{d}z=\frac{\sqrt{xyz}-yz}{xy-\sqrt{xyz}}\mathrm{d}x+\frac{2\sqrt{xyz}-xz}{xy-\sqrt{xyz}}\mathrm{d}y$

14. $\frac{\partial z}{\partial x}=\frac{yz}{e^z-xy}$, $\frac{\partial z}{\partial y}=\frac{xz}{e^z-xy}$, $\frac{\partial x}{\partial y}=\frac{x}{y}$, $\mathrm{d}z=\frac{yz}{e^z-xy}\mathrm{d}x+\frac{xz}{e^z-xy}\mathrm{d}y$

15. (1) $\frac{\partial^2 z}{\partial x^2}=-\frac{x^2z^2(2x+z)}{(x^2+xz)^3}$, $\frac{\partial^2 z}{\partial x\partial y}=\frac{2xz^2+z^3}{y(x+z)^3}$, $\frac{\partial^2 z}{\partial y^2}=-\frac{x^2z(x+z+1)}{y^2(x+z)^3}$;

(2) $\frac{\partial^2 z}{\partial x^2}=\frac{2z^2-z^3-2z}{x^2(z-1)^3}$, $\frac{\partial^2 z}{\partial x\partial y}=-\frac{z}{xy(z-1)^3}$, $\frac{\partial^2 z}{\partial y^2}=-\frac{2z^2-z^3-2z}{y^2(z-1)^3}$;

(3) $\frac{\partial^2 z}{\partial x^2}=-\frac{2xy^3z}{(z^2-xy)^3}$, $\frac{\partial^2 z}{\partial x\partial y}=\frac{z^2+xyz}{(z^2-xy)^2}$, $\frac{\partial^2 z}{\partial y^2}=-\frac{2x^3z}{(z^2-xy)^3}$

16 ~ 18.（略）

## 习题 1 - 6

1. (1) 极大值 $f(2,-2)=8$;(2) 极小值 $f(0,1)=0$;(3) 极小值 $f(0,1)=0$;

(4) 极小值$f(\frac{1}{2},\frac{3}{2})=0$;(5) 极小值$f(1,1)=-1$;(6) 极小值$f(\frac{1}{2},-1)=-\frac{e}{2}$

2. 当$x=1,y=-1$时,极大值$z=6$,极小值$z=-2$.

3. 当长、宽、高都是$\frac{2a}{\sqrt{3}}$时,可得最大体积.

4. $A$产品的产量为120、$B$产品的产量为80时,工厂可获得最大利润.

5. 当总产量为10,甲厂的产量为6,乙厂的产量为4,单位为80时获得最大利润500.

6. 当$x=5,y=7.5$时,获得最大利润550.

7. (1) 当$K=8,L=16$时,产量为$Q=48$,获得最大利润16;

(2) 投入资本6个单位,劳动力12个单位可获取最大利润15.53.

8. $(\frac{21}{13},2,\frac{63}{26})$

9. 长为40,宽为60

10. 长 = 宽 = 5.6倍高

11. 当$Q_1=12,Q_2=9$时利润最大

## 习题1-7

1. $y=1.82+0.11x$

2. $\theta=2.234p+95.33$

3. $y=-0.3036t+27.125$

4. $y=0.2568x+2.9303$

## 习题一

**第一部分　判断是非题**

| | | | | | |
|---|---|---|---|---|---|
| 1. 非 | 2. 非 | 3. 是 | 4. 非 | 5. 非 | 6. 是 |
| 7. 非 | 8. 是 | 9. 是 | 10. 非 | 11. 是 | 12. 是 |
| 13. 非 | 14. 非 | 15. 非 | 16. 非 | 17. 是 | 18. 非 |
| 19. 是 | 20. 非 | 21. 是 | 22. 是 | 23. 是 | 24. 是 |
| 25. 是 | 26. 是 | 27. 是 | 28. 非 | 29. 是 | 30. 非 |
| 31. 非 | 32. 是 | 33. 是 | | | |

## 第二部分　单项选择题

1. $C$　2. $A$　3. $D$　4. $B$　5. $A$　6. $C$
7. $D$　8. $A$　9. $D$　10. $B$　11. $C$　12. $D$
13. $A$　14. $A$　15. $D$　16. $A$　17. $C$　18. $B$
19. $D$　20. $C$　21. $A$　22. $B$　23. $C$　24. $B$
25. $C$　26. $B$　27. $C$　28. $C$　29. $C$　30. $D$
31. $B$　32. $A$　33. $C$　34. $B$　35. $C$　36. $D$
37. $C$　38. $B$　39. $C$　40. $C$　41. $C$　42. $D$
43. $A$　44. $D$　45. $C$　46. $B$　47. $D$　48. $D$
49. $D$　50. $D$　51. $A$

## 第三部分　多项选择题

1. $ABC$　2. $AC$　3. $AC$　4. $ACD$　5. $CD$　6. $AB$
7. $ABCD$　8. $CD$　9. $BC$　10. $ABD$　11. $ABCD$　12. $AD$
13. $AD$　14. $BD$

## 第四部分　计算题与证明题

1.（示意图略）

(1) $\{(x,y)\mid 0\leqslant x^2+y^2\leqslant 4\}$;

(2) $\{(x,y)\mid y\geqslant x,(x-1)^2+y^2>1\}\cup\{(x,y)\mid y\leqslant x,(x-1)^2+y^2<1\}$;

(3) $\{(x,y)\mid y^2\geqslant 4x,0<x^2+y^2<1\}$;

(4) $\{(x,y)\mid -y^2\leqslant x\leqslant y^2,0<y<1\}$

2. $f(x)=x(x+2),z=\sqrt{y}+x-1$

3. (1)0;(2) $-2$;(3) $e^{\frac{1}{a}}$;(4)0;(5)2;(6)0;(7) $\frac{1}{6}$

4.（略）

5. (1) $\frac{\partial z}{\partial x}=\frac{1}{y}\cos\frac{x}{y}+(1-xy)e^{-xy},\frac{\partial z}{\partial y}=-\frac{x}{y^2}\cos\frac{x}{y}-x^2e^{-xy}$;

(2) $\frac{\partial u}{\partial x}=y^zx^{y^z-1},\frac{\partial u}{\partial y}=x^{y^z}zy^{z-1}\ln x,\frac{\partial u}{\partial z}=x^{y^z}y^z\ln x\ln y$;

(3) $\frac{\partial z}{\partial x}=\sec^2(x+y)-\frac{2x}{y}\sin x^2,\frac{\partial z}{\partial y}=\sec^2(x+y)-\frac{1}{y^2}\cos x^2$;

(4) $\frac{\partial u}{\partial x}=\frac{-x^2+y^2+z^2}{(x^2+y^2+z^2)^2},\frac{\partial u}{\partial y}=\frac{-2xy}{(x^2+y^2+z^2)^2},\frac{\partial u}{\partial z}=\frac{-2xz}{(x^2+y^2+z^2)^2}$;

(5) $\frac{\partial z}{\partial x}=\frac{2}{y}\csc\frac{2x}{y},\frac{\partial z}{\partial y}=-\frac{2x}{y^2}\csc\frac{2x}{y}$;

(6) $\frac{\partial z}{\partial x}=\frac{1}{1+x^2},\frac{\partial z}{\partial y}=\frac{1}{1+y^2}$

6. (1) $\frac{\partial^2 z}{\partial x^2}=-\frac{2(x^2-y^2)}{(x^2+y^2)^2},\frac{\partial^2 z}{\partial x\partial y}=\frac{\partial^2 z}{\partial y\partial x}=-\frac{4xy}{(x^2+y^2)^2},\frac{\partial^2 z}{\partial y^2}=\frac{2(x^2-y^2)}{(x^2+y^2)^2}$;

(2) $\frac{\partial^2 z}{\partial x^2}=y(y-1)x^{y-2},\frac{\partial^2 z}{\partial x\partial y}=\frac{\partial^2 z}{\partial y\partial x}=x^{y-1}(1+y\ln x),\frac{\partial^2 z}{\partial y^2}=x^y\ln^2 x$;

(3) $\frac{\partial^2 z}{\partial x^2}=2a^2\cos 2(ax+by),\frac{\partial^2 z}{\partial x\partial y}=\frac{\partial^2 z}{\partial y\partial x}=2ab\cos 2(ax+by)$,

$\frac{\partial^2 z}{\partial y^2}=2b^2\cos 2(ax+by)$;

(4) $\frac{\partial^2 z}{\partial x^2}=2\arctan\frac{y}{x}-\frac{2x(x^2y^2+2y^4+1)}{y(x^2+y^2)^2}$,

$\frac{\partial^2 z}{\partial x\partial y}=\frac{\partial^2 z}{\partial y\partial x}=\frac{(x^2+3y^2)(x^2y^2-1)}{y^2(x^2+y^2)^2}$,

$\frac{\partial^2 z}{\partial y^2}=2\arctan\frac{x}{y}-\frac{2y(x^2y^2+2x^4+1)}{x(x^2+y^2)^2}$

7. (1) $\frac{\partial u}{\partial x}=\frac{1}{y}f_1'-\frac{y}{x^2}f_2',\frac{\partial u}{\partial y}=-\frac{x}{y^2}f_1'+\frac{1}{x}f_2'$;

(2) $\frac{\partial u}{\partial x}=f_1'+yf_2'+yzf_3',\frac{\partial u}{\partial y}=xf_2'+xzf_3',\frac{\partial u}{\partial z}=xyf_3'$

8. $\Delta z=0.02,\mathrm{d}z=0.03$

9. (1) $\mathrm{d}z=(1+\ln(xy))\mathrm{d}x+\frac{x}{y}\mathrm{d}y$; (2) $\mathrm{d}u=x^{\frac{y}{z}-1}\left(\frac{y}{z}\mathrm{d}x+\frac{x\ln x}{z}\mathrm{d}y-\frac{xy\ln x}{z^2}\mathrm{d}z\right)$

10. $\mathrm{d}z=\frac{1}{3}\mathrm{d}x+\frac{2}{3}\mathrm{d}y$

11. (略)

12. $\frac{\mathrm{d}u}{\mathrm{d}t}=yx^{y-1}\cdot\varphi'(t)+x^y\ln x\cdot\psi'(t)$

13. $\frac{\partial z}{\partial x}=\frac{\partial z}{\partial u}-\frac{\partial z}{\partial w},\frac{\partial z}{\partial y}=-\frac{\partial z}{\partial u}+\frac{\partial z}{\partial v},\frac{\partial z}{\partial s}=-\frac{\partial z}{\partial v}+\frac{\partial z}{\partial w}$

14. $\frac{\partial^2 z}{\partial x\partial y}=xe^{2y}f''_{uu}+e^yf''_{uy}+xe^yf''_{xu}+f''_{xy}+e^yf'_u$

15. $\frac{\partial z}{\partial x}=(v\cos v-u\sin v)e^{-u},\frac{\partial z}{\partial y}=(u\cos v+v\sin v)e^{-u}$

16. $\frac{\partial z}{\partial x}=-\frac{f_1'+2xf_2'}{f_1'+2zf_2'},\frac{\partial z}{\partial y}=-\frac{f_1'+2yf_2'}{f_1'+2zf_2'}$

17. $\mathrm{d}z=\frac{1}{xe^{xz}-y}[(y-ze^{xz})\mathrm{d}x+(x+z)\mathrm{d}y]$

18. $(\frac{4}{5},\frac{3}{5},\frac{35}{12})$

19. 当矩形的宽和高都是$\frac{L}{\pi+4}$时才能使窗子的面积最大

20. 当水池的长为$6m$,宽为$6m$,高为$3m$时,容积最大

21. 当$p_1=80,p_2=120$时,厂家获得最大利润605

22. 当$x=\frac{\alpha k}{\alpha+\beta+\gamma},y=\frac{\beta k}{\alpha+\beta+\gamma},z=\frac{\gamma k}{\alpha+\beta+\gamma}$时，获得最大效益$\alpha^{\alpha}\beta^{\beta}\gamma^{\gamma}\left(\frac{k}{\alpha+\beta+\gamma}\right)^{\alpha+\beta+\gamma}$

## 习题2－1

1. (1) 底面积为$S_D$,高为的柱体的体积为$kS_D$;

(2) 半径为的半球体的体积为$\frac{2}{3}\pi R^3$

2. (1)$I_1\geqslant I_2$;(2)$I_1\leqslant I_2$

3. (1)$0\leqslant\iint\limits_D xy(x+y)\mathrm{d}\sigma\leqslant 2$;(2)$2\leqslant\iint\limits_D(x+y+1)\mathrm{d}\sigma\leqslant 8$;

(3)$0\leqslant\iint\limits_D\sin^2x\sin^2y\mathrm{d}\sigma\leqslant\pi^2$;(4)$36\pi\leqslant\iint\limits_D(x^2+4y^2+9)\mathrm{d}\sigma\leqslant 100\pi$

## 习题2－2

1. (1) $\int_0^4\mathrm{d}x\int_x^{2\sqrt{x}}f(x,y)\mathrm{d}y$或$\int_0^4\mathrm{d}y\int_{\frac{y^2}{4}}^{y}f(x,y)\mathrm{d}x$;

(2) $\int_{-r}^{r}\mathrm{d}x\int_0^{\sqrt{r^2-x^2}}f(x,y)\mathrm{d}y$或$\int_0^r\mathrm{d}y\int_{-\sqrt{r^2-y^2}}^{\sqrt{r^2-y^2}}f(x,y)\mathrm{d}x$;

(3) $\int_1^2\mathrm{d}x\int_{\frac{1}{x}}^{x}f(x,y)\mathrm{d}y$或$\int_{\frac{1}{2}}^{1}\mathrm{d}y\int_{\frac{1}{y}}^{2}f(x,y)\mathrm{d}x+\int_1^2\mathrm{d}y\int_y^2 f(x,y)\mathrm{d}x$;

(4) $\int_{-1}^{1}\mathrm{d}x\int_{\sqrt{1-x^2}}^{\sqrt{4-x^2}}f(x,y)\mathrm{d}y+\int_{-1}^{1}\mathrm{d}x\int_{-\sqrt{4-x^2}}^{-\sqrt{1-x^2}}f(x,y)\mathrm{d}y+\int_{-2}^{-1}\mathrm{d}x\int_{-\sqrt{4-x^2}}^{\sqrt{4-x^2}}f(x,y)\mathrm{d}y$

$+\int_1^2\mathrm{d}x\int_{-\sqrt{4-x^2}}^{\sqrt{4-x^2}}f(x,y)\mathrm{d}y$　或　$\int_{-1}^{1}\mathrm{d}y\int_{-\sqrt{4-y^2}}^{\sqrt{4-y^2}}f(x,y)\mathrm{d}x+\int_{-2}^{-1}\mathrm{d}y\int_{-\sqrt{4-y^2}}^{\sqrt{4-y^2}}f(x,y)\mathrm{d}x$

$+\int_{-1}^{1}\mathrm{d}y\int_{-\sqrt{4-y^2}}^{-\sqrt{1-y^2}}f(x,y)\mathrm{d}y+\int_{-1}^{1}\mathrm{d}y\int_{\sqrt{1-y^2}}^{\sqrt{4-y^2}}f(x,y)\mathrm{d}x$

2. (1) $\frac{6}{55}$;(2) $\frac{64}{15}$;(3) $\frac{13}{6}$;(4) $\frac{2}{3}$;(5) $-2$;(6)9;(7) $\frac{8}{3}$;(8) $\frac{20}{3}$;(9)1

3 ~ 4.(略)

5. (1) $\int_0^4 dx\int_{\frac{x}{2}}^{\sqrt{x}} f(x,y)dy$; (2) $\int_0^1 dy\int_{2-y}^{1+\sqrt{1-y^2}} f(x,y)dx$; (3) $\int_{-1}^1 dx\int_0^{\sqrt{1-x^2}} f(x,y)dy$;

(4) $\int_0^1 dy\int_{\sqrt{y}}^{3-2y} f(x,y)dx$

6. $\frac{7}{2}$

7. $\frac{17}{6}$

8. $6\pi$

9. $\frac{4}{3}$

## 习题 2 - 3

1. (积分区域图略)

(1) $\int_0^{2\pi} d\theta\int_0^a f(r\cos\theta, r\sin\theta)rdr$;　(2) $\int_{-\frac{\pi}{2}}^{\frac{\pi}{2}} d\theta\int_0^{2\cos\theta} f(r\cos\theta, r\sin\theta)rdr$;

(3) $\int_0^{2\pi} d\theta\int_a^b f(r\cos\theta, r\sin\theta)rdr$;　(4) $\int_0^{\frac{\pi}{2}} d\theta\int_0^{\frac{1}{\cos\theta+\sin\theta}} f(r\cos\theta, r\sin\theta)rdr$

2. (1) $\int_0^{\frac{\pi}{4}} d\theta\int_0^{\sec\theta} f(r\cos\theta, r\sin\theta)rdr + \int_{\frac{\pi}{4}}^{\frac{\pi}{2}} d\theta\int_0^{\csc\theta} f(r\cos\theta, r\sin\theta)rdr$;

(2) $\int_0^{\frac{\pi}{2}} d\theta\int_{\frac{1}{\cos\theta+\sin\theta}}^1 f(r\cos\theta, r\sin\theta)rdr$;

(3) $\int_{\frac{\pi}{4}}^{\frac{\pi}{3}} d\theta\int_0^{2\sec\theta} f(r)rdr$;

(4) $\int_0^{\frac{\pi}{4}} d\theta\int_0^{\sec\theta} f(r\cos\theta, r\sin\theta)rdr - \int_0^{\frac{\pi}{4}} d\theta\int_0^{\tan\theta\sec\theta} f(r\cos\theta, r\sin\theta)rdr$.

3. (1) $\int_0^{\frac{\pi}{2}} d\theta\int_0^{2a\cos\theta} r^2\cdot rdr = \frac{3\pi a^4}{4}$;

(2) $\int_0^{\frac{\pi}{4}} d\theta\int_0^{a\sec\theta} r\cdot rdr = \frac{(\sqrt{2}+\ln(\sqrt{2}+1))a^3}{6}$;

(3) $\int_0^{\frac{\pi}{4}} d\theta\int_0^{\tan\theta\sec\theta} dr = \sqrt{2}-1$;

(4) $\int_0^{\frac{\pi}{2}} d\theta\int_0^a r^2\cdot rdr = \frac{a^4\pi}{8}$

4. (1) $\pi(e^4-1)$; (2) $\frac{\pi}{4}(2\ln 2-1)$; (3) $\frac{3\pi^2}{64}$

5. (1) $\frac{9}{4}$; (2) $\frac{\pi}{8}(\pi-2)$; (3) $14a^4$; (4) $\frac{2\pi}{3}(b^3-a^3)$

6. $\frac{1}{3}R^3\arctan k$

7. $\frac{3\pi a^4}{32}$

# 习题二

## 第一部分　判断是非题

| | | | | | |
|---|---|---|---|---|---|
| 1. 是 | 2. 非 | 3. 是 | 4. 是 | 5. 是 | 6. 非 |
| 7. 是 | 8. 非 | 9. 是 | 10. 是 | 11. 是 | 12. 是 |
| 13. 是 | 14. 是 | 15. 是 | 16. 是 | 17. 非 | 18. 非 |
| 19. 非 | 20. 是 | 21. 是 | 22. 是 | 23. 是 | 24. 是 |
| 25. 是 | 26. 是 | 27. 是 | 28. 是 | 29. 是 | 30. 是 |
| 31. 是 | 32. 非 | 33. 是 | 34. 非 | 35. 是 | 36. 是 |
| 37. 是 | 38. 是 | 39. 非 | 40. 是 | 41. 是 | 42. 是 |

## 第二部分　单项选择题

| | | | | | |
|---|---|---|---|---|---|
| 1. $C$ | 2. $D$ | 3. $A$ | 4. $B$ | 5. $D$ | 6. $C$ |
| 7. $B$ | 8. $B$ | 9. $D$ | 10. $C$ | 11. $C$ | 12. $D$ |
| 13. $A$ | 14. $D$ | 15. $A$ | 16. $C$ | 17. $C$ | 18. $B$ |

## 第三部分　多项选择题

1. $ABC$　　2. $ABCD$　　3. $BC$

## 第四部分　计算与证明

1. (1)$\pi-\frac{2}{3}$;(2) $-\frac{\pi}{16}$;(3) $\frac{3}{2}+\cos 1+\sin 1-\cos 2-2\sin 2$;(4)$\pi^2-\frac{40}{9}$;(5) $\frac{1}{3}R^3(\pi-\frac{4}{3})$;(6) $\frac{\pi}{4}R^4+9\pi R^2$;(7)$\pi$;(8)$1-\sin 1$

2. (1) $\frac{3e}{8}-\frac{\sqrt{e}}{2}$;(2)4;(3) $\frac{3\pi a^4}{4}$

3. (1) $\int_{-2}^{0}\mathrm{d}x\int_{2x+4}^{4-x^2}f(x,y)\mathrm{d}y$;(2) $\int_{0}^{2}\mathrm{d}x\int_{\frac{x}{2}}^{3-x}f(x,y)\mathrm{d}y$;

(3) $\int_{0}^{1}\mathrm{d}y\int_{0}^{y^2}f(x,y)\mathrm{d}x+\int_{1}^{2}\mathrm{d}x\int_{0}^{\sqrt{2y-y^2}}f(x,y)\mathrm{d}x$.

4. (略)

5. $\int_0^{\frac{\pi}{4}} d\theta \int_0^{\sec\theta\tan\theta} f(r\cos\theta, r\sin\theta) r dr + \int_{\frac{\pi}{4}}^{\frac{3\pi}{4}} d\theta \int_0^{\csc\theta} f(r\cos\theta, r\sin\theta) r dr$

$+ \int_{\frac{3\pi}{4}}^{\pi} d\theta \int_0^{\sec\theta\tan\theta} f(r\cos\theta, r\sin\theta) r dr$

6. $V = \int_0^1 dx \int_x^{2-x} (x^2 + y^2) dy = \frac{4}{3}$

7. $40000(1 - \frac{1}{e^2}) \ln \frac{7}{2}$

8. $\frac{128}{15}$

9. 20

10. $\frac{1}{486}(3 - 432\sqrt{3} + 213\sqrt{145} + \sqrt{-654 + 222\sqrt{145}})$

11. $\frac{4}{3} + \frac{5\pi}{8}$

## 习题 3 - 1

1. (1) $1 - \frac{1}{3} + \frac{1}{7} - \frac{1}{15} + \frac{1}{31}$;

(2) $\frac{1}{8} + \frac{3}{5 \times 2^5} + \frac{3}{7 \times 2^7} + \frac{3}{9 \times 2^9} + \frac{3}{11 \times 2^{11}}$;

(3) $0 + 1 + 0 + \frac{1}{2} + 0$;

(4) $\frac{1 \times 4}{2 \times 7} + \frac{1 \times 4 \times 7}{2 \times 7 \times 12} + \frac{1 \times 4 \times 7 \times 10}{2 \times 7 \times 12 \times 17} + \frac{1 \times 4 \times 7 \times 10 \times 13}{2 \times 7 \times 12 \times 17 \times 22}$
$+ \frac{1 \times 4 \times 7 \times 10 \times 13 \times 16}{2 \times 7 \times 12 \times 17 \times 22 \times 27}$;

(5) $1 + \frac{3}{5} + \frac{4}{10} + \frac{5}{17} + \frac{6}{26}$;

(6) $\frac{1}{2} + \frac{1 \times 3}{2 \times 4} + \frac{1 \times 3 \times 5}{2 \times 4 \times 6} + \frac{1 \times 3 \times 5 \times 7}{2 \times 4 \times 6 \times 8} + \frac{1 \times 3 \times 5 \times 7 \times 9}{2 \times 4 \times 6 \times 8 \times 10}$;

(7) $\frac{1}{5} - \frac{1}{5^2} + \frac{1}{5^3} - \frac{1}{5^4} + \frac{1}{5^5}$;

(8) $1 + \frac{2}{2^2} + \frac{6}{3^3} + \frac{24}{4^4} + \frac{120}{5^5}$.

2. (1) $(-1)^{n+1} \frac{n+1}{n}$; (2) $\frac{n!}{n^n}$; (3) $\frac{x^{\frac{n}{2}}}{2 \cdot 4 \cdot 6 \cdots (2n)}$; (4) $(-1)^{n-1} \frac{a^{n+1}}{2n+1}$.

3. (1) 发散; (2) 收敛; (3) 发散.

4. (1) 收敛;(2) 发散;(3) 发散;(4) 当$|a|>1$时收敛,当$|a|\leqslant 1$时发散;(5) 发散;(6) 收敛;(7) 发散;(8) 发散.

## 习题3-2

1. (1) 发散;(2) 发散;(3) 发散;(4) 收敛;(5) 收敛;(6) 收敛;(7) 当$a>1$时收敛,当$a\leqslant 1$时发散;(8) 收敛;(9) 收敛;(10) 发散;(11) 发散;(12) 收敛;(13) 收敛;(14) 收敛.

2. (略)

3. (略)

4. (1) 收敛;(2) 发散;(3) 收敛;(4) 收敛;(5) 收敛;(6) 发散;(7) 发散;(8) 发散;(9) 收敛;(10) 收敛;(11) 收敛;(12) 当$|x|\leqslant 1$时收敛,当$|x|>1$时发散;(13) 收敛;(14) 发散.

5. (1) 收敛;(2) 收敛;(3) 收敛;(4) 当$a>b$时收敛,当$a\leqslant b$时发散;(5) 收敛;(6) 当$0<a\leqslant 1$时收敛,当$a>1$时发散;(7) 收敛;(8) 收敛;(9) 发散;(10) 收敛.

## 习题3-3

(1) 条件收敛;(2) 绝对收敛;(3) 绝对收敛;(4) 绝对收敛;(5) 发散;(6) 发散;(7) 条件收敛;(8) 发散;(9) 发散;(10) 绝对收敛;(11) 条件收敛;(12) 发散;(13) 条件收敛;(14) 绝对收敛;(15) 条件收敛.

## 习题3-4

1. (1) $(-1,1]$;　(2) $(-\infty,+\infty)$;
(3) $\{0\}$;　(4) $(-\sqrt{3},\sqrt{3})$;
(5) $[1,3]$;　(6) $(-1,1]$;
(7) $(-\infty,+\infty)$;　(8) $[-\frac{1}{3},\frac{1}{3}]$;
(9) $(-\frac{1}{5},\frac{1}{5})$;　(10) $[0,9]$;
(11) $(-\frac{1}{\sqrt[4]{2}},\frac{1}{\sqrt[4]{2}})$;　(12) $(-\infty,+\infty)$;

(13) $(-\infty, +\infty)$;　　(14) $[-\frac{1}{3},\frac{1}{3}]$;

(15) $(-\infty, -1) \cup (1, +\infty)$;　　(16) $(-\frac{1}{3},\frac{1}{3})$.

2. (1) $(-1,1)$, $s(x) = -\frac{x+1}{(x-1)^2}$;

(2) $(-1,1)$, $s(x) = -\frac{x(x-2)}{(x-1)^2}$;

(3) $(-2,2)$, $s(x) = -\frac{x}{x-2}$;

(4) $(-1,1)$, $s(x) = -x + \frac{1}{2}(\ln\frac{1+x}{1-x})$;

(5) $(-\infty, +\infty)$, $s(x) = -1 + e^{x^2} + 2x^2e^{x^2}$;

(6) $[-1,1)$, $s(x) = x$.

3. $-\frac{2x}{(x-1)^2}$, 8

4. $-\ln(1-x)$

5. $(-\sqrt{2},\sqrt{2})$, $s(x) = \frac{x^2+2}{(x^2-2)^2}$, 3

## 习题 3－5

1. (1) $\sum_{n=1}^{\infty}(-1)^{n+1}\frac{2^{2n}x^{2n}}{2\cdot(2n)!}$, $(-\infty, +\infty)$;

(2) $\sum_{n=1}^{\infty}(-1)^{n}\frac{(2n)!x^{n+1}}{(n!)^2 4^n}$, $(-1,1]$;

(3) $\sum_{n=1}^{\infty}(-1)^{n-1}\frac{x^{n+2}}{(n-1)!}$, $(-\infty, +\infty)$;

(4) $\sum_{n=1}^{\infty}\frac{x^{n-1}\ln^{n-1}3}{(n-1)!}$, $(-\infty, +\infty)$;

(5) $\sum_{n=1}^{\infty}\frac{x^{2n-2}}{(2n-2)!}$, $(-\infty, +\infty)$;　　(6) $\sum_{n=0}^{\infty}\frac{(2n)!\cdot x^{2n+2}}{4^n\cdot(2n)!}$, $(-1,1)$;

(7) $\sum_{n=0}^{\infty}\frac{(-1)^n x^{2n+1}}{n!\cdot(2n+1)}$, $(-\infty,\infty)$;

(8) $\sum_{n=0}^{\infty}\frac{(-1)^{n-1}x^{n-1}}{n}$, $(-1,1]$;

(9) $\ln 4 + \sum_{n=0}^{\infty}\frac{[(-1)^n\cdot 4^n - 1]x^{n+1}}{(n+1)\cdot 4^n}$, $(-1,1]$;

(10) $\sum_{n=0}^{\infty}(-1)^n[\frac{\cos a}{(2n+1)!}x^{2n+1}+\frac{\sin a}{(2n)!}x^{2n}],(-\infty,+\infty)$;

(11) $\sum_{n=0}^{\infty}\frac{(2^n-1)x^{n-1}}{2^n},(-1,1)$; (12) $\sum_{n=0}^{\infty}(2^n+1)x^n,(-\frac{1}{2},\frac{1}{2})$.

2. (1) $e\sum_{n=0}^{\infty}\frac{(x-1)^n}{n!},(-\infty,+\infty)$;　(2) $\sum_{n=0}^{\infty}\frac{(-1)^{n-1}(x-1)^n}{n},(0,2]$.

3. $\frac{1}{2}\sum_{n=0}^{\infty}(-1)^n[\frac{(x+\frac{\pi}{3})^{2n}}{(2n)!}+\sqrt{3}\frac{(x+\frac{\pi}{3})^{2n+1}}{(2n+1)!}],(-\infty,+\infty)$

4. $\sum_{n=0}^{\infty}(\frac{1}{2^{n+1}}-\frac{1}{3^{n+1}})(x+4^n),(-6,-2)$

## 习题三

### 第一部分　判断是非题

| | | | | | |
|---|---|---|---|---|---|
| 1. 非 | 2. 非 | 3. 是 | 4. 是 | 5. 非 | 6. 是 |
| 7. 是 | 8. 是 | 9. 是 | 10. 是 | 11. 是 | 12. 是 |
| 13. 是 | 14. 非 | 15. 是 | 16. 非 | 17. 非 | 18. 非 |
| 19. 是 | 20. 是 | 21. 是 | 22. 是 | 23. 非 | 24. 非 |
| 25. 非 | 26. 非 | 27. 是 | 28. 非 | 29. 是 | 30. 非 |
| 31. 是 | 32. 非 | 33. 是 | 34. 是 | 35. 非 | 36. 非 |
| 37. 是 | 38. 非 | 39. 非 | 40. 非 | 41. 非 | 42. 是 |
| 43. 非 | 44. 是 | 45. 非 | 46. 是 | 47. 是 | 48. 非 |
| 49. 非 | 50. 是 | 51. 是 | 52. 是 | 53. 是 | 54. 是 |
| 55. 是 | 56. 是 | 57. 是 | 58. 是 | 59. 是 | 60. 是 |
| 61. 非 | 62. 是 | 63. 是 | 64. 是 | 65. 是 | 66. 是 |
| 67. 是 | 68. 是 | 69. 是 | 70. 是 | 71. 是 | 72. 是 |
| 73. 是 | 74. 是 | 75. 是 | 76. 是 | | |

### 第二部分　单项选择题

| | | | | | |
|---|---|---|---|---|---|
| 1. *B* | 2. *A* | 3. *D* | 4. *C* | 5. *B* | 6. *C* |
| 7. *D* | 8. *B* | 9. *B* | 10. *C* | 11. *A* | 12. *B* |
| 13. *B* | 14. *B* | 15. *C* | 16. *A* | 17. *C* | 18. *B* |
| 19. *C* | 20. *D* | 21. *B* | 22. *A* | 23. *B* | 24. *A* |
| 25. *D* | 26. *B* | 27. *D* | 28. *B* | 29. *B* | 30. *C* |
| 31. *C* | 32. *D* | 33. *D* | 34. *C* | 35. *A* | 36. *A* |

37. $D$　38. $D$　39. $D$　40. $A$　41. $C$　42. $D$
43. $D$　44. $B$　45. $B$　46. $B$　47. $C$

## 第三部分　多项选择题

1. $BCD$　2. $AC$　3. $ACD$　4. $CD$　5. $BD$　6. $CD$
7. $ACD$

## 第四部分　证明与计算

1. 发散

2. 1

3. 收敛

4. (1) 发散;(2) 当$|a|<=1$时收敛,当$|a|>1$时,发散;(3) 收敛;(4) 发散;(5) 发散;(6) 当$a<1$时收敛,当$a>1$时发散,当$a=1$时,$s>1$收敛,$s\leqslant 1$发散;(7) 收敛;(8) 收敛;(9) 当$a=1$时收敛,当$a>1$时发散;(10) 收敛;(11) 收敛;(12) 收敛;(13) 收敛.

5. (略)

6. 不一定,考虑级数$\sum_{n=1}^{\infty}(-1)^n\frac{1}{\sqrt{n}}$及$\sum_{n=1}^{\infty}\left((-1)^n\frac{1}{\sqrt{n}}+\frac{1}{n}\right)$.

7. (1) 当$p>1$时绝对收敛,当$0<p\leqslant 1$时条件收敛,当$p\leqslant 0$时发散;(2) 绝对收敛;(3) 条件收敛;(4) 绝对收敛;(5) 发散;(6) 绝对收敛;(7) 绝对收敛;(8) 条件收敛.

8. (1)0;(2) $\sqrt[4]{8}$

9. $(-\infty,-1)\cup[1,+\infty)$

10. $(1,+\infty)$

11. (1) $\left[-\frac{1}{5},\frac{1}{5}\right)$;　(2) $\left(-\frac{1}{e},\frac{1}{e}\right)$;
(3) $(-2,0)$;　(4) $(-\sqrt{2},\sqrt{2})$;
(5) $[-1,1]$;　(6) $\left[-\frac{1}{2},\frac{1}{2}\right]$;
(7) $(-\infty,+\infty)$;　(8) $(-1,1]$.

12. (1) $s(x)=\frac{2+x^3}{(2-x^2)^2}$,$(-\sqrt{2},\sqrt{2})$;

(2) $s(x)=\arctan x$,$(-1,1)$;

(3) $s(x)=\frac{x-1}{(2-x)^2}$,$(0,2)$;

(4) $s(x) = \begin{cases} 1 + (\frac{1}{x} - 1)\ln(1-x), & x \in (-1,0) \cup (0,1) \\ 0, & x = 0 \end{cases}$;

(5) $s(x) = 2\arctan x - \ln(1+x^2)$, $(-1,1)$; (6) $s(x) = \frac{1}{(1-x)^3}$, $(-1,1)$.

13. (1) $2e$; (2) $\frac{\cos 1 + \sin 1}{2}$; (3) 15; (4) $2\ln 2 - 1$.

14. (1) $[-\frac{1}{3}, \frac{1}{3}]$;

(2) $s'(x) = \begin{cases} \frac{1}{1-x} - \frac{\ln(1-3x)}{3x}, & x \in [-\frac{1}{3}, 0) \cup (0, \frac{1}{3}) \\ 4, & x = 0 \end{cases}$;

(3) $s'(\frac{1}{4}) = \frac{4}{3} + \frac{8}{3}\ln 2$.

15. (1) $2\sum_{n=0}^{\infty} \frac{x^{2n+1}}{2n+1}$, $(-1,1)$;

(2) $\frac{1}{3}\sum_{n=0}^{\infty} [1 + (-1)^n 2^{n+1}] x^n$, $(-\frac{1}{2}, \frac{1}{2})$;

(3) $x + \sum_{n=1}^{\infty} (-1)^n \frac{(2n-1)!}{(2n)!} \frac{x^{2n+1}}{2n+1}$, $[-1,1]$;

(4) $\sum_{n=1}^{\infty} \frac{nx^{n-1}}{2^{n+1}}$, $(-2,2)$;

(5) $1 + \frac{x^2}{2} + \sum_{n=1}^{\infty} \frac{(2n-1)! \cdot x^{2n+2}}{(2n+2)! \cdot (2n+1)}$, $(-1,1)$;

(6) $\frac{1}{4}\sum_{n=0}^{\infty} \frac{(-1)^{n+1}}{(2n)!}(1 - 3^{2n}) x^{2n}$, $(-\infty, +\infty)$.

## 习题 4－1

1. (1) 1 阶; (2) 1 阶; (3) 1 阶; (4) 1 阶; (5) 2 阶; (6) 3 阶; (7) 2 阶; (8) 1 阶.

2. (1) 是通解; (2) 不是解; (3) 是通解; (4) 是通解; (5) 是特解; (6) 是解，若 $\lambda_1 \neq \lambda_2$，则是通解，若 $\lambda_1 = \lambda_2$，则既不是通解也不是特解.

3. (1) $y' = x^2$; (2) $yy' + 2x = 0$.

## 习题 4－2

1. (1) $y^{-2} = x^{-2} + c$;　　　　(2) $y\sqrt{1+x^2} = c$;

(3) $e^y(y-1)=c-e^x$;

(4) $\ln^2 x+\ln^2 y=c$;

(5) $\arctan y=x-\frac{x^2}{2}+c$;

(6) $\arcsin y=\arcsin x+c$;

(7) $\frac{1}{y}=a\ln|x+a-1|+c$;

(8) $\tan x\tan y=c$;

(9) $10^{-y}+10^x=c$;

(10) $(e^x+1)(e^y-1)=c$;

(11) $\sin x\sin y=c$;

(12) $3x^4+4(y+1)^3=c$.

2. (1) $\ln y'=\csc x-\cot x$;

(2) $y^2-1=2\ln(1+e^x)-2\ln(1+e)$;

(3) $e^y=\frac{1}{2}(1+e^{2x})$;

(4) $2(x^3-y^3)+3(x^2-y^2)+5=0$;

(5) $\cos x-\sqrt{2}\cos y=0$;

(6) $x^2y=4$.

3. (1) $y=2x\arctan cx$;

(2) $\sqrt{x^2+y^2}=ce^{-\arctan\frac{y}{x}}$;

(3) $2xy-y^2=c$;

(4) $x-\sqrt{xy}=c$;

(5) $y=xe^{cx+1}$;

(6) $\ln cx=-e^{-\frac{y}{x}}$;

(7) $y^2=x^2(2\ln|x|+c)$;

(8) $x^3-2y^3=cx$.

4. (1) $y=2x^2(\ln x+2)$;

(2) $(x+y)(x^2+y^2)^{-1}=1$;

(3) $y^3=y^2-x^2$.

5. (1) $y=ce^{\frac{3}{2}x^2}-\frac{2}{3}$;

(2) $y=\frac{1}{x^2}(-\frac{1}{2}e^{-x^2}+c)$;

(3) $y=(1+x^2)(x+c)$;

(4) $x=y^2(cy+\frac{1}{2})$;

(5) $y=(\frac{x^2}{2}+c)e^{-x^2}$;

(6) $y=e^{-x}(x+c)$;

(7) $y=(x+c)e^{-\sin x}$;

(8) $y=c\cos x-2\cos^2 x$;

(9) $2x\ln y-\ln^2 y+c$;

(10) $x=cy^3+\frac{1}{2}y^2$.

6. (1) $y=\frac{1}{2}(\sin x-\cos x+e^x)$;

(2) $y=\frac{x(x+1)(2-x)}{2(1-x)}$;

(3) $y=\frac{\pi-1}{\pi}-\frac{\cos x}{x}$;

(4) $y=\frac{e^x}{x}+\frac{6a-e^a}{x}$;

(5) $y=\frac{x}{\cos x}$;

(6) $2y=x^3-x^3e^{\frac{1}{x^2}-1}$.

7. (1) $N(t)=40e^{0.15t}$;(2)803 个;(3)4.7 年

8. (1) $P(t)=P_0e^{0.065t}$;(2)1067.16 美元;(3)10.7 年

9. 6.9%

10. 6.9 年

11. (1) $k=0.161602$, $V(t)=84000e^{0.161602?t}$;(2)4.3 年(3)58 年

12. 527 万亿美元

13. (1)2%;(2)3.8%,7.0%,21.6%,50.2%,93.1%,98.03%;

(3)$P'(t)=\dfrac{6.37e^{-0.13t}}{(1+49e^{-0.13t})^2}$;(4)(略).

14. (1)1000,1374,1836,3509,5314,5770;　(2)$P'(t)=\dfrac{11051.36e^{-0.4t}}{(1+4.78e^{-0.4})^2}$;

(3)(略)

15. 15059.7 美元

16. (1)40000 美元;(2)5413.4 美元

17. 27194.82 美元

18. 24.95 天

19. 光线穿过海水的吸收系数 $\mu=1.4$. $x$ 是被测得的深度,单位为米.

(1)$25\% I_0$,$6\% I_0$,$1.5\% I_0$(2)$0.00008\% I_0$

20. 晚上 8 点.

21. (1)11 瓦(2)173 天(3)402 天(4)50 瓦

## 习题 4－3

1. (1)$y=c_1e^x+c_2e^{-x}$;　(2)$y=c_1+c_2e^{4x}$;

(3)$y=c_1e^{(1+\sqrt{2})x}+c_2e^{(1-\sqrt{2})x}$;　(4)$y=c_1e^{2x}+c_2e^{-\frac{4}{3}x}$;

(5)$y=c_1\cos x+c_2\sin x$;　(6)$y=e^x(c_1\cos\dfrac{x}{2}+c_2\sin\dfrac{x}{2})$;

(7)$y=(c_1+c_2x)e^x$;　(8)$x=c_1e^{\frac{5+\sqrt{5}}{2}t}+c_2e^{\frac{5-\sqrt{5}}{2}t}$.

2. (1)$y=4e^x+2e^{3x}$;　(2)$y=(2-x)e^{\frac{1}{2}x}$;

(3)$y=-\dfrac{10}{\sqrt{7}}e^{\frac{3}{2}x}\sin\dfrac{\sqrt{7}}{2}x$;　(4)$y=3e^{-2x}\sin 5x$;

(5)$y=2\cos 5x+\sin 5x$;　(6)$y=e^{2x}\sin 3x$.

3. (1)$y=c_1e^{\frac{1}{2}x}+c_2e^{-x}+e^x$;　(2)$y=c_1e^{3x}+c_2e^{4x}+\dfrac{1}{144}(7+12x)$;

(3)$y=c_1+c_2e^{3x}+x^2$;　(4)$y=c_1e^x+c_2e^{2x}+3(x-1)e^{2x}$;

(5)$y=c_1+c_2e^{-x}-\dfrac{1}{5}\cos 2x+\dfrac{1}{10}\sin 2x$;

(6)$y=e^x(c_1\cos 2x+c_2\sin 2x)+\dfrac{1}{16}e^x(4x\cos 2x-\sin 2x)$;

(7)$y=c_1+c_2e^{-x}+2x-x^2+\dfrac{1}{3}x^3-\dfrac{1}{2}\cos x+\dfrac{1}{2}\sin x$;

(8)$y=(c_1+c_2x)e^{4x}+\frac{1}{32}(1+2x+16x^2e^{4x})$.

4. (1)$y=-\cos x-\frac{1}{3}\sin x+\frac{1}{3}\sin 2x$;(2)$y=-5e^x+\frac{7}{2}e^{3x}+\frac{5}{2}$;

(3)$y=\frac{1}{2}(e^{9x}+e^x)-\frac{1}{7}e^{2x}$;(4)$y=e^x-e^{-x}+e^x(x^2-x)$;

(5)$y=\frac{11}{16}+\frac{5}{16}e^{4x}-\frac{5}{4}x$.

## 习题四

### 第一部分　判断是非题

| | | | | | |
|---|---|---|---|---|---|
| 1. 非 | 2. 非 | 3. 是 | 4. 是 | 5. 是 | 6. 是 |
| 7. 是 | 8. 非 | 9. 非 | 10. 是 | 11. 是 | 12. 是 |
| 13. 是 | 14. 是 | 15. 非 | 16. 是 | 17. 是 | 18. 非 |
| 19. 是 | 20. 是 | 21. 是 | 22. 非 | 23. 非 | 24. 是 |
| 25. 是 | 26. 是 | 27. 是 | 28. 是 | 29. 非 | 30. 非 |
| 31. 非 | | | | | |

### 第二部分　单项选择题

| | | | | | |
|---|---|---|---|---|---|
| 1. *B* | 2. *C* | 3. *B* | 4. *A* | 5. *A* | 6. *D* |
| 7. *C* | 8. *B* | 9. *B* | 10. *C* | 11. *B* | 12. *B* |
| 13. *C* | 14. *C* | 15. *C* | 16. *C* | 17. *A* | 18. *D* |
| 19. *C* | 20. *A* | 21. *A* | 22. *C* | 23. *C* | 24. *A* |
| 25. *D* | 26. *D* | 27. *D* | 28. *B* | 29. *C* | 30. *B* |
| 31. *B* | 32. *B* | 33. *D* | | | |

### 第三部分　多项选择题

1. *CD*　　2. *BCD*　　3. *ABC*

### 第四部分　计算与证明

1. (1)$\cos x=c\cos y$;　　(2)$\ln y=cx$;

(3)$y=x^n(e^x+c)$;　　(4)$y=x(-x+c)\sin x$;

(5)$y=\ln(1+x+y)+c$;　　(6)$\ln\frac{|\sin y|}{1+\sin y}=x+\sin x+c$;

(7) $x = y^2(ce^{\frac{1}{y}} + 1)$; (8) $x = ce^y - \frac{1}{2}(\cos y + \sin y)$.

2. (1) $y = (c_1 + c_2 x)e^{2x} + \frac{1}{4}$; (2) $y = (c_1 + c_2 x)e^{2x} + \frac{1}{9}e^{-x}$;

(3) $y = (c_1 + c_2 x)e^{2x} + \frac{3}{2}x^2 e^{2x}$; (4) $y = (c_1 + c_2 x)e^{2x} + \frac{1}{8}\cos 2x$;

(5) $y = (c_1 + c_2 x)e^{2x} + \frac{1}{125}(4 + 5x)\cos x - \frac{2}{125}(11 + 10x)\sin x$.

3. (1) $y = 4\operatorname{arccot} e^{4\sin^2\frac{x}{4}}$; (2) $y^2 - 1 = 2\ln\frac{1 + e^x}{1 - e}$;

(3) $2x\sin y = \sin^2 y + \frac{3}{4}$; (4) $y = 3e^{-2x}\sin 5x$;

(5) $(2 + x)e^{-\frac{1}{2}x}$.

4. $f(x) = 2(x - 1 + e^{-x})$.

5. $f(x) = 3x + c\sqrt{1 - x^2}$，$c$ 为任意常数.

6. $f(x) = cx + 2$.

7. $f(x) = \frac{1}{2}(e^x + \cos x + \sin x)$.

8. 产量为 25 时，获得最大利润 500.

# 参考文献

[1]同济大学数学教研室. 高等数学(下)[M]. 4版. 北京:高等教育出版社, 1996.

[2]龚德恩,等. 经济数学基础(第一分册)[M]. 4版. 成都:四川人民出版社, 2005.

[3]赵树嫄. 微积分[M]. 2版(修订本). 北京:中国人民大学出版社,1988.

[4]王国政,王婷. 微积分(下). 成都:西南财经大学出版社,2009.

[5][美]Marvin L. Bittinger. 微积分及其应用[M]. 8版. 杨奇,毛云英,译. 北京:机械工业出版社,2006.

[6][美]Adrian Banner. 普林斯顿微积分读本[M]. 杨爽,赵晓婷,高璞,译. 北京:人民邮电出版社,2010.

[7][美]Joel Hass, Maurice D. Weir, George B. Thomas, Jr. 托马斯大学微积分[M]. 李伯民,译. 北京:机械工业出版社,2009.

[8]张学元. 高等数学能力题解[M]. 武汉:华中理工大学出版社,1999.

[9]计慕然,郑梅春,徐兵,王日爽. 高等数学是非题300例分析[M]. 北京:北京航空学院出版社,1985.

[10]赵树嫄. 微积分客观性试题选编[M]. 北京:中国人民大学出版社,1988.

[11]丁大正. Mathematica5在林学数学课程中的应用[M]. 北京:电子工业出版社,2006.

[12]王宪杰,侯仁民,赵旭强. 高等数学典型应用实例与模型[M]. 北京:科学出版社,2005.

[13]余敏,叶佰英,吕永林. 微积分基础——引入Mathematica软件求解[M]. 上海:华东理工大学出版社,2010.

[14][美]莫里斯·克莱因. 古今数学思想(第二册)[M]. 朱学贤,申又枨,叶其孝,等,译. 上海:上海科学技术出版社,2002.

[15][苏]A. Д. 亚历山大洛夫,等. 数学——它的内容、方法和意义(第一卷)[M]. 孙小礼,等,译. 北京:科学出版社,1958.

[16]沈文选. 走进教育数学[M]. 北京:科学出版社,2009.

[17] http://site. ntvc. edu. cn/jx/yyjjsx/index. htm.